大豆蚜及其天敌

Soybean Aphid and Its Natural Enemies

李学军　郑　国　王淑贤　编著

高等教育出版社·北京

内容简介

大豆蚜（*Aphis glycines*）起源于亚洲，并广泛分布于亚洲、美洲、大洋洲等大豆种植区，是危害大豆作物的主要害虫之一，具有个体小、刺吸为害、繁殖力强、扩散速度快和危害重等特点，已成为广泛关注的世界性重要农业害虫。

作者研究团队于2008-2015年承担了两项公益性行业（农业）科研专项经费项目"大豆蚜生物防治技术"专题研究，在大豆蚜及其天敌的应用基础和应用技术方面取得了较大进展，积累一些经验。本书阐述了大豆蚜的分布、危害、形态特征、生物学特性和发生规律；记述了大豆蚜天敌的种类和优势种群，对8类50种大豆蚜天敌的形态特征、分布、捕食（寄生）对象、生活史及习性和控蚜作用进行比较详细的描述，并提供部分彩色图片；详细介绍了大豆蚜天敌的发生规律、控害作用及生物防治技术研究成果，简要介绍了我国大豆蚜综合防治技术方法，为大豆蚜的绿色防控提供了科学依据。

本书可供植物保护、农业技术推广部门的科研和技术人员参考。

项目资助

1. 公益性行业（农业）科研专项经费项目：蚜虫防控技术研究与示范（200803002）
2. 公益性行业（农业）科研专项经费项目：作物蚜虫综合防控技术研究和示范推广（201103022）
3. 国家重点研发计划课题：蒙辽农牧交错区破碎化草地整治技术与示范（2016YFC0500707）
4. 辽宁省高等学校创新人才支持计划项目：辽西半干旱地区饲草作物害虫综合防控技术研究（LR2016005）
5. 沈阳师范大学学术文库专著资助出版项目（201407100013）
6. 辽宁省"兴辽英才计划"项目（XLYC2002083）

图书在版编目（CIP）数据

大豆蚜及其天敌 / 李学军，郑国，王淑贤编著. -- 北京：
高等教育出版社，2021.6
　ISBN 978-7-04-052305-8

Ⅰ . ①大… Ⅱ . ①李… ②郑… ③王… Ⅲ . ①大豆蚜－生物
防治－研究 Ⅳ . ① S435.651

中国版本图书馆CIP数据核字(2019)第156843号

DADOUYA JIQI TIANDI

策划编辑　田　红　　　责任编辑　田　红　　　封面设计　王　鹏
责任印制　赵　振

出版发行	高等教育出版社	网　　址	http://www.hep.edu.cn
社　　址	北京市西城区德外大街4号		http://www.hep.com.cn
邮政编码	100120	网上订购	http://www.hepmall.com.cn
印　　刷	天津市银博印刷集团有限公司		http://www.hepmall.com
开　　本	787mm×1092mm 1/16		http://www.hepmall.cn
印　　张	15		
字　　数	270千字	版　　次	2021年6月第1版
购书热线	010-58581118	印　　次	2021年6月第1次印刷
咨询电话	400-810-0598	定　　价	86.00元

本书如有缺页、倒页、脱页等质量问题，请到所购图书销售部门联系调换
版权所有　侵权必究
物料号　52305-00

大豆 *Glycine max* (L.) Merrill是古老的栽培作物之一，中国是栽培大豆的起源地，种植历史悠久，迄今已有4000～5000年。起源于中国的大豆早已走向世界，成为世界五大主栽作物之一。美国、巴西、阿根廷和中国成为世界上大豆种植面积和产量最多的国家，中国为世界大豆生产的发展做出了重要贡献。

大豆蚜 *Aphis glycines* Matsumura起源于亚洲，并广泛分布于亚洲、美洲、大洋洲等大豆种植区，是大豆作物生产中的主要害虫之一。2000年以前大豆蚜主要发生在中国、菲律宾、泰国、朝鲜、韩国、印度尼西亚和俄罗斯等国家，2000年在美国威斯康星州第一次发现大豆蚜，2003年已扩散到美国的21个州和加拿大的3个省，至2009年蔓延到美国的30个州。大豆蚜的迅速扩散蔓延，给当地大豆生产造成了严重的危害，已成为广泛关注的世界性重要农业害虫。

大豆蚜在中国大豆产区都有分布，以东北和华北地区发生较为严重。东北是我国大豆主产区，近年大豆蚜频繁发生，为害严重，造成巨大损失。目前生产上大豆蚜的防治仍依靠化学农药，导致天敌被杀伤，破坏了生态平衡，削弱了天敌的自然控制作用而酿成严重危害，也是造成大豆产品化学污染的主要来源。因此，生物防治是解决大豆蚜绿色防控的必然选择。

作者研究团队于2008－2015年承担了两项公益性行业（农业）科研专项经费项目（200803002，201103022）"大豆蚜生物防治技术"专题研究，旨在研究探索大豆蚜有效防控的生物防治技术。八年来，项目组在大豆蚜的生物学特性、发生规律，大豆蚜天敌的种类、生物学特性、发生规律、控蚜作用、保护和繁殖利用及生物防治技术集成等方面进行了比较系统全面的研究，取得了较大进展。

本书主要基于作者研究团队在辽宁地区八年对大豆蚜及其天敌的研究结果，结合各地文献，全面阐述了大豆蚜的形态特征、生物学特性和发生规律，大豆蚜天敌的种类、优势天敌的形态特征、生物学特性、发生规律、控蚜作用，生物防治技术体系、技术模式和方法等，并提供部分彩色图片，为大豆蚜的绿色防控提供技术支持。

本书的主要内容是研究团队通过大量的科学实验所取得的科研成果，是30多名研究人员多年不懈努力与辛勤付出的结果。特别是项目首席科学家乔格侠研究员、项目顾问赵季秋先生给予了悉心指导和鼎力支持，姜立云博士、秦启联博士、张彦周博士、梁宏斌博士、李启云研究员、成新跃教授、卜宁教授、高月波研究员提供热情帮助，许彪、邢星、于广文、李艳、赵婉萱、尤广兰、黄慧光、王喜印、孙国臣、张伟、武鹏峰等多位研究人员给予无私奉献，以及孙赫、苏晓丹、王冰、贾震、夏莹莹、何昌彤、郭亚静、兰鑫、王堇秀、王宁、武依、张小庆等研究生努力工作，在此向他们表示诚挚的谢意！在本书的编写过程中，参考了国内外学者的研究成果，并得到了许多同行的无私帮助，尤其是成新跃教授鉴定食蚜蝇标本并提供其部分照片，席玉强博士提供寄生蜂照片，为本书增色添彩，在此表示衷心感谢！若没有以上诸位的指导、帮助和支持，要完成本书是不可能的。

由于作者水平有限，错误和不妥之处在所难免，恳请读者批评和指正。

编著者

2019年12月

目　录

第一章　大豆栽培和大豆害虫

1　大豆栽培 ·· 1

1.1　栽培大豆的起源与分布 ·· 1

1.2　大豆的种植面积和产量 ·· 2

1.3　大豆的营养与用途 ·· 4

2　大豆害虫 ·· 5

第二章　大豆蚜的分布与为害

1　大豆蚜的分布 ·· 10

2　大豆蚜的为害 ·· 11

3　大豆蚜的发生情况 ·· 13

3.1　国外发生情况 ·· 13

3.2　国内发生情况 ·· 14

第三章　大豆蚜的形态特征

1　蚜虫简介 ·· 15

1.1　蚜科（Aphididae）特征 ·· 15

1.2　蚜亚科（Aphidinae）特征 ······································ 16

1.3　蚜族（Aphidini）特征 ·· 16

1.4　蚜属（*Aphis* Linnaeus）特征 ·································· 16

2　大豆蚜的形态特征 ·· 17

2.1　卵 ··· 17

2.2　无翅孤雌蚜 ·· 17

2.3　有翅孤雌蚜 ·· 17

3　茄粗额蚜简介 ·· 18

3.1　分布及危害 ·· 18

3.2　形态特征 ·· 19

第四章　大豆蚜的生物学特性

1　大豆蚜的寄主 ··21

2　大豆蚜的生活史 ···23

3　大豆蚜的行为和习性 ···24

  3.1　越冬习性 ···24

  3.2　鼠李上的取食习性 ···24

  3.3　大豆上的为害习性 ···24

  3.4　取食刺探行为 ···25

  3.5　趋色（光）性 ···25

  3.6　迁飞和扩散习性 ··25

  3.7　田间分布 ···26

  3.8　有翅蚜的产生 ···26

4　环境因子对大豆蚜的影响 ···26

  4.1　温度对大豆蚜生长发育的影响 ······························26

  4.2　温度对大豆蚜繁殖的影响 ·····································27

第五章　大豆蚜的发生规律

1　越冬 ··29

2　田间发生时期 ··29

3　田间窝子蜜发生阶段 ···31

  3.1　窝子蜜的形成过程 ···31

  3.2　窝子蜜形成与天敌的关系 ·····································32

  3.3　天敌对窝子蜜蚜虫的控制作用 ·······························33

4　田间种群动态 ··33

5　发生与环境的关系 ···35

  5.1　与温湿度的关系 ··35

  5.2　与越冬卵量（寄主植物）的关系 ·····························35

  5.3　与栽培模式的关系 ···35

  5.4　与大豆品种抗性的关系 ···36

  5.5　与植物营养的关系 ···38

  5.6　与天敌的关系 ···38

6　发生原因及分析 ···39

7　严重发生的条件 ···39

第六章　大豆蚜的天敌

    1　大豆蚜天敌简介·······················42

        1.1　天敌种类·······················42

        1.2　优势天敌·······················43

        1.3　天敌名录·······················43

    2　主要天敌昆虫记述·······················49

        2.1　瓢虫类·······················49

        2.2　草蛉类·······················77

        2.3　食蚜蝇类·······················86

        2.4　食蚜瘿蚊类·······················102

        2.5　食蚜蝽类·······················105

        2.6　其他食蚜昆虫·······················108

        2.7　寄生蜂类·······················110

    3　主要天敌蜘蛛记述·······················114

        3.1　蜘蛛研究概述·······················114

        3.2　形态特征·······················115

        3.3　蜘蛛对农业害虫的控制·······················119

        3.4　蜘蛛对大豆蚜的控害作用·······················119

        3.5　主要天敌蜘蛛种类记述·······················120

第七章　大豆蚜天敌发生规律及控蚜作用研究

    1　大豆蚜天敌的发生规律·······················133

        1.1　越冬·······················134

        1.2　转移路径·······················134

        1.3　发生时期·······················134

        1.4　田间各发生阶段特征·······················136

        1.5　田间消长规律·······················136

        1.6　各年度大豆蚜天敌数量消长比较·······················143

    2　天敌对大豆蚜的控制作用·······················145

        2.1　几种天敌捕食大豆蚜能力测定·······················145

        2.2　田间罩笼测定天敌的控蚜能力·······················148

        2.3　自然天敌对大豆蚜的控制作用·······················154

第八章　大豆蚜生物防治技术研究

  1　抗（耐）蚜品种与天敌协同控蚜·················162

    1.1　2012－2013年不同大豆品种与自然天敌

        协同控蚜试验·················162

    1.2　2014年不同大豆品种与自然天敌协同控蚜试验··165

    1.3　2015年不同大豆品种与自然天敌协同控蚜试验··166

  2　大豆不同栽培模式与天敌协同控蚜·················167

    2.1　大豆与玉米间作模式控蚜·················168

    2.2　大豆与其他作物邻作控蚜·················175

    2.3　其他农业措施与天敌协同控蚜·················176

  3　保护和利用天敌的途径和方法·················176

    3.1　保护利用枫杨上的蚜虫天敌·················176

    3.2　保护利用其他植被上的蚜虫天敌·················188

    3.3　协调生物防治与化学防治的矛盾·················188

  4　补充释放瓢虫防治大豆蚜·················192

    4.1　人工助迁瓢虫方法·················192

    4.2　释放瓢虫数量与控蚜效果·················193

    4.3　释放瓢虫时间与控蚜效果·················196

  5　白僵菌防治大豆蚜窝子蜜·················196

  6　大豆蚜及其天敌的预测预报办法（试行）·················197

    6.1　大豆蚜的预测预报办法·················197

    6.2　大豆蚜天敌的预测预报办法·················201

  7　大豆蚜生物防治技术集成·················203

    7.1　构建大豆蚜生物防治技术体系·················204

    7.2　组建大豆蚜生物防治技术模式·················206

    7.3　集成大豆蚜生物防治实用技术·················206

    7.4　生物防治技术示范应用·················209

第九章　大豆蚜综合防控技术简介

  1　防治原则·················211

  2　防治指标与防治适期·················211

  3　防治方法·················212

    3.1　农业防治·················212

    3.2　物理防治·················214

3.3　生物防治 ···································· 214

3.4　化学防治 ···································· 215

参考文献 ·· 217

第 一 章

大豆栽培和大豆害虫

1 大豆栽培

1.1 栽培大豆的起源与分布

　　大豆 *Glycine max* (L.) Merrill（图1-1～图1-4）是古老的栽培作物之一，中国是世界各国学者公认的栽培大豆的起源地（孙永刚，2014）。但栽培大豆在中国何处起源尚有多种说法，学者们根据历史文献、现生野生大豆的分布和生态条件及植物考古学等综合研究分析，形成了大豆起源地的几种学说：起源于东北说，起源于华北东北部说，起源于长江以南说，起源于黄河中下游说，起源多中心说（孙永刚，2013；李福山，1994；郭文韬，1996；徐豹等，1986）。

　　中国大豆种植历史悠久，迄今已种植了4000～5000年。世界其他国家的大豆都是直接或间接从中国传播过去的。约2500年前大豆由我国传入朝鲜，2000年前传入日本，300年前传入菲律宾、印度尼西亚。欧美认识大豆则在18世纪以后，1740年大豆引入法国，1790年传到英国，1875年引入澳大利亚和匈牙利，1881年传入德国。美国于1765年首次种植大豆，1898年美国科学家开始来华考察和采集野生大豆进行研究，1920年开始大面积栽培，到了20世纪50年代，美国已经成为世界上大豆种植面积和总产量最多的国家之一。巴西1908年开始引种大豆，1919年大面积推广，到目前为止，南美洲大豆栽培具有百年的

↑ 图1-1 大豆植株

↑ 图1-2 大豆花

↑ 图1-3 大豆荚

↑ 图1-4 大豆成熟

历史。起源于中国的大豆早已走向世界，成为世界五大主栽作物之一，中国为世界大豆生产的发展做出了重要贡献（周汝尧，2012；何进尚，2009；赵团结和盖钧镒，2004；Wu et al.，2004；佟屏亚，2012）。

1.2　大豆的种植面积和产量

　　大豆是世界上主要的栽培作物之一，其中种植面积排在前列的国家有美国、巴西、阿根廷和中国（佟屏亚，2012）。据谢雄泽等（2015）报道，依据美国农业部网站公布的数据，比较了1964－2013年世界大豆产量的变化。1964年世界大豆总种植面积仅为2500万hm^2，不及现在的美国或巴西一个国家的播种面积。但是随着大豆在巴西、阿根廷等南美国家试种成功、适宜品种的育成以及亚马孙河流域的大规模农业综合开发，世界大豆的种植面积从1976年的3000万hm²，迅速上升到1977年的4300万hm²，总产量也从1976年的4500万t上升至1977年的7200万t，一年间面积和总产量分别增长了43%和60%。至2002年，世界大豆的种植面积与1977年相比，25年间几乎翻了一番，达到了8200万hm²，总产量也达到了1.97亿t，增长了174%。至2013年，世界大豆的种植面积达到了1.1亿hm²，总产量突破2.8亿t。

美国的自然资源条件适合种植大豆。大豆生产主要集中在艾奥瓦州、伊利诺伊州、明尼苏达州、印第安纳州、内布拉斯加州、俄亥俄州、密苏里州、南达科他州、北达科他州、阿肯色州和堪萨斯州等，面积和产量占美国大豆的83%以上（王绍东等，2013；佟屏亚，2012）。美国1964－2012年的五十多年来，一直是世界第一大豆生产国，大豆生产面积和总产量逐年缓慢增长，至2013年播种面积已增至3100万hm²，总产量达到了8900万t。但美国在世界总产量中所占的份额，从1975年的78.6%下滑至2012年的30.7%，其主要原因是南美地区大豆栽培面积迅速扩展（谢雄泽等，2015）。

巴西的大豆生产迅猛发展，自1977年开始，大豆产量就已达到954万t，占世界大豆总产量的13.2%，超过了中国的726万t，成为仅次于美国的世界第二大豆生产国。巴西南部地区是传统的大豆产区，自1980年起，大豆种植开始逐渐向中西部的塞拉多大草原扩展，使其成为巴西大豆的主产地。巴西中西部有数亿公顷耕地适宜种植大豆，具有广阔的大豆发展空间（谢雄泽等，2015）。

阿根廷的大豆总产量1988年之前从未超越过中国，基本维持在700万t以内。但从1989年开始，大豆总产达到1075万t，首次超越中国的大豆总产（1023万t），尤其是从1997年以后，大豆生产进入了快速增长期，其总产从1997年的1950万t，急剧增加至2012年的4950万t，占世界大豆总产量的份额，也由1997年的12.3%上升至2012年的18.5%，成为仅次于巴西的世界第三大豆生产国（谢雄泽等，2015）。

中国是世界种植大豆最早的国家，东北地区春大豆的产量约占全国总产量的50%，黄淮流域夏大豆产量占全国产量的30%左右。1957年全国大豆种植面积达1267万hm²，占粮食作物总播种面积的9.5%，产量达到1005万t，直到20世纪80年代中后期，大豆种植面积维持在800万hm²左右，产量超过1000万t（刘爱民等，2003；张桐，2000；图1-5）。2008年我国大豆面积达到950万hm²，2009年降至900万hm²，2010年减至840万hm²，2011年减至825万hm²，到2012年降为675万hm²；四年（2012年较2008年）减少了275万hm²，减少29%，降到新中国成立以来最低值（刘忠堂，2012；杜晓燕，2016）。其中，我国大豆的主产区黑龙江省大豆种植面积降幅最大。黑龙江省2010年种植面积为431万hm²，

⬆ 图1-5 大面积种植大豆（辽宁昌图）

2011年为346万hm²，2012年减少到267万hm²，各年度分别减少85万hm²和80万hm²，分别减少19.73％和29.83％，两年（2012年较2010年）面积减少了165万hm²，减少38.18％（刘忠堂，2012）。伴随着国产大豆播种面积的下滑，我国大豆的总产量占世界大豆总产份额，也从2005年的7.4％，下降至2012年的4.8％，国产大豆远远不能满足人们日益增长的需求，导致进口大豆数量逐年增加。1996－1998年我国大豆年进口量不足400万t，到1999年进口量迅速增加至1010万t，2011年进口量为5264万t，至2012年已达到5900万t，进口大豆十三年间以年均37.2％的增速，迅速占领了中国大豆消费市场的77.8％的份额，我国已成为世界上最大的大豆进口国（谢雄泽等，2015；刘忠堂，2012；佟屏亚，2012）。

1.3 大豆的营养与用途

1.3.1 大豆的营养

大豆为一年生豆科作物，其种子称为大豆，呈椭圆形、球形，颜色有黄色、淡绿色、黑色等，故有黄豆、青豆、黑豆之称。大豆是世界上最重要的食品之一，由于它的营养十分丰富，价值很高，被称为"豆中之王""田中之肉""绿色的牛乳"等。大豆含有丰富的优质蛋白、不饱和脂肪酸、钙及B族维生素,是膳食中优质蛋白质的重要来源。大豆蛋白质含量为35%～40%,除蛋氨酸外,其余氨基酸的组成和比例与动物蛋白相似,而且富含谷类蛋白质缺乏的赖氨酸,是与谷类蛋白质互补的天然理想食品。大豆中脂肪含量为15%～20%,其中不饱和脂肪酸占85%,亚油酸高达50%,且消化率高,还含有较多磷脂。大豆中含有丰富的磷、铁、钙,每100 g大豆中含有磷571 mg、铁11 mg、钙367 mg,明显多于谷类。大豆中维生素B_1、维生素B_2和烟酸等B族维生素含量也比谷类多数倍,并含有一定数量的胡萝卜素和丰富的维生素E(佟屏亚,2012)。

1.3.2　大豆的用途

中国几千年来一直有食用大豆的习惯,大豆是人类植物蛋白的主要来源,在食品业、畜牧业、医药业及工农业生产中具有广泛的用途。

在食品方面:大豆可以直接食用,如大豆芽、大豆苗、盐豆和菜用大豆(毛豆)等;也可用来加工制作各种豆制品,如大豆油、酱油、豆酱、豆豉、豆腐、干豆腐、豆腐干、豆浆、腐乳和腐竹等。

在畜牧业方面:大豆、大豆粉、豆腐渣、豆粕(豆饼)及大豆加工的副产品是饲养畜禽的优质饲料。大豆植株粉碎、发酵后也是良好的家畜粗饲料。

在医药方面:大豆是生产医药或保健品不可缺少的原材料。大豆经过深加工后,可制作多种生物制品,如大豆卵磷脂、大豆低聚糖、大豆异黄酮、大豆皂苷和豆肽等。

在工农业方面:大豆是重要工业原料,可以生产油脂、蛋白、大豆蛋白纤维等多种用品。大豆还可以用作植物的肥料,大豆植株根系的根瘤菌,具有生物固氮作用,有利于改善土壤的理化性质,增加土壤肥力(刘忠堂,2012;刘爱民等,2003;周汝尧,2012)。

随着人们生活水平的不断提高,对肉、禽、蛋、奶等蛋白制品的需求急剧增加,促进了畜牧业发展规模持续扩大,随之豆制品饲料需求量增加,大豆的需求量大幅度增加。另外随着大豆制品对人类营养保健功能逐渐明晰,大豆及其制品的消费呈现出逐年攀升的趋势(谢雄泽等,2015;刘爱民等,2003)。

2　大豆害虫

大豆是一年生草本作物,从播种到收获经常遭受多种害虫的危害,严重干扰了大豆的正常生长发育,影响大豆的产量和品质,是大豆生产中急需解决的问题。在过去的几十年间，全国各地大豆产区都不同程度地开展了大豆害虫的研究工作，尤其是在大豆害虫的种类和为害等方面的研究有许多报道。

陈庆恩和白金铠（1987）多年从事大豆病虫害的调查研究，在1975、1979－1982年，对黑龙江、吉林、辽宁、山东、河北等十多个省份大豆产区进行了调查，所著的《中国大豆病虫图志》一书详细地介绍了我国大豆害虫77种。褚茗莉等（1996）对沈阳地区大豆害虫进行调查，初步鉴定大豆害虫50多种，为害状较明显者近30种。郝锡联等（2003）和王红宇等（2004）报道了吉林省大豆害虫隶属于7目，23科，共167种。刘健和赵奎军（2010）报道，我国东北地区大豆食叶性害虫种类达5目，15科，29种。夏纪等（1996）自1985年开始，利用五年时间对安徽省主要大豆产区的大豆害虫及其节肢动物天敌进行了调查，明确了安徽省大豆害虫共有143种，其中昆虫纲有136种。崔章林等（1997）根据黑光灯诱蛾及田间调查的结果，报道南京地区大豆食叶性害虫共有5目，21科，49种。王秦和柳仁（1989）调查鉴定出江苏省徐州地区大豆害虫60种。孙祖东等（2001）1999－2000年对南宁豆田食叶性害虫进行调查，大豆食叶性害虫有20多种。李宏度和刘春献（1983）调查了贵州大豆主产区大豆害虫，初步查清该地区常见大豆害虫7目，26科，70种；按其为害部位划分，食叶害虫64种，食茎害虫2种，食根害虫2种，蛀食荚粒害虫2种。杨志华等（1984）在1982－1983年调查了江西省吉安地区大豆害虫有36种。

综上所述，虽然各地区大豆害虫的种类相差较大，但对本地区的大豆主要害虫种类基本清楚，如辽宁地区大豆食心虫、大豆蚜、茄粗额蚜、大豆卷叶螟、大造桥虫、双斑萤叶甲、大豆红蜘蛛等害虫发生普遍，危害重，严重影响了大豆的产量和品质。掌握本地区大豆主要害虫种类，为深入开展其生物学特性、发生规律及综合防控技术研究打下了基础。

陈庆恩和白金铠（1987）著的《中国大豆病虫图志》记录的害虫名录：

1）豆荚螟 *Etiella zinckenella* (Treitsechke)

2）豆卷叶螟 *Lamprosema Indicata* Fabricius

3）草地螟 *Loxostege sticticalis* Linnaeus

4）花生黄卷叶螟 *Lamprosema diemenalis* Guenèe

5）鱼藤毛胫夜蛾 *Mocis undata* (Fabricius)

6）奚毛胫夜蛾 *Mocis ancilla* Warren

7）红棕灰夜蛾 *Polia illoba* (Butler)

8）斜纹夜蛾 *Prodenia litura* (Fabricius)

9）梨剑纹夜蛾 *Acronycta rumicis* (Linnaeus)

10）坑翅夜蛾 *Ilattia octa* (Guenèe)

11）肾坑翅夜蛾 *Ilattia renalis* Moore

12）焰夜蛾 *Pyrrhia umbra* (Hüfnagel)

13）苜蓿夜蛾 *Heliothis dipsacea* (Linnaeus)

14）银纹夜蛾 *Argyrogramma agnata* (Staudinger)

15）银锭夜蛾 *Macdunoughia crassisigna* Warrer

16）豆卜馍夜蛾 *Bomolocha tristalis* Lederer

17）灰斑古毒蛾 *Orgyia ericae* Gremar

18）大豆毒蛾 *Cifuna locuples* Walker

19）古毒蛾 *Orgyia antiqua* Linnaeus

20）大豆食心虫 *Leguminivora glycinivorella* (Mats.)

21）豆小卷叶蛾 *Matsumuraeses phaseoli* (Mats.)

22）棉双斜卷蛾 *Clepsis* (*Siclobola*) *strigana* Hübner

23）葡萄长须卷蛾 *Sparganothis pilleriana* Denis et Schiffermüller

24）褐卷蛾 *Pandemis* sp.

25）大造桥虫 *Ascotis selenaria* Schiffermüller et Denis

26）大豆斜线岩尺蛾 *Scopula emissaria lactea* Butler

27）豆天蛾 *Clanis bilineata* walker

28）红腹灯蛾 *Spilarctia subcarnea* (Walker)

29）红缘灯蛾 *Amsacta lactinea* (Cramer)

30）蕾鹿蛾东北亚种 *Amata germana genzana* Mats.

31）斑缘豆粉蝶 *Coliaserate poliographus* Motsch.

32）二条叶甲 *Monolepta nigrobilineata* (Motsch.)

33）斑鞘豆叶甲 *Colposcelis signata* (Motschulsky)

34）双斑萤叶甲 *Monolepta hieroglyphica* (Motsch.)

35）黄斑长跗萤叶甲 *Monolepta signata* Oliv.

36）蒙古灰象甲 *Xylinophorus mongolicus* Faust

37）棉尖象 *Phytoscaphus gossypii* Chao

38）黑龙江筒喙象 *Lixus amurensis* Faust

39）黑绒金龟 *Maladera orientalis* (Motsch.)

40）四纹丽金龟 *Popillia quadriguttata* Fab.

41）豆蓝丽金龟 *Popillia mutans* Newman

42）暗黑金龟 *Holotrichia parallela* (Motsch.)

43）铜绿金龟 *Anomala corpulenta* (Motsch.)

44）东北大黑鳃金龟 *Holotrichia diomphalia* Bates

45）豆芫菁 *Epicauta gorhami* Marseul

46）暗头豆芫菁 *Epicauta obscurocephala* Reitter

47）眼斑芫菁 *Mylabris cichorii* Linnaeus

48）大斑芫菁 *Mylabris phalerata* Pallas

49）酸浆瓢虫 *Epilachna sparsa orientalis* Dieke

50）网目拟地甲 *Opatrum subaratum* Faldermann

51）点蜂缘蝽 *Riptortus pedestris* Fabricius

52）四刺棒缘蝽 *Clavigralla acantharis* Fabricius

53）红背安缘蝽 *Anoplocnemis phasianas* Fabricius

54）斑背安缘蝽 *Anoplocnemis binotata* Distant

55）茶翅蝽 *Halyomorpha picus* (Fabricius)

56）广腹同缘蝽 *Homoeocerus dilatatus* Horvath

57）豆突眼长蝽 *Chauliops fallax* Scott

58）筛豆龟蝽 *Megacopta cribraria* (Fabricius)

59）斑须蝽 *Dolycoris baccarum* (Linnaeus)

60）稻绿蝽 *Nezara viridula* (Linnaeus)

61）二星蝽 *Stollia guttiger* (Thunberg)

62）大豆蚜 *Aphis glycines* Matsumura

63）茄无网长管蚜 *Aulacorthum solani* (Kaltenbach)

64）大青叶蝉 *Tettigoniella viridis* Linnaeus

65）烟粉虱 *Bemisia tabaci* Gennadius

66）豆秆黑潜蝇 *Melanagromyza sojae* (Zehnt.)

67）豆根蛇潜蝇 *Ophiomyia shibatsuji* (Kato)

68）豆梢黑潜蝇 *Melanagromyza dolichostigma* De Meijere

69）豆叶东潜蝇 *Japanagromyza tristella* (Motsch.)

70）大豆荚瘿蚊 *Asphondylia* sp.

71）斗蟋 *Scapsipedus micado* Saussure

72）银川油葫芦 *Gryllus testaceus* Walker

73）棉蝗 *Chondracris rosea* (De Geer)

74）短额负蝗 *Atractomorpha sinensis* Bolivar

75）棉红蜘蛛 *Tetranychus urticae* (Koch)

76）烟蓟马 *Thrips tabaci* Lindeman

77）圆跳虫 *Bourletiella pruinosa* Tullberg

　　国外有关大豆害虫种类及危害研究有一些报道，据徐淑敏和刘新茹（2003）撰写的论文"大豆害虫的研究概况"所述，Hatchett et al.（1978）、Sullivan（1985）及Beach et al.（1988）调查，美国重要的大豆食叶性害虫有黎豆夜蛾 *Anticarsia gemmatalis* Hubner、大豆尺夜蛾 *Pseudoplusia includens* Walker、墨西哥豆甲 *Epilachna varivestis* Mulsant、烟蚜夜蛾 *Heliothis virscens*（Fabricius）、绿三叶螺 *Platypena scabra* Fabricius、玉米穗螺 *Heliothis zea*（Boddie）等。Pitre（1994）报道，大豆尺夜蛾已经成为美国南部最具危害性的害虫。Taleker（1994）报道，亚洲大豆生产过程中，主要害虫包括8种豆秆蝇、9种夜蛾科和螺蛾科的食叶害虫、4种蝽象及4种螺蛾科的蛀荚害虫。Mochida（1994）报道日本大豆害虫大约有245种，不同地区害虫的主要类群有所不同。根据Gujrati等（1985）、Shrivastava等（1988）和Ram等（1989）的研究结果，总结出印度重要的食叶大豆害虫有尘污灯蛾 *Diacrisia obligua*、卷叶麦蛾 *Anarsia ephippias* Meyrick、花生麦蛾 *Stomopteryx subseccivella* Zeller和潜叶蝇 *Aproaerema modicella*等。

第二章

大豆蚜的分布与为害

1 大豆蚜的分布

大豆蚜*Aphis glycines* Matsumura俗称"腻虫""蜜虫"，隶属半翅目Hemiptera，蚜科Aphididae，蚜属*Aphis*，是大豆作物生产中的主要害虫之一。

大豆蚜起源于亚洲，并广泛分布在亚洲、美洲、大洋洲等大豆种植区。主要分布地包括：中国、日本（张履鸿，1993）、朝鲜、韩国、菲律宾、印度尼西亚、马来西亚、泰国、缅甸、越南、印度、俄罗斯、肯尼亚、澳大利亚，以及美国和加拿大等国家（苗进等，2005；刘健和赵奎军，2007；孙赫和李学军，2010；姜立云，2012）。

2000年以前大豆蚜主要发生在中国、菲律宾、泰国、朝鲜、韩国、印度尼西亚和俄罗斯等国家，之后陆续传入美国、加拿大和澳大利亚（苗进等，2005）。2000年在美国威斯康星州第一次发现大豆蚜，2003年已扩散到美国的21个州和加拿大的3个省，至2009年，蔓延到美国的30个州（Venette，2004；Ragsdale，2004；Ragsdale，2011）。大豆蚜已成为广泛关注的世界性重要农业害虫。

大豆蚜在中国大豆产区都有分布，包括辽宁、吉林、黑龙江、北京、天津、河北、河南、山西、山东、江苏、浙江、湖北、广东、陕西、宁夏、内蒙古、台湾等地，其中以东北、华北地区及内蒙古自治区发生较为严重（中国科学院动物研究所，1986；姜立云等，2012）。

2 大豆蚜的为害

大豆蚜在栽培植物中仅为害大豆，除此之外还可为害野生大豆。

大豆蚜的成蚜（有翅或无翅）和若蚜均以其刺吸式口器吸食植物的汁液。具有群聚和很强的趋嫩习性。大豆蚜迁入大豆田间后，有70%～80%的蚜虫首先寄居在植株顶端2～3片嫩叶和嫩茎上，蚜体淡黄色、鲜嫩，排列密集。寄居在中部叶片的蚜虫，蚜体略小，排列较稀疏。尤其在7月中旬后产生小型蚜（夏型蚜），主要在中下部叶片背面，蚜体很小、黄白色。发生严重时大豆植株上布满茎、叶，也可侵害嫩荚。

大豆植株受害后，初期叶片无明显变化，随着蚜量的增加，叶片逐渐皱缩变小；严重受害时，顶部叶片甚至全株叶片均可卷缩、生理机能破坏、根系发育不良、茎叶短小、植株矮小，植株发育停滞，结果枝和结荚数显著减少。

大豆蚜食量很大，可吸取大量植株的汁液，并且通过消化道的滤室很快把过多的水分和糖分（蜜露）直接排入后肠及体外，散布在大豆植株下部叶片上。严重发生时这些蜜露可布满大豆叶面，堵塞叶片的气孔和滋生霉菌引发霉污病，严重影响了大豆叶片的光合作用（图2-1～图2-5）。

据王承纶等（1962）研究报道，被蚜虫为害的大豆植株，平均每株分枝数仅为0.93个，株高为55 cm，每株结荚数为11.8个，每公顷产量仅771 kg；而在同样的蚜害发生情况下进行防治的大豆，其平均分枝数为2.7个，株高为77.4 cm，每株结荚数为55.8个，每公顷产量为1634 kg。刘兴龙等（2014）研究大豆蚜的阶段性危害结果表明，大豆蚜在大豆生长前期为害，对大豆的营养生长造成影响，如株高和节数等，从而影响大豆产量，这种持续、长期的危害则会使大豆的产量逐渐下降，延续到R3时期（初荚期）以后的危害对产量的影响作用显著。王

图2-1 大豆蚜为害叶片

⤴ 图2-2 大豆蚜为害植株顶端

⤴ 图2-3 大豆蚜为害植株

⤴ 图2-4 大豆蚜排泄蜜露后形成霉污病

⤴ 图2-5 受害大豆植株矮缩

　　素云等（1996）研究大豆蚜对大豆生长和产量影响的结果表明，大豆植株被害后明显表现叶片卷缩、节间缩短、茎矮化。1989年未防治区比防治区大豆产量损失27.8%。许多研究报道，大豆苗期发生严重时可使整株变黄、皱缩、枯死。成株期受害后，叶片卷缩、节间缩短、植株矮小，花脱落、豆荚干瘪，若防治不及时，轻者减产20%~30%，严重时可减产50%。

　　据报道，大豆蚜除本身为害外，还可传播多种植物病原病毒，引起大豆花叶病、马铃薯病毒病等病害在田间大流行，发病的速度和发生的多少与蚜虫发生的数量有密切关系。大豆蚜还可传播苜蓿花叶病毒（AMV）和烟草环斑病毒（TRSV；刘健和赵奎军，2007）。

3　大豆蚜的发生情况

3.1　国外发生情况

据美国对大豆蚜入侵研究结果，认为大豆蚜自东亚地区传入美国。2000年，大豆蚜在美国的威斯康星州首次发现，随后在密歇根州、印第安纳州、伊利诺伊州、密苏里州、艾奥瓦州、俄亥俄州、西弗吉尼亚州、肯塔基州和明尼苏达州调查到了大豆蚜。2001年，在弗吉尼亚州、纽约州、宾夕法尼亚州、北达科他州和南达科他州也调查到大豆蚜，其分布已扩大到15个州。大豆蚜在美国继续迅速蔓延，2002年，内布拉斯加州、堪萨斯州、特拉华州、乔治亚州和密西西比州报道了大豆蚜的发生，至此共有20个州报告了大豆蚜的存在，美国近80%的大豆生产面积发生了大豆蚜（Venette et al., 2004）。2003年，大豆蚜已传播至美国的21个州和加拿大的3个省；至2009年，蔓延到美国的30个州（Ragsdale et al., 2011）。大豆蚜的迅速扩散蔓延，给当地大豆生产造成了严重的危害（Ragsdale et al., 2004）。

大豆蚜侵入美国后，各年度间发生程度并不相同。2001年大豆蚜在美国许多田块大爆发，单株蚜量高达数千头，尤其是明尼苏达州、威斯康星州、密歇根州、伊利诺伊州和印第安纳州，以及加拿大的安大略省的部分地区。而2002年大豆蚜在美国北部并没有达到较高的虫口密度，调查了许多大豆田并没有发现蚜虫。2003年，大豆蚜种群密度又迅速增加，并且艾奥瓦、俄亥俄和南达科他州的部分地区也首次出现爆发。爆发的原因可能与适宜的温湿度、入侵时间和自然天敌的数量有关（Ragsdale et al., 2004）。

大豆蚜夏季以孤雌胎生蚜在大豆田危害，秋季转移到鼠李 *Rhamnus* 植物上产卵越冬。*Rhamnus cathartica* (L.) 和 *Rhamnus alnifolia* L'Hér 两种鼠李广泛分布于北美的大豆种植区，是大豆蚜的主要越冬寄主（Voegtlin et al., 2004）。由于大豆蚜越冬寄主植物丰富，气候条件适宜，越冬卵可以安全过冬，有翅孤雌蚜迁飞到大豆田，繁殖扩散蔓延。加之大豆蚜传入美国时间短，本地天敌不能足以控制大豆蚜的种群，酿成严重危害。美国每年大豆种植面积接近3200万 hm^2，产值超过270亿美元。其中超过80%的大豆面积分布在北美中部的12个州（2600万 hm^2），大豆蚜发生危害严重，产量损失高达40%。

澳大利亚1999年发现大豆蚜为害大豆，但并未发展成为主要害虫，可能是当地缺少适合的第一寄主（Ragsdale et al., 2011）。

大豆蚜的为害除了引起大豆的减产，大豆蚜携带的植物病毒还造成菜豆、马铃薯和瓜类产品的产量损失。大豆蚜在美国的定居及分布威胁了美国大豆生产区，并对大豆害虫的综合治理提出了新的挑战。

3.2 国内发生情况

据记载，大豆蚜在我国东北三省及河北危害较重，20世纪50-80年代期间，年年发生较重，有些年份大发生，曾造成不同程度的产量损失。2004年，大豆蚜在东北地区大爆发，致使大豆产量遭受严重的损失。黑龙江省种植大豆340万hm²，大发生面积达到了139.3万hm²，危害较重的地块大豆产量损失30%，严重地块产量损失50%以上（王春荣等，2005；肖亮和武天龙，2013）。2010年辽宁省东部和西部地区大豆蚜发生严重，部分地块大豆百株蚜量高达10万～15万头，产量损失30%～40%。

张莹（2009）对2004年东北地区大豆蚜大爆发的主要原因分析认为：一是气候条件适宜大豆蚜的生长发育和繁殖。冬季气温普遍偏高，出现暖冬现象，大豆蚜越冬卵的存活率升高，导致虫量骤增；夏季气温高，干旱少雨，导致大豆蚜迅速繁殖。二是东北地区大豆是主要的经济作物，大豆连作重迎茬面积增大，导致除草剂的大量应用，久而久之，使大豆根系发育减缓，加重了大豆根部病害的发生，导致大豆植株耐害能力减弱。三是有机磷类杀虫剂的长期使用，使大豆蚜产生抗药性，而长期使用农药导致大豆田的天敌，如草蛉、瓢虫、食蚜蝇、寄生蜂等数量急剧减少。四是大豆蚜的飞行扩散能力和生殖能力很强，能够随气流携带进行远距离的迁飞扩散，造成大面积大豆受害。

1　蚜虫简介

蚜虫类隶属半翅目Hemiptera胸喙亚目Sternorrhyncha，是半翅目中一类体型微小、危害较大的昆虫。蚜虫广布于世界各地，目前世界已知4700余种，中国已知约1000种，其中绝大部分是农林生产中的有害种类，如麦长管蚜、麦二叉蚜、棉蚜、大豆蚜、高粱蚜、桃蚜等多种蚜虫为害严重，给农业生产造成巨大的经济损失。大豆蚜*Aphis glycines* Matsumura，隶属蚜科Aphididae，蚜亚科Aphidinae，蚜族Aphidini，蚜属*Aphis*；以下介绍相关分类阶元特征。

1.1　蚜科（Aphididae）特征

有时体被蜡粉，但缺蜡片。触角6节，有时5节甚至4节，感觉圈圆形，罕见椭圆形。复眼由多个小眼面组成。翅脉正常，前翅中脉1或2分叉。爪间毛毛状。前胸及腹部常有缘瘤。腹管通常长管形，有时膨大，少见环状或缺。尾片圆锥形、指形、剑形、三角形、盔形或半月形，少数宽半月形。尾板末端圆形。营同寄主全周期和异寄主全周期生活，有时不全周期生活。一年10～30代。寄主包括乔木、灌木和草本显花植物，少数为蕨类和苔藓植物。该科多数物种在寄主植物叶片取食，也有物种在嫩梢、花序、幼枝取食，少数物种在根部取食。

蚜科昆虫世界已知242属2700余种，中国已知118属473种。

蚜科包括三个亚科：粉毛蚜亚科，蚜亚科和长管蚜亚科（姜立云等，2011）。

1.2　蚜亚科（Aphidinae）特征

多数属腹部节Ⅰ和Ⅶ有缘瘤，节Ⅱ~Ⅵ有小缘瘤或缺。腹部节Ⅰ、Ⅱ气门间距离约等于或大于气门直径的3.00倍，且不短于腹部节Ⅱ、Ⅲ气门间距离的0.40倍。体缺中瘤。中额小且低，或缺。触角短于体长。多数种类无翅孤雌蚜触角无次生感觉圈。跗节Ⅰ毛序通常为3，3，2，有时为3，3，3或2，2，2。腹管无网纹。尾片形状多样，有指状、舌状、三角形、末端圆的多边形及半圆形。若尾片形状似粉毛蚜亚科且有毛20余根，则跗节Ⅰ毛数不多于4根，或触角末节鞭部长于基部的3.00倍。

世界已知29属近700种，中国已知11属87种。

蚜亚科分2个族：蚜族和缢管蚜族（姜立云等，2011）。

1.3　蚜族（Aphidini）特征

腹部缘瘤有或缺；如有缘瘤，则腹部背片Ⅰ缘瘤位于节Ⅰ、Ⅱ气门连线的中央，背片Ⅶ缘瘤位于气门的腹面；如无缘瘤，则触角末节鞭部短于基部的2.00倍。

世界已知20属，中国已知6属61种（姜立云等，2011）。

1.4　蚜属（*Aphis* Linnaeus）特征

额瘤较低或不明显。缘瘤着生在前胸、腹部节Ⅰ和Ⅶ，节Ⅱ~Ⅵ也常有。触角5或6节，短于体长，大多数种类末节鞭部短于基部的4.00倍，个别种类长于基部的4.50倍；无翅孤雌蚜触角通常无次生感觉圈，个别种类有，有翅孤雌蚜触角节Ⅲ有次生感觉圈，节Ⅳ也常有，节Ⅴ较少有。跗节Ⅰ毛序通常为3，3，2，个别为3，3，3或3，2，2。前翅中脉分叉。腹管圆筒形，或基部宽于端部，常有1个不明显的缘突。尾片三角形或舌形，长大于宽，中部常有微缢缩。

该属是蚜科中最大的一属，种间形态差异较小，但属内种间的生态学差异较大。寄主植物为被子植物中的许多科，大部分种为寡食性。

世界已知近600种，中国已知48种。常见种类有大豆蚜、豆蚜、甜菜蚜、棉蚜、苹果蚜、柳蚜、夹竹桃蚜、艾蚜、蒲公英蚜等（姜立云等，2011）。

2 大豆蚜的形态特征

2.1 卵

长椭圆形。初产淡绿半透明，后颜色逐渐变深，为深绿、墨绿色至黑色；具光泽（图3-1）。

2.2 无翅孤雌蚜

体卵圆形，体长1.60 mm，体宽0.86 mm。活体淡黄色至淡黄绿色。触角节Ⅴ端半部与节Ⅵ，有时节Ⅳ端半部，各足胫节端部1/5～1/4及腹管端半部黑色；喙节Ⅲ、节Ⅳ+Ⅴ、腹管基部1/2、尾片及尾板灰色。体表光滑，腹背片Ⅶ、Ⅷ有模糊横网纹。前胸、腹部背片Ⅰ、Ⅶ有锥状钝圆形突起，高大于宽。中额稍隆起，额瘤不显。触角6节，全长短于躯体，为体长的0.70倍；节Ⅰ～Ⅵ长度比例：23：22：100：72：60：39+120；喙端部超过中足基节，节Ⅳ+Ⅴ细长，长为基宽的2.80倍，为后足跗节Ⅱ的1.40倍。后足胫节长为体长的0.46倍；跗节Ⅰ毛序：3，3，2。腹管长圆筒形，有瓦纹、缘突和切迹；长为触角节Ⅲ的1.30倍，为体长的0.20倍。尾片圆锥形，近中部收缩，有微刺形成瓦纹，长约为腹管的0.70倍，有长毛7～10根。尾板末端圆形，有长毛10～15根。生殖板有毛12根（图3-2；姜立云等，2011）。在高温和大豆植株老化等不利条件下，叶片背面常出现体色淡黄色或黄白色的小型蚜，也称夏型蚜（图3-3）。

2.3 有翅孤雌蚜

体长卵形，体长1.60 mm，体宽0.64 mm。活体头部、胸部黑色，腹部黄色。腹管后斑方形，黑色，有时腹部背片Ⅱ～Ⅳ有灰色小缘斑，腹部

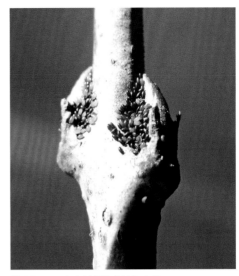

↑ 图3-1 鼠李芽缝隙中的蚜虫卵

↑ 图3-2 春季无翅孤雌成蚜和若蚜

↑ 图3-3 夏季小型蚜

背片Ⅳ~Ⅶ有小灰色横斑或横带。触角6节，全长1.10 mm；节Ⅰ~Ⅵ长度比例：24∶20∶100∶65∶62∶42+108；节Ⅲ有小圆形次生感觉圈3~8个，一般5或6个，分布于全长，排成1行。秋季有翅性母蚜腹部草绿色，触角节Ⅲ次生感觉圈可增至6~9个。其他特征与无翅孤雌蚜相似（图3-4；姜立云等，2011）。

⚲ 图3-4　有翅孤雌蚜
　　A. 成蚜（侨迁蚜）；B. 成蚜和若蚜；C. 高龄若蚜；D. 成蚜和无翅若蚜

3　茄粗额蚜简介

茄粗额蚜*Aulacorthum solani*（Kaltenbach）又名茄无网蚜，茄无网长管蚜，大豆无网蚜。隶属蚜科Aphididae，粗额蚜属*Aulacorthum*，在大豆田与大豆蚜伴生。

3.1　分布及危害

茄粗额蚜世界性范围分布，包括欧洲、北美、澳大利亚、新西兰、日本，以及我国的黑龙江、辽宁、河北、湖南、浙江、台湾等地。

茄粗额蚜多食性，可危害茄科、豆科等多种农作物。多在叶背面取食，以刺吸式口器吸食植株的液汁，取食偏好老叶，危害全株。叶片被茄粗额蚜取食后产生黄色斑点，并逐渐扩大成大枯斑，严重时甚至枯死脱落（张广学等，1999）。还能传播大豆、烟草、甜菜、马铃薯病毒病。其无翅成蚜活动力强，当植株发生颤动或触碰虫体时会立即爬散或坠落。在中国东北地区危害大豆周期长，6月中旬开始发生，7月下旬至8月初达到高峰，繁殖危害直至9月末、10月初（赵雪等，2014；图3-5）。

茄粗额蚜已经成为大豆主要的食叶害虫，2005－2007年稳定发生，百株蚜量可达5500头，对大豆的危害日趋严重。随着化学药剂的连年使用，蚜虫的抗药性也逐渐增强，已成为大豆种植中亟待解决的重要问题（刘健等，2010）。

3.2　形态特征

（1）**卵**　长椭圆形。初产白色半透明，后颜色变深，为淡绿色，深绿至墨绿色；具光泽（图3-6）。

（2）**无翅孤雌蚜**　体长卵形，体长2.80 mm，体宽1.10 mm。活体头部及前胸红橙色，中、后胸和腹部淡绿色。玻片标本头部褐色，胸部和腹部淡色，缘域稍深色。触角节Ⅰ、Ⅱ、Ⅵ及节Ⅲ～Ⅴ端部黑色；喙节Ⅲ及节Ⅳ+Ⅴ骨化黑色；足股节端部3/4、胫节端部及跗节深黑色；腹管淡色，顶端黑色；尾片、尾板及生殖板淡色。头部表面粗糙，有深色小刺突；胸部背板及腹部背片Ⅰ～Ⅵ有微网纹，背片Ⅶ、Ⅷ有明显瓦纹；体缘网纹明显。腹部缘域有淡褐色节间斑。体背毛粗短，钝顶，腹面毛长为背毛的2.00～3.00倍；头部有头顶毛3对，头背毛8根；前胸背板有中、侧、缘毛各2根；中胸背板有中、侧、缘毛8根、4根、4根；后胸背板有中、侧、缘毛4根、4根、2根；腹部背片Ⅰ～Ⅵ各有

⬆ 图3-5　茄粗额蚜为害状

⬆ 图3-6　茄粗额蚜卵（王宁拍摄）

中、侧、缘毛4根、6根、6根，背片Ⅶ有中毛2根，缘毛4根；背片Ⅷ有毛4根；头顶毛、腹部背片Ⅰ缘毛、背片Ⅷ毛长分别为触角节Ⅲ直径的0.21倍、0.17倍、0.51倍。中额不显，额瘤显著外倾，呈深"U"形，高度大于中额宽度，与触角节Ⅰ等长。触角6节，细长，全长3.90 mm，为体长的1.40倍，节Ⅲ长0.96 mm；节Ⅰ～Ⅵ长度比例：16∶11∶100∶74∶65∶23+112；触角毛短，节Ⅲ基部有小圆形感觉圈2或3个。喙端部达后足基节，节Ⅳ+Ⅴ呈剑形，长0.17 mm，为基宽的2.40倍，为后足跗节Ⅱ的1.20倍。足细长，跗节Ⅰ毛序：3，3，3。腹管端部及基部收缩，呈花瓶状，光滑，有微瓦纹，端部有明显缘突和切迹，长0.65 mm，为体长的0.23倍，为尾片的1.60倍。尾片长圆锥形，中部收缩，有小刺突构成瓦纹，有长毛5或6根。尾板半圆形，顶端尖，有毛14或15根。生殖板有短毛16根（姜立云等，2011；图3-7，图3-8）。

⬆ 图3-7　无翅孤雌蚜
A. 成蚜；B. 若蚜

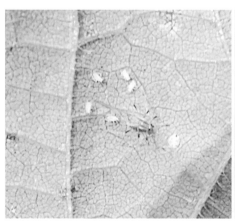

⬆ 图3-8　孤雌成蚜产仔蚜
A. 有翅孤雌成蚜产仔蚜；B. 无翅孤雌成蚜产仔蚜

第四章

大豆蚜的生物学特性

1 大豆蚜的寄主

大豆蚜是一种寡食性、异寄主昆虫。寄主植物可分为冬寄主（第一寄主）和夏寄主（第二寄主）。冬寄主为鼠李科（Rhamnaceae）植物，夏寄主为豆科（Leguminosae）植物。鼠李（*Rhamnus davurica*）和乌苏里鼠李（*Rhamnus ussuriensis*），俗名老鸹眼，是大豆蚜的主要越冬寄主。在中国已查清楚的夏寄主有大豆（*Glycine max*）、黑豆（*Glycine* sp.）和野生大豆（*Glycine soja*）等少数豆属植物，其中野生大豆在我国各地广泛分布（图4-1～图4-3）。

在国外，大豆蚜的冬寄主与我国的有较大区别。在日本冬寄主主要是日本鼠李（*Rhamnus japonica*；苗进等，2005）；在北美洲冬寄主可能为几种鼠李科植物，已证实的冬寄主有药鼠李（*Rhamnus cathartica*，原产于欧洲）、当地的鼠李科植物（*Rhamnus alnifolia*）及（*Rhamnus lanceolata*；Voegtlin, et al.，2004，2005）。大豆蚜的夏寄主与我国的基本相同，但也有关于大豆蚜可在绛三叶（*Trifolium incarnatum*）、红三叶（*Trifoium pratese*；Voegtlin et al.，2004）、紫花苜蓿（*Medicago sativa*）及红花菜豆（*Phaseolus coccineus*）上取食的相关报道（刘健和赵奎军，2007）。

大豆蚜能够侵入北美洲等全新的栖息地并存活，也是其适应新环境并可搜寻到适于取食植物的必然结果，但是否仍有未被发现的寄主植物则需要进一步

⬆ 图4-1　冬寄主：鼠李

　　A. 发芽；B. 花蕾膨大；C. 整株（示果实）；D. 结果枝；E. 大豆蚜为害鼠李

⬆ 图4-2　夏寄主：栽培大豆

　　A. 栽培大豆；B. 大豆蚜为害栽培大豆

⬆ 图4-3　夏寄主：野生大豆

　　A. 野生大豆；B. 野生大豆攀缘生长；C. 野生大豆结荚

的调查（刘健和赵奎军，2007）。

2　大豆蚜的生活史

大豆蚜在东北和华北等地以卵在鼠李枝条上的芽侧或隙缝里越冬。翌年春季，东北地区4月间气温逐渐回暖，平均气温10 ℃左右时，鼠李芽膨大至芽开绽期，越冬卵开始孵化为干母，以鼠李为食物，至成蚜时开始孤雌胎生繁殖，产生有翅或无翅孤雌胎生蚜。一般东北地区孤雌胎生1~2代，山东2~3代。5月中、下旬平均气温上升到16 ℃以上时，在鼠李上产生侨迁蚜，开始陆续向大豆田迁飞，此时大豆植株处于幼苗期。华北地区5月下旬产生有翅蚜并迁入春播大豆田，6月底7月初侵入夏播大豆田。

大豆蚜在大豆植株上一年繁殖的世代数不同地区有一定差异，在吉林公主岭地区每年可繁殖15代，辽宁地区可繁殖16代左右，山东济南大豆上一年可繁殖18~22代（李长松等，2000）。侨迁蚜迁入大豆田后，在大豆幼苗上开始取食为害，整个大豆生育期内以孤雌胎生方式繁殖，主要产生无翅孤雌胎生蚜。随着气温的升高，繁殖速度加快。在6月中下旬，当叶片虫口密度较大时，产生有翅孤雌胎生蚜并在田间扩散。多年调查结果表明，辽宁地区6月下旬至7月中旬末，气温适宜，大豆植株长势幼嫩繁茂，有利于大豆蚜生长发育和繁殖，蚜虫种群迅速上升，是大豆蚜在田间的发生盛期，也是大豆植株受害最重的时期。7月中下旬后，由于高温和植株老化等不利条件的影响，在大豆植株的中下部叶片背面出现体色淡黄色或黄白色的小型蚜（夏型蚜）。一般年份7月下旬后，由于环境不适和天敌的控制作用，大豆蚜种群数量迅速下降，田间维持较低的虫口密度。在9月下旬，由于光周期的缩短、气温下降、大豆植株逐渐成熟衰老和营养恶化等因素的影响，大豆蚜繁殖缓慢，并诱导产生有翅性母蚜和有翅雄性蚜，陆续迁回到越冬寄主（鼠李）上。其中有翅性母蚜繁殖产生产卵性雌蚜，并与有翅雄性蚜交配后，在鼠李的芽鳞或缝隙处产卵越冬（王承纶等，1962；图4-4）。

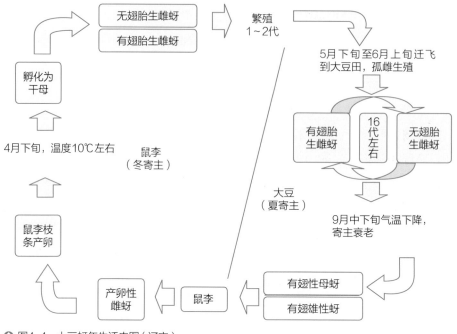

⬆ 图4-4   大豆蚜年生活史图（辽宁）

3   大豆蚜的行为和习性

3.1   越冬习性

秋季大豆蚜在田间产生有翅性母蚜，迁飞到越冬寄主（鼠李）上，繁殖产生产卵性雌蚜，与有翅雄性蚜交配后，在鼠李的芽鳞或缝隙处产卵越冬。越冬卵常与鼠李上其他蚜虫的卵混杂在一起，不易区分。

3.2   鼠李上的取食习性

大豆蚜多寄居在鼠李的下部枝条上，这与鼠李上其他种蚜虫不同（其他种在鼠李全株都能寄居），并喜寄居在窝风、向阳的矮小鼠李上，一般较高大的多年生枝条上很少寄居，因此，调查越冬卵时应选择一年生枝条（王承纶等，1962）。

3.3   大豆上的为害习性

大豆蚜以其刺吸式口器吸取植株的汁液，有很强的趋嫩习性，主要寄居在大豆植株顶部的嫩叶和嫩茎上，少部分寄居在中下部叶背面，小型蚜（夏型）多在中下部叶背取食为害，发生严重时蚜虫布满茎、叶，甚至嫩荚。

3.4 取食刺探行为

大豆蚜在寻找寄主的过程中，从在空中飞行到找到合适的寄主植物包括三个步骤：降落到植物的表面，检测植物表面和外层组织，针刺和"评估"植物内部最终要取食的组织，而后"决定"留（若为寄主植物），或去（若为非寄主植物）（韩心丽和严福顺，1995）。植食性昆虫的取食和寻找寄主与植物的代谢次生物质有着最密切的关系。杜永均等（1994）已用昆虫触角电位法和嗅觉行为测定法证实了大豆蚜冬、夏寄主植物和某些非寄主植物的挥发性次生物质对大豆蚜在寄主寻找的过程中起定向作用。韩心丽和严福顺（1995）利用昆虫刺探电位测量系统（Electrical Penetration Graph，简称EPG）监测大豆蚜在大豆植株和非寄主植物上的口针刺吸行为电波信号，结果表明，大豆蚜在寄主大豆植物的韧皮部取食时间长，而在非寄主棉花、黄瓜和丝瓜植物韧皮部取食时间甚短或根本未取食，表明非寄主植物不适合大豆蚜的取食。

3.5 趋色（光）性

大豆蚜有翅型对黄色有较强的趋性，生产上可利用黄皿诱蚜法监测大豆蚜的种群动态（李长松等，2000）。

3.6 迁飞和扩散习性

大豆蚜有翅蚜具有主动迁飞和被动迁飞，主动迁飞距离较近，而被动迁飞主要是借助风力和气流运动作远距离迁飞。吸虫塔（昆虫吸捕器，suction trap，图4-5）是监测大豆蚜迁飞和扩散的新型设备，在欧洲和北美洲已经呈网络安装分布，为大豆蚜虫的预警和防控提供重要依据。近年来我国在东北、华北、华中、华东、西北等地布设，安装了34台吸虫塔，构建了基于吸虫塔的蚜虫监测预警网络系统，初步形成覆盖小麦和大豆主产区的吸虫塔网络系统。经过吸虫塔多年的运行监测结果表明，大豆蚜一年中有明显的迁飞和扩散现象。春季从越冬寄主迁飞到大豆田，在田间至少有2次扩散（辽宁6月下旬至7月中旬）过程，秋季从大豆田迁飞到越冬寄主（鼠李）上（邵天玉等，2015；苗麟等，2011；孙志远和时新瑞，2012；李长锁等，2008）。

⬆ 图4-5　ST-1A型吸虫塔（suction trap）
　　A. 整体结构及安装；B. 主机柜和控制柜；C. 收集网和收集瓶

3.7　田间分布

大豆蚜发生初期田间有蚜株率较低时，其分布型有的呈均匀分布，有的呈随机分布。后期随着有蚜株率的增加逐渐转变为均匀分布。大豆蚜的种群分布型从发生初期至发生高峰期，不论虫口密度大小和扩散情况如何，其空间分布格局都呈聚集分布，聚集强度随种群密度的增大而增强（黄峰等，1992）。

3.8　有翅蚜的产生

有翅蚜的产生和环境拥挤、光周期、温度、寄主植物和母蚜型等有密切联系。一般认为，大豆蚜无翅胎生成蚜个体间的拥挤是有翅蚜产生的主要原因。在低密度下拥挤反应随密度增大而增强，但过度拥挤会导致反应的降低。无翅胎生若蚜间的拥挤不能导致其本身发育成有翅胎生蚜。寄主质量能改变无翅胎生蚜对拥挤的反应，成熟叶片处理的无翅胎生成蚜后代中有翅蚜的比例高于幼嫩叶片的处理。温度影响有翅蚜的产生，较高的温度对有翅蚜的产生有较强的抑制作用。不同母蚜型产生有翅蚜的能力不同，有翅胎生蚜间的拥挤能使后代产生较少的有翅蚜（吕利华和陈瑞鹿，1993）。

4　环境因子对大豆蚜的影响

4.1　温度对大豆蚜生长发育的影响

据李长松等（2000）报道，世代历期与温度关系密切，随着温度的降低，世代历期逐渐延长。27～29 ℃下为2～6天，平均4.2天；25～26.9 ℃下为3～6天，平均4.7天；22～24.9 ℃下为4～11天，平均6天；22 ℃以下为6～17天，平均10.7天。王承纶等（1962）采用罩笼方法，接种蚜虫饲育结果表明，当平均温度为20～25 ℃时，世代发育历期为5～7天；16～17 ℃时，发育历期为11～12天；12 ℃时，平均发育期为19天。但随着营养条件的改变亦能出现例外的情况，如当8月中旬和8月下旬至9月初，此时期平均温度亦在20～25 ℃之间，但由于当时大豆生长渐老，造成发育条件不利，这样亦能延长大豆蚜的发育期。

徐蕾等（2011）报道，利用人工气候箱设置10、15、20、25、30 ℃共5个温度梯度，相对湿度75%，光照L∶D＝14 h∶10 h条件下饲养，研究大豆蚜的发育历期、发育起点和有效积温。结果表明，大豆蚜各虫态的发育历期随着温度的升高而显著缩短，若蚜发育明显受到低温抑制。在10、15、20、25、30 ℃下的世代发育历期分别为22.08，14.04，10.67，9.92和6.71天。大豆蚜一龄、二龄、三龄、四龄、产仔前期和世代的发育起点温度分别为2.0268、1.4363、1.2034、1.2926、4.8387和1.6587 ℃；所需有效积温分别为38.4216、43.2337、48.5569、51.7323、15.0279和202.7879日度。

4.2　温度对大豆蚜繁殖的影响

李长松等（2000）对大豆蚜单雌产仔量的研究表明，无翅孤雌蚜在26.6 ℃时产仔量最大，平均单雌产仔量为58.1头；有翅孤雌蚜在26.1 ℃时产仔量最大，为38头。温度高于27 ℃和低于26 ℃，有翅和无翅孤雌蚜产仔量均明显减少，20 ℃以下有翅蚜几乎不能产仔。产仔历期随着温度降低而逐渐延长，无翅孤雌蚜27.2 ℃为5～11天，平均7.7天；26.6 ℃为3～13天，平均10.5天；21.6 ℃为5～21天，平均12.6天；16.7 ℃为7～34天，平均20.1天。随着温度降低单雌产仔量逐渐减少，无翅孤雌蚜26.6、21.6和16.7 ℃时平均单雌日产仔量分别为5.5、3.1和1.6头。

徐蕾等（2011）利用人工气候箱设置10、15、20、25、30 ℃共5个温度梯度，相对湿度75%，光照L∶D＝14 h∶10 h条件下饲养，观察大豆蚜的繁殖。结果表明，10～30 ℃温度范围内，大豆蚜的繁殖数量差异明显。20 ℃和25 ℃下大豆蚜繁殖力较强，温度偏低（10 ℃）和偏高（30 ℃）都对大豆蚜的繁殖有所抑制。在5个温度梯度下，单雌平均产仔量分别为15.73、24.12、27.87、27.6和16.67头；单雌日产仔量分别为1.23、1.26、1.72、1.74和1.32头；产仔历期分别为12.73、19.12、16.73、15.84和13.38天（图4-6～图4-9）。

↑ 图4-6　鼠李上无翅蚜繁殖仔蚜

↑ 图4-7　鼠李上有翅蚜繁殖仔蚜

↑ 图4-8　大豆上无翅蚜繁殖仔蚜

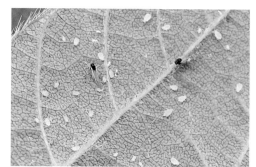

↑ 图4-9　大豆上有翅蚜繁殖仔蚜

第 五 章

大豆蚜的发生规律

1 越冬

大豆蚜属侨迁式蚜虫，有寄主转换习性。寄主植物可分为冬寄主和夏寄主。冬寄主是第一寄主，为鼠李科植物，主要包括鼠李、乌苏里鼠李、日本鼠李、药鼠李（原产于欧洲）、牛藤、*Rhamnus alnifolia*和*Rhamnus lanceolata*等鼠李科植物（Losey et al.，2002）。夏寄主是第二寄主，主要包括大豆、野生大豆和黑豆等。

大豆蚜以受精卵在鼠李枝条的芽腋或缝隙间越冬。翌年春季4月间，当鼠李的芽鳞露绿到芽开绽期，平均气温达10 ℃，越冬卵开始孵化为干母（无翅雌蚜），繁殖1～2代后产生有翅孤雌蚜。在5月下旬后，鼠李开花前后，有翅孤雌蚜开始迁飞至大豆上，繁殖16代左右（辽宁），为害至秋季。9月上中旬，在大豆上先产生有翅型的性母蚜飞回至鼠李上，在鼠李上产生无翅型的产卵性雌蚜，而残留在大豆上的无翅胎生雌蚜则再产生有翅雄蚜，也飞回至鼠李上，与鼠李上的无翅雌蚜交配后，产卵越冬。

2 田间发生时期

大豆蚜在不同的大豆种植区，由于地理位置、气候特点、生态环境等差异，大豆蚜的发生时期也不相同。在辽宁地区一般从5月下旬开始迁入大豆田至9月中旬后迁出大豆田，大约经历120天。田间系统调查结果表明，不同地区或同一地区不同年份间大豆蚜的发生时期有一定差异，但具有一定的规律性。依据蚜虫田间种群数量消长规律，大体分为6个阶段，即初见期、波动期、上升期、盛发期、下降期和消退期（表5-1，表5-2）。

① 初见期　此期为大豆蚜从越冬寄主迁入大豆田，5月下旬至6月上旬，持续时间10余天，田间百株蚜量百头以下，大豆生育期为幼苗期（1~2片真叶），一般不会构成危害。

② 波动期　6月上旬至中旬末，持续时间15天左右，田间百株蚜量0.5万头以下，大豆生育期为苗期（5~6片真叶）。大豆蚜迁入豆田后第一代全部产生无翅型，第二代有些个体可产生有翅蚜，开始扩大蔓延。一般自6月中旬开始蚜株率显著增加，可造成大豆苗期受害，少数早播田、早熟品种以及生长较好的地块受害较重。

③ 上升期　6月下旬至7月上旬末，持续时间15~20天，一般年份田间百株蚜量0.5万~2万头，个别严重年份可高达10万头左右，大豆生育期为分支期。此期由于气温升高，蚜虫繁殖加快，窝子蜜蚜虫拥挤等原因，田间产生大量有翅蚜，迅速扩大蔓延至全田，使原来蚜株率不高的地块，很快可达到100%蚜株率，且蚜虫种群数量直线上升。

④ 盛期　7月中旬，持续时间10天左右，一般年份田间百株蚜量2万~3万头，个别严重年份可高达14万头左右，大豆生育期为初花期（R1期）。此期田间可再次大量产生有翅蚜，加速繁殖，猖獗为害，是酿成大豆严重减产的主要时期。

⑤ 下降期　7月下旬，持续时间10天左右，一般年份田间百株蚜量1万头以下，个别严重年份可高达5万头左右，大豆生育期为盛花期、落花和结荚期（R2，R3期）。此期由于气温很高，雨量较大，植株逐渐老化，天敌作用等因子对蚜虫繁殖不利，蚜虫种群数量迅速下降。大豆蚜为害的部位，由原来多数集中在植株的上部而转移至植株的中下部叶背面。此时出现了大量小型蚜（夏型蚜），为淡黄或乳白色，生长缓慢繁殖力降低。

⑥ 消退期　8月上旬后，持续时间20天以上，一般年份田间百株蚜量0.5万头以下，个别严重年份可达2万头左右，但此阶段70%以上的蚜虫为小型蚜，大豆生育期为豆荚伸长至豆荚长成期（R4，R5期）。一般在9月中旬后，由于气候不适及大豆植株衰老，在大豆上虽仍有零星蚜虫繁殖，但繁殖力很低，并陆续产生有翅蚜，向冬寄主回迁。

表5-1　大豆蚜田间各发生阶段特征（2008-2010，辽宁岫岩）

发生阶段	初见期	波动期	上升期	盛期	下降期	消退期
发生时期（月.日）	6.1~6.6	6.6~6.21	6.21~7.11	7.11~7.16~7.21	7.21~8.1	8.1~8.21
持续时间/天	5	15	20	10	10	20
年平均百株蚜量/头	0.11~9.7	9.7~157	157~21045	21045~32858~9242	9242~6780	6780~776
大豆生育期	苗期	苗期	分枝期	R1期	R2，R3期	R4，R5期
平均温度/℃	17.79	20.07	22.41	23.40	24.12	23.89
平均相对湿度/%	73.60	80.67	82.78	86.33	87.15	83.87

注：R1：初花；R2：盛花期；R3：落花，结荚期；R4：豆荚伸长；R5：豆荚长成

表5-2　大豆蚜田间各发生阶段特征（2008-2010，辽宁建平）

发生阶段	初见期	波动期	上升期	盛期	下降期	消退期
发生时期（月.日）	6.1~6.6	6.6~6.21	6.21~7.6	7.6~7.11~7.16	7.16~8.1	8.1~8.21
持续时间/天	5	15	15	10	15	20
年平均百株蚜量/头	19~107	107~5927	5927~132468	132468~140003~100817	100817~42395	42395~1424
大豆生育期	苗期	苗期	分枝期	R1期	R2，R3期	R4，R5期
平均温度/℃	19.26	22.23	24.40	24.32	25.37	25.04
平均相对湿度/%	53.67	57.86	58.76	68.60	71.08	62.83

注：R1：初花；R2：盛花期；R3：落花，结荚期；R4：豆荚伸长；R5：豆荚长成

3　田间窝子蜜发生阶段

　　"窝子蜜"是大豆蚜田间发生的重要特征，窝子蜜发生阶段也是大豆蚜点片防治的关键时期。通过对窝子蜜的形成时间、形成过程、窝子蜜蚜虫消长规律、窝子蜜天敌与蚂蚁的竞争及天敌对窝子蜜的控制作用等研究表明，越冬寄主上的少量大豆蚜迁入大豆田分散定居后，大豆植株上的蚂蚁与蚜虫为共生关系，与天敌（捕食性、寄生性）为竞争关系，在其综合作用下形成了"窝子蜜"。

3.1　窝子蜜的形成过程

　　6月初少量大豆蚜从越冬寄主迁入大豆田，分散在大豆植株上取食、定居后，迅速繁殖，致使1%~3%的大豆植株单株蚜量达数百头，乃至上千头，形成相邻的几株或十几株大豆受害严重，即形成了窝子蜜。窝子蜜蚜虫迅速繁殖，蚜群拥挤，产生有翅蚜，逐步向外扩散，最后蔓延至全田，所以，窝子蜜

是大豆田大豆蚜的第二个"虫源地",窝子蜜是否得到及时有效控制,关系到后期发生的程度。

3.2　窝子蜜形成与天敌的关系

蚂蚁与蚜虫的共生关系　蚂蚁取食大豆蚜排泄的蜜露,可以保护大豆蚜免受天敌的侵袭,二者形成了互利共生关系。观察表明,大豆蚜窝子蜜的形成与蚂蚁有直接关系。早春大豆田间杂草少,其他蚜虫很少,蚂蚁食料不足。当少量大豆蚜迁入田间后,蚂蚁迅速集结在大豆植株上,把蚜虫保护起来,同时取食蚜虫排泄的蜜露。田间常见到一株大豆上有十几头,乃至几十头蚂蚁。

蚂蚁与天敌的竞争关系　天敌取食蚜虫,蚂蚁取食蚜虫的蜜露,二者由于食物资源短缺而形成了资源利用性竞争关系。观察表明,在同一大豆植株上,当瓢虫成虫搜索到蚜虫时,会有成群的蚂蚁将瓢虫成虫驱离;如果瓢虫幼虫爬到植株上部搜索蚜虫,蚂蚁会将瓢虫幼虫杀伤或驱离。由于蚂蚁的保护,蚜虫得不到天敌的有效控制,其种群迅速增长,形成了窝子蜜。随着田间大豆蚜迁入和扩散,有蚜株率和蚜虫数量的增加,食物越来越多,蚂蚁逐渐分散,瓢虫与蚂蚁间竞争减弱,瓢虫进攻蚜虫的机会增多,捕食能力也随之增强(图5-1)。

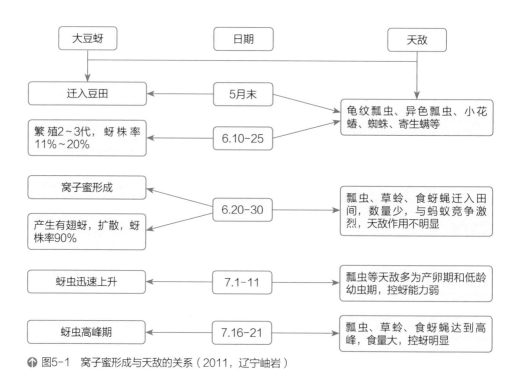

⬆ 图5-1　窝子蜜形成与天敌的关系(2011,辽宁岫岩)

3.3　天敌对窝子蜜蚜虫的控制作用

窝子蜜是大豆蚜田间二次扩散的"虫源地"，及时有效地控制窝子蜜蚜虫是点片防治的关键。天敌对窝子蜜蚜虫的控制有局限性。由于蚂蚁与大豆蚜是互利共生关系，而与天敌则是竞争关系。大豆蚜发生初期，窝子蜜植株蚜虫为害比较集中，同时可见到大量蚂蚁活动。调查表明，窝子蜜的单株蚂蚁可达20～40头，这些蚂蚁在取食蚜虫蜜露的同时，不断地在植株上搜索、驱赶天敌，保护蚜虫。当异色瓢虫、龟纹瓢虫成虫飞落到大豆植株上，随即见到几头或十几头蚂蚁围攻、撕咬，致使瓢虫无法取食而飞离大豆植株。如果少部分留在本植株，也只能在植株下部外围叶片取食少量的蚜虫。当人工将一至三龄异色瓢虫幼虫接入植株有蚜虫的部位，一般幼虫只能坚持几秒或几分钟，就被蚂蚁咬死、咬伤或驱赶滚落。因此，天敌对窝子蜜前期控制作用较小，也是窝子蜜形成的重要原因。7月初随着田间蚜株率增加，蚂蚁逐渐分散，单株蚂蚁减少，瓢虫等天敌捕食机会增加，作用越来越明显。因此，天敌在窝子蜜后期作用明显，蚜虫逐渐下降，窝子蜜蚜虫得到控制。

4　田间种群动态

将辽东岫岩地区2008－2015年的大豆蚜田间系统调查数据统计分析表明：大豆蚜田间种群动态变化受种植结构、栽培模式、品种抗性、蚜虫越冬基数、气象条件、天敌出现时间和数量等多种因素的影响，不同年度间大豆蚜田间种群数量消长也有差异。

各年度间田间初见蚜虫的时间一般在6月1－11日，少数年份在5月下旬；6月中旬蚜虫种群处于波动期，百株蚜量一般仅几十头或几百头，个别年份超过千头；6月下旬至7月上旬，气温升高，蚜虫繁殖加快，其种群数量呈直线上升；7月中旬达到高峰，个别年份7月上旬末可见到高峰。值得提出的是轻发生的年份，可能会出现第二次高峰，一般在8月上旬，此期由于大豆植株老化，小型蚜（占70%）比例大，天敌作用明显，一般不会造成严重危害。

八年间的2010和2011年大豆蚜两年发生偏重，田间出现一次高峰，高峰日分别出现在7月16日和7月6日，百株蚜量分别为81490头和50361头。2008年和2009年两年发生较轻，田间均出现两次高峰：2008年两次高峰日分别出现在7月16日和8月11日，百株蚜量分别为14285头和23116头；2009年两次高峰日分别出现在7月6日和7月26日，百株蚜量分别为5913头和12020头；2012－2015这四年均发生偏轻，田间可出现1～2次小高峰，但高峰日百株蚜量均低于3000头（图5-2）。

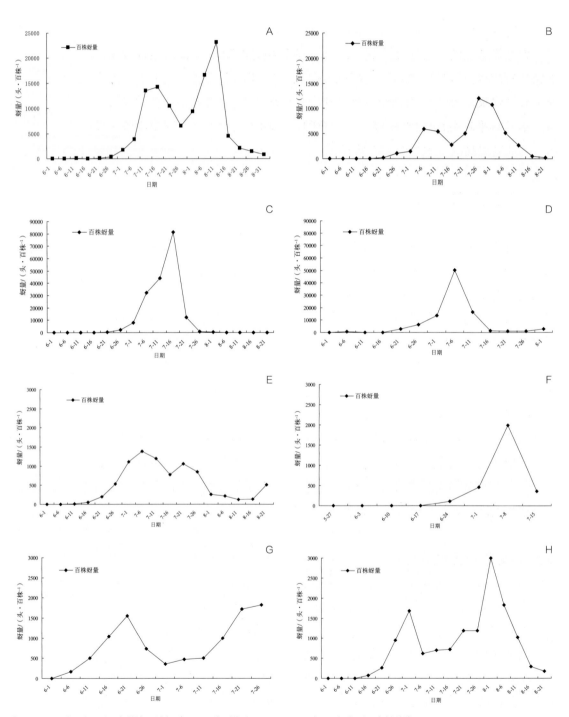

⬆ 图5-2　大豆蚜田间种群数量消长（A～H分别代表2008－2015年，清种，辽宁岫岩）

5　发生与环境的关系

5.1　与温湿度的关系

大豆蚜繁殖的适宜温度为20～24 ℃，适宜相对湿度78%以下。在6月中、下旬至7月上旬，旬平均温度如达到或超过22 ℃，相对湿度不超过78%，若当时天敌数量又不多，蚜虫繁殖极为迅速，种群增长快，7月份往往会酿成大发生。当五日平均温度在25 ℃以上，相对湿度在80%以上，蚜虫数量则迅速下降，因此高温高湿对此虫的发生不利。

5.2　与越冬卵量（寄主植物）的关系

大豆蚜在春季越冬寄主（鼠李）上繁殖代数少，在夏寄主（大豆）上发生时期又较早，因此当地冬鼠李的多少和距离大豆田远近与蚜虫发生的迟早和为害程度均有密切关系。根据吉林省1969-1972年调查，在永吉、东丰、延边和浑江等东部半山区，鼠李分布广、数量多，蚜虫发生一般较早，为害期较长。而西部白城地区，鼠李分布数量很少，这类地区大豆蚜的初发期比东部各县偏晚约2周左右。另据辽宁省2008-2015年调查，在岫岩、凤城和宽甸等辽宁东部山区鼠李分布广泛，数量大，大豆田蚜虫发生较早，危害重。而北部平原地区的昌图县鼠李数量少，蚜虫发生比东部地区晚10天左右。

陈瑞鹿等（1984）对吉林省公主岭地区1961-1981年20年的大豆蚜越冬卵量、苗期蚜情、初盛期蚜情与发生程度的相关分析结果表明，公主岭地区大豆蚜越冬卵量的对数值与6月15日、6月25日的百株蚜量等变量的对数值均呈正相关，且相关极显著，历史吻合率达85%～90%。

5.3　与栽培模式的关系

李新民等（2014）研究报道，黑龙江省大豆蚜发生为害及大豆与多种作物间邻作种植对大豆蚜具有很好的控制作用。2009年在佳木斯地区进行大豆与早熟马铃薯间作，结果表明，间作区马铃薯田蚜量1319.3头/100株，天敌总量160头/100株；间作区大豆田大豆蚜量420头/100株，天敌总量70.7头/100株。在大豆蚜种群迅速增长期早熟马铃薯收获（7月20日）后第5天，豆田蚜虫天敌总数是收获前的2.6倍，与同期单作大豆田相比，间作田大豆蚜种群数量降低了51.3%。2009年在牡丹江地区进行黄瓜-大豆-玉米、甜葫芦-大豆-玉米、烟草–大豆–香瓜、甜菜–大豆–玉米等多作物带状穿插种植模式，对不同种植模式的大豆田大豆蚜与天敌进行调查，结果表明，在大豆蚜发生初期，多样性种植区（间邻作）的大豆田，蚜虫数量显著地低于单作大豆田。大豆蚜田间发生高峰期（7月26日），单作豆田益害比为1：65.2，多样性种植区的大豆田益害比为1：26～1：42，与单作大豆田相比，间作田大豆蚜种群数量降低40.7%～83.5%。因此，大豆与多作物间邻作种植，极大地丰富了大豆田天敌的种群数量，有效地控制了大豆蚜的种群数量。

李学军等（2014）2008–2010年，在辽宁东部岫岩县进行了大豆不同栽培模式（清种、大豆与玉米8：2和8：8间作）与天敌协同控蚜作用研究。结果表明，大豆蚜和天敌一般在7月11–21日出现第1次高峰，是大豆蚜的主要危害期。此期清种模式有利于蚜虫迁入、定居和扩散，蚜量高，危害重；而间作模式玉米植株较高，对蚜虫迁入和扩散有一定阻隔作用，同时玉米植株又是瓢虫等天敌栖息和隐蔽场所，尤其是阴雨天，部分天敌转移到玉米叶心或叶背隐藏，有利于天敌生存。因此，间作田初期蚜量低，波动期长，上升缓慢，蚜量低，大豆受害轻。7月26日至8月6日出现第2次高峰，个别年份延后或不明显。此期间作比清种模式蚜量略高，但因天敌、蚜霉菌、植株抗性及小型蚜比例高（70%）等因子综合影响，蚜虫种群迅速下降，不会构成危害。

各年度间大豆蚜的发生程度不同，3种栽培模式对大豆蚜的控制作用也有差异。轻发生年（2008、2009年）第1次高峰期3种栽培模式平均百株蚜量低（0.4万～1.3万头，清种＞间作），天敌单位（日捕食120头蚜虫折合为1个天敌单位）数量较高（51～226个），天敌控蚜作用均比较明显；第2次高峰期平均百株蚜量上升（0.9万～2.7万头，间作＞清种），由于天敌等因素综合作用，大豆均未明显受害。重发生年（2010年）第1次高峰期清种模式平均百株蚜量高达4.6万头，分别是8：2模式的3.8倍和8：8模式的2.6倍，天敌不足以控制蚜虫的增长，酿成危害；而间作模式蚜虫增长缓慢，蚜量低（1.2万头和1.8万头），天敌效能高，表明间作模式对大豆蚜控制效果明显。

5.4　与大豆品种抗性的关系

不同大豆品种抗蚜性有一定的差异，生产上因地制宜选择适于本地区抗（耐）蚜品种，恶化大豆蚜的繁殖条件，抑制其种群增长速度，可降低种群数量。

据何富刚等1989–1990年在沈阳地区田间试验结果表明，大豆不同品种间抗蚜性存在显著差异。蚜虫大发生的1989年，6月20日（大豆花芽分化期）

抗性品种国玉98-4、国玉10-4，单株蚜量仅为97.4头，而感蚜品种Amsoy、铁丰20、文丰5号品种，平均株蚜量已高达640.4头，为抗性品种的6.6倍。6月25日抗性品种株蚜量为166.2头，感性品种为1086.7头，为抗性品种6.5倍。而6月30日（初花期），抗性品种株蚜量为234.2头，感性品种为1819.4头，高达抗性品种的7.8倍。中等偏重发生的1990年蚜量变化趋势与1989年基本一致。不同抗性品种田间蚜虫种群结构有明显差异。感蚜品种适于蚜虫生长、发育和繁殖，蚜虫增长速率远超过抗性品种。不同大豆品种对蚜虫的耐害性也不相同，如大发生的1989年，不防治与适时防治对照区相比，不耐害品种产量损失高达20%~45%，耐害品种8433和文丰5号产量损失很小。

于振民（1999）对1998年绥化地区大豆蚜大发生原因分析显示，绥化地区1998年大面积推广高产大豆品种，但多为感虫品种，其中绥农10、绥农14、绥农15占60%左右，合丰25、合丰35占20%左右。由于缺乏抗虫品种，是导致大豆蚜大发生一个重要因素。宋淑云等（2010）在吉林田间自然鉴定条件下，鉴定出中抗大豆蚜的品种有黑农38、黑农40、黑农43、黑农44、黑农47、黑农52、黑农54、黑农57、绥农17、绥农21、合丰45及北疆1号。戴长春等（2014）对4个大豆品种的抗蚜性进行了筛选，其中冀豆17具有较好的抗蚜性，为品种自身抗性，但属非高抗品种。时新瑞等（2015）报道，根据牡丹江地区的生态条件，选用审定推广的优质、高产、耐蚜的大豆品种，包括合丰55、合丰50、牡豆8号、东农55、黑农64、绥农34、宾豆1号等，作为大豆蚜综合防控技术之一。戴海英（2015）通过网室接虫和田间试验方法，比较了不同大豆品种的抗蚜性试验，初步筛选出抗大豆蚜品种有郑97196、郑92116、滑皮豆、齐黄1号（有限）、齐黄1号（亚），其中滑皮豆、齐黄1号（有限）、齐黄1号（亚）大豆品种田间抗蚜性较好。

作者研究团队2012-2015年开展了大豆品种田间抗（耐）蚜性筛选实验研究，选择了辽宁地区正在推广的30个大豆品种，在同一环境条件下，通过小区、年度重复试验，在大豆蚜不同发生时期（初见期、波动期、上升期、盛期）调查田间百株蚜量、蚜株率、窝子蜜、小型蚜和天敌单位、益害比等田间发生情况，综合分析表明：铁丰29、8157、开创豆14、东豆1号、东豆339、东豆1201、丹豆11、丹豆13、丹豆15、岫育豆1号、辽豆33、辽豆34、辽豆35、辽豆38、辽豆40品种田间百株蚜量、蚜株率、窝子蜜、小型蚜均较低，表现出一定的田间抗（耐）蚜性。

杨振宇等（2017）对引进在美国已鉴定为抗蚜的5份大豆资源PI567543C、PI567541B、PI567598B、ML2008和A32-2进行田间网室鉴定。结果表明，在吉林省的网室鉴定中，PI567541B、ML2008和A32-2均为感蚜材料；PI567543C和

PI567598B为抗东北大豆蚜材料，可用于大豆抗蚜性育种工作中进行组配，其中PI567543C抗蚜性最强，极显著好于国内野生大豆抗蚜材料W85-32。

胡奇等（1993）报道，大豆植株内次生化合物木质素含量与大豆抗蚜性有关，较抗蚜的品种叶片中木质素含量较高，被害指数较小，而较感蚜品种则完全相反。如铁丰24各部位叶片木质素含量最高，被害指数最小，两次调查分别为28%和79%，受蚜害最轻；而吉农82品系含量最低，被害指数最高，两次分别为50%和150%，则蚜害重。

5.5　与植物营养的关系

蚜虫为刺吸口器，主要吸食大豆植株的汁液，但植物汁液中主要是糖类，而氨基酸等氮素化合物较少。蚜虫吸食后，通过消化道的滤室把多余的糖分和水分直接排入后肠至体外。不同氮素施肥水平与大豆植株含氮量密切相关，施用氮素肥料多，植株含氮量高，则有利于蚜虫繁殖。胡奇等（1992）报道，不同大豆品种顶部叶片全氮量不同，其全氮量与大豆蚜的种群数量密切相关，即全氮量越高，则种群数量越大。如吉农82品系顶部叶片全氮量最高，为6.37%，大豆百株蚜量最高，为16941头；而吉林21全氮量最低，为3.86%，大豆百株蚜量最低，为140头。但是，在比较瘠薄的土壤种植大豆，如果增施氮磷钾三元复合肥，可促进植株生长健壮，枝繁叶茂，有利于提高植株的耐害性。

5.6　与天敌的关系

大豆蚜的自然天敌十分丰富，数量大，食量大，田间出现早，对大豆蚜的种群数量具有明显的自然控制作用。我国各地对大豆蚜天敌资源都进行了调查，大豆蚜的天敌种类、优势种群等基本清楚。主要包括捕食性天敌、寄生性天敌和病原性天敌。常见的天敌类群有瓢虫类、草蛉类、食蚜蝇类、食蚜螨类、寄生蜂类、蜘蛛类、寄生螨类、寄生菌类等。这些天敌在农业生态系统中广泛存在，当大豆蚜在越冬寄主（鼠李）上孵化和繁殖时，天敌就跟随捕食，对鼠李上蚜虫具有明显的控制作用。当大豆蚜迁入田间后，环境中的天敌跟随迁入大豆田，在大豆整个生长期，均有天敌存在，对大豆蚜的控制作用明显。

6　发生原因及分析

于振民（1999）和孙博等（2000）对1998年黑龙江绥化地区大豆蚜大发生原因分析认为：一是气候条件适宜。气候影响大豆蚜种群数量变动有两个阶段：4月下旬到5月中旬气候条件影响越冬卵孵化和蚜虫的繁殖，如4－5月份雨水比较充足，有利于蚜虫寄主生长和蚜虫的繁殖，为后期大发生奠定了基础；6月下旬至7月上旬，旬平均气温在20～24 ℃，旬平均相对湿度在78%以下，有利于蚜虫繁殖，种群增长迅速。二是天敌数量减少。大豆蚜天敌种类很多，但数量减少。其原因是大量不合理地使用高毒剧毒农药，致使大豆蚜的天敌被大量杀伤，破坏了生态平衡，削弱了自然天敌控蚜作用，导致大豆蚜种群上升快，为害加重。三是品种抗虫性差。由于大面积推广高产大豆品种，但多为感虫品种，如绥农10、绥农14、绥农15、合丰25、合丰35。抗虫品种的缺乏是导致大豆蚜大发生一个重要因素。四是防治不及时。大豆蚜6月下旬至7月中旬是田间扩散的主要阶段，也是点片防治的有利时期。但由于大豆蚜在当地多年来发生较轻，未构成严重为害而忽视了防治，导致后期蚜量剧增后，防治效果不理想。

王春荣等（2005）对黑龙江省2004年大豆蚜暴发因素分析认为：一是气候条件适宜。该年7月下旬以后，全省大部分地区出现旱情，气温高，降雨少，大豆蚜虫迅速繁殖，田间蚜量剧增，危害严重。二是种植面积大。全省种植面积比常年增加20%以上，大豆连片种植利于大豆蚜虫扩散传播。三是蚜虫产生抗药性。连续多年使用乐果等有机磷类农药，使用浓度不断加大，药效却逐渐下降，蚜虫产生了抗药性。四是防治偏晚。大豆蚜发生偏晚，农民忽视而未及时防治，导致危害严重。五是天敌数量减少。由于前期防治草地螟大量使用农药杀伤了天敌，如绥化市大豆田最多有草蛉0.01头/m²，瓢虫0.03头/m²。

7　严重发生的条件

根据各地经验，具备以下条件将可能大发生。

① 大豆种植面积大，且种植感虫品种多。

② 种植模式多为单作。有利于蚜虫的扩散蔓延和种群增长，而降低天敌的自然控蚜作用。

③ 大豆蚜越冬寄主多，且越冬卵量大。越冬寄主多有利于秋季蚜虫寻找寄主，产卵越冬。越冬卵量大，春季越冬寄主上繁殖数量多，迁飞到大豆田的蚜虫多，后期发生重。

④ 气候条件适宜。4-5月份气温偏高，5月上中旬平均气温15 ℃以上，利于越冬蚜虫的繁殖；6月中旬至7月上旬，旬平均气温22～24 ℃，平均相对湿度78%以下，干旱少雨，高温闷热的环境，有利于大豆蚜的繁殖，种群上升速度快，危害重。

⑤ 天敌出现晚，数量少。天敌田间出现晚，6月下旬至7月上旬瓢虫、食蚜蝇、小花蝽等天敌陆续少量迁入豆田。7月中旬平均每个天敌单位占有蚜量超过120头，天敌不足以控制蚜虫。

⑥ 田间蚜量及蚜群排列密集。6月下旬平均百株蚜量超过5000头。茎、叶和嫩荚上均有蚜虫分布，蚜群排列密集紧凑，且很安定。

⑦ 大豆田施氮素肥多、长势柔嫩。

第六章
大豆蚜的天敌

　　生物防治是利用有益生物及其代谢产物控制病虫草害的方法，它是有害生物持续控制不可缺少的组成部分。利用昆虫天敌进行害虫的生物防治在我国具有悠久的历史。我国在20世纪70年代后在这个领域发展非常迅速，但是由于认识和技术等种种原因，其发展并不平衡。随着社会的发展和人们生活水平的提高，对食品安全提出了更高的要求，国家大力推进农业害虫绿色防控技术的研发和推广，尽可能地减少化学农药的使用量，以保护生态安全和绿色农产品的供给，而生物防治是害虫绿色防控最有效、最安全的方法，在害虫的综合治理中起着重要的作用。

　　近年来，我国的害虫生物防治研究与应用取得了长足的进展。如对外来入侵害虫的烟粉虱、椰心叶甲、美国白蛾等进行了本土天敌资源的系统调查和分析；对一些重要天敌昆虫开展了基本生物学、生态学和行为学的研究；研发了一些天敌的人工繁殖、低温保存和工厂化生产等技术，涉及异色瓢虫、七星瓢虫、拟澳洲赤眼蜂、玉米螟赤眼蜂、松毛虫赤眼蜂、椰心叶甲啮小蜂、周氏啮小蜂等重要天敌；在天敌昆虫的推广和应用方面也取得了可喜成果，如胡瓜钝绥螨控制柑橘园害螨，中红侧沟茧蜂大规模释放控制棉铃虫，椰甲截脉姬小蜂防治椰心叶甲等已取得成效（陈学新，2010）。尤其是我国推广赤眼蜂防治玉米螟技术已近50年，取得了显著效益。如辽宁省2015年利用赤眼蜂防治玉米螟的面积高达3214万亩（1亩=666.7 m²），使该区域玉米螟防控完全实现无化学农药，并取得了良好效果。

大豆蚜是危害大豆的主要害虫之一，已成为世界许多国家大豆的重要害虫。目前大豆蚜的防治主要依靠化学防治法，虽然具有见效快、施用方便和效果较好等特点，但是长期单一使用化学农药并未解决该蚜虫防治的根本问题，同时杀伤了大量天敌，污染环境，导致大豆蚜虫再猖獗或次要害虫大发生等一系列不良后果。随着绿色可持续农业的快速发展，对大豆蚜的绿色防控技术要求越来越高，因此，利用天敌进行大豆蚜的防治受到广泛关注。

我国幅员辽阔，地跨寒温热三带，生态复杂，生物多样，大豆蚜天敌资源十分丰富，若采取有效措施加以保护和利用，充分发挥天敌的自然控制作用，是大豆蚜可持续控制的主要途径。因此，加强本地区大豆蚜天敌的种类、分布、数量、发生规律及控蚜作用等研究，创新保护和利用天敌的技术，并应用于大豆蚜的绿色防控中，是科学防控大豆蚜的重要课题。

1　大豆蚜天敌简介

1.1　天敌种类

据调查我国大豆蚜的天敌种类多、数量大，可分为捕食性、寄生性和病原性天敌三大类群。捕食性天敌主要包括瓢虫类、草蛉类、食蚜蝇类、食蚜蝽类和蜘蛛类等；寄生性天敌主要有蚜茧蜂和蚜小蜂类；病原性天敌主要是寄生性真菌。

捕食性天敌包括鞘翅目、半翅目、脉翅目、双翅目4个目的昆虫，如异色瓢虫、七星瓢虫、龟纹瓢虫、小花蝽、大草蛉、中华草蛉、黑带食蚜蝇等；此外，还包括蜘蛛目和蜱螨目2个目的节肢动物，如草皮逍遥蛛、三突花蛛等。寄生性天敌主要为膜翅目，以蚜茧蜂和蚜小蜂类为主，如豆柄瘤蚜茧蜂和黄足蚜小蜂等。何富刚等（1987）在1981－1985年对东北三省农林区域蚜虫及天敌进行调查，刊发的中国东北地区农林蚜虫天敌名录一文中记录大豆蚜虫天敌37种；冯振泉等（1985）在1981－1983年调查鲁北豆田害虫天敌资源调查名录中记录大豆蚜天敌有58种；孟庆雷等（1996）于1987年在安徽省调查大豆蚜天敌有13种；韩新才（1997）在河南省调查大豆蚜天敌有15种，其中捕食性天敌14种，寄生性天敌1种；Wu等（2004）在中国大豆蚜历史回顾一文中，报道了中国和韩国大豆蚜天敌有55种；Kaiser等（2007）在2003－2004年调查美国密歇根州南部大豆蚜天敌有15种，其中寄生性天敌6种，捕食性天敌9种。各地报道的大豆蚜常见天敌主要包括瓢虫类、草蛉类、食蚜蝇类、食蚜瘿蚊类、食蚜蝽类、寄生蜂类、蜘蛛类和寄生菌类等。据不完全统计，我国大豆蚜天敌有百余种（表6-1）。

1.2 优势天敌

大豆蚜优势天敌一般是指数量多，食量大，大豆田出现时间早，与大豆蚜发生时间吻合，跟随蚜虫紧密，对大蚜虫发生前期和高峰前期具有明显控制作用的天敌。由于各地区域生态环境不同，植物组成和植被覆盖不同，气候条件的差异等，大豆蚜的优势天敌也有一定的差异。但比较普遍的优势天敌主要包括：异色瓢虫*Harmonia axyridis*、七星瓢虫*Coccinella septempunctata*、龟纹瓢虫*Propylaea Japonica*、黑背毛瓢虫*Scymnus（Neopullus）babai*、中华草蛉*Chrysopa sinica*、大草蛉*Chrysopa pallens*、叶色草蛉*Chrysopa phyllochroma*、微小花蝽*Orius minutus*、黑食蚜盲蝽*Deraeocoris punctulatus*、黑带食蚜蝇*Episyrphus balteatus*、印度细腹食蚜蝇*Sphaerophoria indiana*、大灰优食蚜蝇*Eupeodes corollae*、四条小蚜蝇*Paragus quadrifasciatus*、短刺刺腿食蚜蝇*Ischiodon scutellaris*、菜蚜茧蜂*Diaeretiella rapae*、豆柄瘤蚜茧蜂*Lysiphlebus fabarum*、草皮逍遥蛛*Philodromus cespitum*、草间钻头蛛*Hylyphantes graminicola*等。

1.3 天敌名录

大豆蚜的主要天敌名录见表6-1。

表6-1　大豆蚜主要天敌名录

序号	目	科	中文名称	拉丁文学名	参考文献
1	鞘翅目 Coleoptera	瓢虫科 Coccinellidae	异色瓢虫	*Harmonia axyridis* (Pallas)	何富刚等，1987，记录为*Leis axyridis* (Pallas)；冯振泉等，1985；韩新才，1997；李学军等*
2			七星瓢虫	*Coccinella septempunctata* Linnaeus	何富刚等，1987；冯振泉等，1985；韩新才，1997；Liu et al.，2004；李学军等
3			龟纹瓢虫	*Propylaea Japonica* (Thunberg)	何富刚等，1987；冯振泉等，1985；韩新才，1997；Liu et al.，2004；李学军等
4			多异瓢虫	*Hippodamia variegata* (Goeze)	何富刚等，1987，记录为*Adonia variegata* (Goeze)；冯振泉等，1985
5			十三星瓢虫	*Hippodamia tredecimpunctata* Linnaeus	何富刚等，1987；冯振泉等，1986
6			双七瓢虫	*Coccinula quatuordecimpustulata* (Linnaeus)	何富刚等，1987；李学军等
7			圆斑弯叶毛瓢虫	*Nephus ryuguus* Kamiya	何富刚等，1987
8			黑背毛瓢虫	*Scymnus (Neopullus) babai* Sasaji	何富刚等，1987；冯振泉等，1985；Liu et al.，2004；李学军等
9			黑背小瓢虫	*Scymnus (Pullus) Kawamurai* Ohta	何富刚等，1987
10			长突毛瓢虫	*Scymnus (Neopullus) yamato* Kamiya	何富刚等，1987
11			黑襟毛瓢虫	*Scymnus hoffmanni* Weise	何富刚等，1987；冯振泉等，1985；韩新才，1997
12			四斑毛瓢虫	*Scymnus (Scymnus) frontalis* F.	何富刚等，1987；冯振泉等，1985
13			六斑显盾瓢虫	*Hyperaspis gyotokui* Kamiya	何富刚等，1987
14			展缘异点瓢虫	*Anisosticta kobensis* Lewis	何富刚等，1987
15			隆缘异点瓢虫	*Anisosticta terminassianae* Beilawski	何富刚等，1987
16			黄斑盘瓢虫	*Coelophora saucia* (Mulsant)	戴长春，2005
17			二星瓢虫	*Adalia bipunctata* Linnaeus	冯振泉等，1985
18			八斑和瓢虫	*Synharmonia octomaculata* (Fabricius)	冯振泉等，1985
19		蚁形甲科 Anthicidae	松辽一角虫	*Notoxus raddei* Pic	何富刚等，1987；李学军等
20		金龟甲科 Scarabaeidae	黄边蚜花金龟	*Campsiura mirabilis* (Faldermann)	何富刚等，1987
21		隐翅虫科 Staphylinidae	青翅隐翅虫	*Paederus fuscipes* Curtis	冯振泉等，1985

*：表中"李学军等"为作者研究团队调查结果。

续表

序号	目	科	中文名称	拉丁文学名	参考文献
22	双翅目 Diptera	食蚜蝇科 Syrphidae	狭带贝蚜蝇	*Betasyrphus serarius* (Wiedemann)	兰鑫等，2011；韩新才，1997，记录为狭带食蚜蝇*Syrphus serarius* Wiedemann；王文才等，1982
23			丽纹长角蚜蝇	*Chrysotoxum elegans* (Loew)	兰鑫等，2011
24			大灰优食蚜蝇	*Eupeodes corollae* (Fabricius)	何富刚等，1987，记录为大灰食蚜蝇*Syrphus corollae* Fabricius；冯振泉等，1985；兰鑫等，2011
25			凹带优食蚜蝇	*Eupeodes nitens* (Zetterstedt)	兰鑫等，2011；何富刚等，1987，记录为凹带食蚜蝇*Syrphus nitens* Zetterstedt
26			宽条优食蚜蝇	*Eupeodes latifasciatus* (Macquart)	兰鑫等，2011
27			黑带食蚜蝇	*Episyrphus balteatus* (De Geer)	何富刚等，1987；戴长春，2005；冯振泉等，1985；韩新才，1997；Liu et al.，2004；兰鑫等，2011
28			新月斑优食蚜蝇	*Eupeodes luniger* (Meigen)	兰鑫等，2011
29			短刺刺腿食蚜蝇	*Ischiodon scutellaris* Fabricius	何富刚等，1987；韩新才，1997
30			梯斑黑食蚜蝇	*Melanostoma scalare* (Fabricius)	何富刚等，1987
31			六斑食蚜蝇	*Metasyrphus corollae* Fabricius	冯振泉等，1985
32			方斑墨蚜蝇	*Melanostoma mellinum* (Linnaeus)	兰鑫等，2011
33			多色斜额蚜蝇	*Pipizella varipes* (Meigen)	兰鑫等，2011
34			四条小蚜蝇	*Paragus quadrifasciatus* Meigen	兰鑫等，2011；何富刚等，1987，记录为四条小食蚜蝇；冯振泉等，1985；
35			刻点小蚜蝇	*Paragus tibialis* (Fallen)	兰鑫等，2011；冯振泉等，1985；Liu et al.，2004
36			短舌小蚜蝇	*Paragus compeditus* (Wiedemann)	兰鑫等，2011
37			印度细腹食蚜蝇	*Sphaerophoria indiana* Bigot	兰鑫等，2011
38			短翅细腹食蚜蝇	*Sphaerophoria scripta* (Linnaeus)	何富刚等，1987；冯振泉等，1985
39			宽尾细腹食蚜蝇	*Sphaerophoria rueppelli* (Wiedemann)	兰鑫等，2011
40			细腹食蚜蝇	*Sphaerophoria menthastri* Linne	冯振泉等，1985
41			长扁食蚜蝇	*Sphaerophoria* sp.	冯振泉等，1985；韩新才，1997
42			黑足食蚜蝇	*Syrphus vitripennis* (Meigen)	兰鑫等，2011
43			斜斑鼓额食蚜蝇	*Scaeva pyrastri* (L.)	熊汉忠，1991；王俊等，2011；杨友兰等，2002；何富刚等，1987，记录为*Lasiopticus pyrastri* Linnaeus；冯振泉等，1985

续表

序号	目	科	中文名称	拉丁文学名	参考文献
44		斑腹蝇科 Chamaemyiidae	灰色蚜小蝇	*Leucopis puncticornis* Meigen	冯振泉等，1985
45		瘿蚊科 Cecidomyiidae	食蚜瘿蚊	*Aphidoletes aphidimyza* (Rondani)	何富刚等，1987；程洪坤等，1991
46			食蚜瘿蚊	*Aphidoletes* sp.	何富刚等，1987；李学军等
47	半翅目 Hemiptera	花蝽科 Anthocoridae	微小花蝽	*Orius minutus* Linnaeus	何富刚等，1987；冯振泉等，1985；李学军等
48			南方小花蝽	*Orius similis* Zheng	Liu et al.，2004；
49		盲蝽科 Miridae	黑食蚜盲蝽	*Deraeocoris punctulatus* Fall	何富刚等，1987；冯振泉等，1985；韩新才，1997；李学军等
50		长蝽科 Lygaeidae	大眼长蝽	*Geocoris pallidipennis* (Costa)	Liu et al.，2004；冯振泉等，1985；韩新才，1997；Liu et al.，2004；
51		姬猎蝽科 Nabidae	华姬猎蝽	*Nabis sinoferus* (Hsiao)	冯振泉等，1985；韩新才，1997
52			窄姬猎蝽	*Nabis stenoferus* Hsiao	冯振泉等，1985；戴长春，2005
53			灰姬猎蝽	*Nabis palliferus* (Hsiao)	戴长春，2005；Liu et al.，2004
54	脉翅目 Neuroptera	草蛉科 Chrysopidae	大草蛉	*Chrysopa pallens* (Rambur)	何富刚等，1987，记录为*Chrysopa septempunctata* Wesmael；冯振泉等，1985；韩新才，1997；Liu et al.，2004；李学军等
55			丽草蛉	*Chrysopa formosa* Brauer	何富刚等，1987；冯振泉等，1985；李学军等，2015
56			多斑草蛉	*Chrysopa intima* Maclachlan	何富刚等，1987；戴长春，2005
57			中华草蛉	*Chrysopa sinica* Tjeder	何富刚等，1987；冯振泉等，1985；李学军等
58			叶色草蛉	*Chrysopa phyllochroma* Wesmael	Liu et al.，2004；冯振泉等，1985；戴长春，2005
59		褐蛉科 Hemerobiidae	全北褐蛉	*Hemerobius humuli* Linnaeus	何富刚等，1987；李学军等
60	膜翅目 Hymenoptera	蚜茧蜂科 Aphidiidae	豆柄瘤蚜茧蜂	*Lysiphlebus fabarum* Marshall	席玉强等，2010
61			广双瘤蚜茧蜂	*Binodoxys communis* Gahan	席玉强等，2010
62			烟蚜茧蜂	*Aphidius gifuensis* Ashmead	何富刚等，1987

续表

序号	目	科	中文名称	拉丁文学名	参考文献
63			麦蚜茧蜂	*Ephedrus plagiator* (Nees)	何富刚等, 1987; 冯振泉等, 1985
64			印度三叉蚜茧蜂	*Trioxys indicus* (Subba)	刘丽娟, 1996; 戴长春, 2005; 李鹤鹏, 2013
65			大豆蚜茧蜂	*Txioxys glycines* Takada	何富刚等, 1987
66			菜蚜茧蜂	*Diaeretiella rapae* (M'Intosh)	韩新才, 1997
67		蚜小蜂科 Aphelinidae	黄足蚜小蜂	*Aphelinus flavipes* Kardjumov	席玉强等, 2010
68			蚜小蜂	*Aphelinus* sp.	李学军等
69	蜘蛛目 Araneae	园蛛科 Araneidae	梅氏新园蛛	*Neoscona mellotteei* (Simon)	何昌彤等, 2015
70			灌木新园蛛	*Neoscona adianta* (Walckenaer)	何昌彤等, 2015; 冯振泉等, 1985
71			四点高亮腹蛛	*Hypsosinga pygmaea* (Sundevall)	冯振泉等, 1985, 记录为四点亮腹蛛*Singa pygmaea* (Sundevall)
72			钩亮腹蛛	*Singa hamata* (Clerck)	冯振泉等, 1985, 记录为黑斑亮腹蛛
73			横纹金蛛	*Argiope bruennichi* (Scopoli)	冯振泉等, 1985; 何昌彤等, 2015
74		皿蛛科 Linyphiidae	草间钻头蛛	*Hylyphantes graminicola* (Sundevall)	冯振泉等, 1985, 记录为草间小黑蛛*Erigonidium graminicola* (Sundevall); 韩新才, 1997
75			隆背微蛛	*Erigone prominens* Bösenberg & Strand	冯振泉等, 1985
76			锯胸微蛛	*Erigone koshiensis* Oi	何昌彤等, 2015
77			静栖科林蛛	*Collinsia inerrans* (O. P.-Cambridge)	何昌彤等, 2015
78			柔弱指蛛	*Bathyphantes gracilis* (Blackwall)	何昌彤等, 2015
79			大井盖蛛	*Neriene oidedicata* van Helsdingen	何昌彤等, 2015
80			花腹盖蛛	*Neriene radiata* (Walckenaer)	何昌彤等, 2015
81			黑斑盖蛛	*Neriene nigripectoris* (Oi)	何昌彤等, 2015
82		管巢蛛科 Clubionidae	棕管巢蛛	*Clubiona japonicola* Bösenberg & Strand	冯振泉等, 1985
83			日本红螯蛛	*Cheiracanthium japonicum* Bösenberg & Strand	冯振泉等, 1985
84			千岛管巢蛛	*Clubiona kurilensis* Bösenberg & Strand	冯振泉等, 1985
85		蟹蛛科 Thomisidae	三突伊氏蛛	*Ebrechtella tricuspidata* (Fabricius)	何富刚等, 1987, 记录为三突花蛛*Misumenops tricuspidatus* (Fabricius); 冯振泉等, 1985

续表

序号	目	科	中文名称	拉丁文学名	参考文献
86			波纹花蟹蛛	*Xysticus croceus* Fox	冯振泉等，1985
87			圆花叶蛛	*Synema globosum* (Fabricius)	冯振泉等，1985；何昌彤等，2015
88			鞍形花蟹蛛	*Xysticus ephippiatus* Simon	冯振泉等，1985；何昌彤等，2015
89		逍遥蛛科 Philodromidae	蚁形狼逍遥蛛	*Thanatus formicinus* (Clerck)	冯振泉等，1985，记录为蚁状狼蟹蛛
90			土黄逍遥蛛	*Philodromus subaureolus* Bösenberg & Strand	冯振泉等，1985
91			草皮逍遥蛛	*Philodromus cespitum* (Walckenaer)	何富刚等，1987；冯振泉等，1985；何昌彤等，2015
92		肖蛸科 Tetragnathidae	黑色肖蛸	*Tetragnatha nigrita* Lendl	冯振泉等，1985
93			锥腹肖蛸	*Tetragnatha maxillosa* Thorell	冯振泉等，1985，记录为*Tetragnatha japonica* Boes. et Str.
94		卷叶蛛科 Dictynidae	猫卷叶蛛	*Dictyna felis* Bösenberg & Strand	冯振泉等，1985，记录为黑斑斑叶蛛
95		平腹蛛科 Gnaphosidae	利氏平腹蛛	*Gnaphosa licenti* Schenkel	何昌彤等，2015
96		跳蛛科 Salticidae	白斑猎蛛	*Evarcha albaria* (L. Koch)	何昌彤等，2015；冯振泉等，1985
97		球蛛科 Theridiidae	温室拟肥腹蛛	*Parasteatoda tepidariorum* (C. L. Koch)	何昌彤等，2015
98			易北千国蛛	*Chikunia albipes* (Saito)	何昌彤等，2015
99			拟板拟肥腹蛛	*Parasteatoda subtabulata* (Zhu)	何昌彤等，2015
100			横带拟肥腹蛛	*Parasteatoda angulithorax* (Bösenberg & Strand)	何昌彤等，2015
101		狼蛛科 Lycosidae	白纹舞蛛	*Alopecosa albostriata* (Grube)	何昌彤等，2015
102			塔赞豹蛛	*Pardosa taczanowskii* (Thorell)	
103			赫氏豹蛛	*Pardosa hedini* Schenkel	何昌彤等，2015

2　主要天敌昆虫记述

2.1　瓢虫类

隶属鞘翅目Coleoptera，瓢虫科Coccinellidae。

2.1.1　异色瓢虫 *Harmonia axyridis* (Palla)

（1）形态特征

① 成虫　体长5.4～8.0 mm，体宽3.8～5.2 mm。虫体卵圆形，体背高度拱起，背面的色泽及斑纹变异甚大。头部由橙黄色或橙红色至全为黑色。前胸背板上浅色而有一"M"形黑斑，向深色型的变异时该斑黑色部分扩展相连以至中部全为黑色，仅两侧浅色；向浅色型的变异时该斑黑色部分缩小而留下4个黑点或2个黑点。小盾片橙黄色至黑色。鞘翅可分为浅色型（黄底型）和深色型（黑底型）两类，浅色型小盾片棕色或黑色，鞘翅黄至暗红色，每鞘翅上最多有9个黑斑和合在一起的小盾斑，这些斑点部分或全部可消失，出现无斑、2斑、4斑、6斑、8斑、9～19个斑，或扩大相连等；深色型鞘翅黑色，通常每个鞘翅上有1个、2个、4个、6个红斑或暗黄斑，斑点可大可小，有时在斑点中出现黑点等。腹面的色泽也有变异，浅色的中部黑色，外缘黄色；深色的中部黑色而其余部分褐黄色。鞘翅近末端7/8处有一明显的横脊痕，这是该种鉴定的重要特征（图6-1）。

雄虫第5腹板后缘弧形内凹，第6腹板后缘半圆形内凹；雌虫第5腹板外突，第6腹板中部有纵脊，后缘弧形突出（中国科学院动物研究所等，1978；虞国跃，2010）。

图6-1　黄底型斑点位置编号（左翅）

异色瓢虫色斑型很多，袁荣才等（1994）在吉林长白山调查发现的色斑型多达176种，杜文梅等（2010）在长春市调查色斑类型有121种，刘建武（2006）在黑龙江帽儿山地区调查发现的色斑型126种，荆英等（2001）在山西省调查发现的色斑类型76种，姜文虎等（2007）在河北省保定市调查发现色斑类型73种，作者2008—2016年在辽宁地区大豆田调查色斑类型17种（表6-2，图6-2～图6-18）。异色瓢虫的同种斑型（图6-19）和异种斑型（图6-20）之间均可交尾。

表6-2　大豆田异色瓢虫色斑类型表（2008—2016，辽宁）

底色	变型	斑点记号或名称	注释	图序
黄底型	暗黄变型	ab.	无斑	图6-2
	二斑变型	ab.3		图6-3
	四斑变型	ab.23		图6-4（A）
	四斑变型	ab.35		图6-4（B）
	四斑变型	ab.36		图6-4（C）
	六斑变型	ab.134		图6-5（A）
	六斑变型	ab.135		图6-5（B）
	六斑变型	ab.345		图6-5（C）
	六斑变型	ab.346		图6-5（D）
	八斑变型	ab.1245		图6-6（A）
	八斑变型	ab.3457		图6-6（B）
	十斑变型	ab.13456		图6-7（A）
	十斑变型	ab.13568		图6-7（B）
	十斑变型	ab.23456		图6-7（C）
	十二斑变型	ab.123458		图6-8
	十四斑变型	ab.1234567		图6-9（A）
	十四斑变型	ab.1234568		图6-9（B）
	十四斑变型	ab.1234578		图6-9（C）
	十四斑变型	ab.1345678		图6-9（D）
	十六斑变型	ab.12345678	底色暗	图6-10（A）
	十六斑变型	ab.12345678	底色浅	图6-10（B）
	十八斑变型	ab.123456789	斑点大	图6-11（A）
	十八斑变型	ab.123456789	斑点小	图6-11（B）
	十八斑变型	ab.123456789	12斑点连接	图6-11（C）
	十八斑变型	ab.123456789	12斑点联，45斑点连接	图6-11（D）
	十九斑变型	ab.1/2 123456789	底色暗	图6-12（A）
	十九斑变型	ab.1/2 123456789	底色浅	图6-12（B）

续表

底色	变型	斑点记号或名称	注释	图序
	横带变型	ab. *transverifascia* Bar.	横带暗红	图6-13（A）
	横带变型	ab. *transverifascia* Bar.	横带暗黄	图6-13（B）
	显明变型	ab. *spectabilis* Fald.	鞘翅后排斑点椭圆	图6-14（A）
	显明变型	ab. *spectabilis* Fald.	鞘翅后排斑点近圆	图6-14（B）
黑底型	双月斑变型	ab. *lunata* Hem.	斑点暗红	图6-15（A）
	双月斑变型	ab. *lunata* Hem.	斑点暗黄	图6-15（B）
	显现变型	ab. *conspicua* Fald.		图6-16
	眼斑变型	ab. *circumscripta* Hem.		图6-17
	拟月斑变型	ab. *falcata* Hem.	斑点暗红	图6-18（A）
	拟月斑变型	ab. *falcata* Hem.	斑点暗黄	图6-18（B）

注：表中斑点记号的ab为瓢虫成虫的两个前翅，ab后面的数字示鞘翅上斑点的位置。

↑ 图6-2 暗黄变型（黄底型）ab.

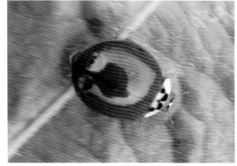

↑ 图6-3 二斑变型（黄底型）ab.3

↑ 图6-4 四斑变型（黄底型）

A. ab.23；B. ab.35；C. ab.36

● 图6-5　六斑变型（黄底型）
  A. ab.134；
  B. ab.135；
  C. ab.345；
  D. ab.346

● 图6-6　八斑变型（黄底型）
  A. ab.1245；
  B. ab.3457

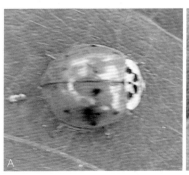

↑ 图6-7　十斑变型（黄底型）
  A. ab.13456；B. ab.13568；C. ab.23456

← 图6-8 十二斑变型（黄底型）
ab.123458

← 图6-9 十四斑变型（黄底型）
A. ab.1234567；
B. ab.1234568；
C. ab.1234578；
D. ab.1345678

← 图6-10 十六斑变型（黄底型）
A. ab.12345678, 底色暗；
B. ab.12345678, 底色浅

图6-11 十八斑变型（黄底型）
A. ab.123456789，斑点大；
B. ab.123456789，斑点小；
C. ab.123456789，12斑点连接；
D. ab.123456789，12斑点联，45斑点连

图6-12 十九斑变型（黄底型）
A. ab.1/2 123456789，底色暗；
B. ab.1/2 123456789，底色浅

图6-13 横带变型（黑底型）
A. ab. *transverifascia* Bar.，横带暗红；
B. ab. *transverifascia* Bar.，横带暗黄

⟵ 图6-14　显明变型（黑底型）

　　A. ab. *spectabilis* Fald.，鞘翅后
　　　 排斑点椭圆；

　　B. ab. *spectabilis* Fald.，鞘翅后
　　　 排斑点近圆

⟵ 图6-15　双月斑变型（黑底型）

　　A. ab. *lunata* Hem.，斑点暗红；

　　B. ab. *lunata* Hem.，斑点暗黄

⟵⟵ 图6-16　显现变型（黑底型）
　　 ab. *conspicua* Fald.

⟵ 图6-17　眼斑变型（黑底型）
　　 ab. *circumscripta* Hem.

⟵ 图6-18　拟月斑变型（黑底型）

　　A. ab. *falcata* Hem.，斑点暗红；

　　B. ab. *falcata* Hem.，斑点暗黄

⬆ 图6-19   同种变型成虫交尾

⬆ 图6-20   异种变型成虫交尾

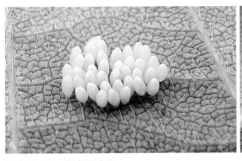

↑ 图6-21　异色瓢虫卵
A. 卵块；B. 卵壳

② 卵　长1.3 mm，宽0.6 mm。鲜黄色，长卵形，两端较尖。卵竖立块状产在寄主植物的叶背面或枝条上。每块卵一般18～45粒，平均28粒（图6-21）。

③ 幼虫　异色瓢虫19斑变型。

一龄　体长2 mm，全体黑色。

二龄　体长4 mm，体灰黑色。前胸背板侧缘和后缘着生一列刺。中、后胸背左右有2矮刺，2分叉。背侧左右各有1矮刺，5分叉，侧下左右各有1矮刺不分叉。腹部各体节背面和侧面着生6个矮刺，背中矮刺3分叉，侧矮刺2分叉，侧下矮刺不分叉。唯有腹部第1体节侧矮刺黄色，其余灰黑色。

三龄　体长7 mm。全体灰黑色。胸腹部着生的刺和矮刺情况与二龄幼虫相同。腹部背面第1～4体节侧矮刺疣为黄色，黄色部分从前向后依次由大到小。

四龄　体长11 mm。胸腹部着生的矮刺和刺的情况与三龄幼虫相同。腹部1～5节背侧矮刺橘黄色，第1、4、5节背中央的一对矮刺橘黄色。三对胸足的胫节橘黄色（魏建华和冉瑞碧，1980；图6-22）。

④ 蛹　体长7 mm，宽5 mm。体橘黄色。前胸背部后缘中央有两个黑斑。中胸后侧角各有1个小黑点。翅芽中部各有1个黑斑，端部黑色。后胸背中央有两个黑斑。腹部背面第2～5节中央有两个黑斑，第3、4节黑斑大，腹部第2～5节黑斑外侧有橘黄色斑；腹末有第四龄幼虫蜕皮，蜕皮的矮刺仍为橘黄色（魏建华和冉瑞碧，1980；图6-23）。

（2）**分布**[*]　北京、黑龙江、吉林、辽宁、河北、山东、山西、河南、陕西、甘肃、江苏、浙江、江西、湖南；朝鲜、日本、蒙古、前苏联地区。

（3）**捕食对象**　落叶松球蚜、红松球蚜、安绵蚜、榆绵蚜、秋四脉绵蚜、暗色四脉绵蚜、中国四脉绵蚜、根四脉绵蚜、杭黑毛管蚜、锡金毛管蚜、加州大

---

[*]　分布信息中，分号之前的为国内分布，主要以我国省级行政区为描述单位；分号之后为世界分布，由于信息来源多样，本书不对世界分布的描述单位做统一处理。

🔵 图6-22 异色瓢虫幼虫

    A. 初孵幼虫；B. 一龄幼虫正在蜕皮；C. 三龄幼虫初蜕皮；

    D. 三龄幼虫生长；E. 四龄幼虫初蜕皮；F. 四龄幼虫；G. 老熟幼虫

🔵 图6-23 异色瓢虫蛹

    A. 预蛹；B. 初化蛹；C. 蛹；

    D. 蛹羽化前；E. 蛹壳

蚜、马尾松大蚜、居落叶松大蚜、小居松大蚜、油松大蚜、红松大蚜、柏大蚜、黑松长大蚜、桤木桦斑蚜、桦丽斑蚜、瘤带斑蚜、栗斑蚜、核桃黑斑蚜、桦绵斑蚜、触角单斑蚜、榛新黑斑蚜、罗汉松新叶蚜、锻绵叶蚜、榆华毛蚜、黑桦毛蚜、三叶草彩斑蚜、朝鲜椴斑蚜、刺榆长斑蚜、榆长斑蚜、银川榆长斑蚜、钉侧棘斑蚜、卡什侧棘斑蚜、蒙古栎侧棘斑蚜、半毛棘斑蚜、居栎侧棘斑蚜、痣侧棘斑蚜、枫桠镰管蚜、白杨毛蚜、灰毛柳毛蚜、柳黑毛蚜、青杨毛蚜、京枫多态毛蚜、栾多态毛蚜、库多态毛蚜、丽伪毛蚜、萝藦蚜、绣线菊蚜、鸭趾草蚜、豆蚜、大戟蚜、甜菜蚜、柳蚜、大豆蚜、棉蚜、半日花蚜、东亚接骨木蚜、艾蚜、杠柳蚜、蒿四蚜、洋槐蚜、酸模蚜、蒲公英蚜、桃粉大尾蚜、高粱蚜、玉米蚜、莲缢管蚜、红腹缢管蚜、麦二叉蚜、梨二叉蚜、杜果蚜、木樨无网蚜、猫眼无网长管蚜、豌豆蚜、茄无网蚜、日本忍冬圆尾蚜、茜草叶无网蚜、梨短尾蚜、李短尾蚜、甘蓝蚜、胡秃子钉毛蚜、沙棘钉毛蚜、蓼钉毛蚜、艾蒿隐管蚜、临安艾蒿隐管蚜、车前圆尾蚜、藜蚜、萝卜蚜、月季长尾蚜、丽小长管蚜、短小长管蚜、蒿丽小长管蚜、大尾小长管蚜、北海道小长管蚜、怀德小长管蚜、小蒿小长管蚜、伪蒿小长管蚜、菊小长管蚜、鸡儿肠小长管蚜、艾叶小长管蚜、麦长管蚜、马铃薯长管蚜、白玫瑰长管蚜、蔷薇长管蚜、白苏长管蚜、豌豆修尾蚜、胡枝子修尾蚜、月季冠蚜、莴苣瘤蚜、苹果瘤蚜、杏瘤蚜、穆沙瘤蚜、桃蚜、桃纵卷叶蚜、黄药子瘤蚜、忍冬新缢瘤蚜、菱蒿稠钉毛蚜、梨北京圆尾蚜、梨圆尾蚜、梨中华圆尾蚜、胡萝卜薇管蚜、毛管花楸蚜、蒿新梯管蚜、忍冬皱背蚜、欧李瘤头蚜、樱桃卷叶蚜、桃瘤头蚜、珍珠梅网管蚜、莴苣指管蚜、红花指管蚜、马醉木指管蚜、苣荬菜指管蚜（何富刚等，1987）。

（4）**生活史及习性**　异色瓢虫在辽宁、内蒙古通辽、山西等地一年发生四代，秋季10月气温降至10 ℃时，成虫迁飞到背风向阳的山上石砬子、山洞、缝隙、墙角、屋檐下等隐蔽处群集越冬。各代发生的时间：第一代5－6月，第二代6－7月，第三代7－8月，第四代9－10月。越冬成虫翌年3月末至4月上旬出蛰，随着气温的升高逐渐向外迁飞，5月上旬开始交尾，交尾后6～7天产卵，并能够多次重复交尾，产卵于新鲜或枯死的草木叶片上。卵粒与叶面垂直，几粒或几十粒排列在一起。每头雌虫平均产卵量751粒，多的可产1000余粒。卵孵化整齐，孵化后12～14小时开始取食。幼虫四个龄期，老熟幼虫在农林植物、树木下杂草叶子、枝干上或石块上化蛹。

室内恒温测定结果表明，在21、24、27和30 ℃条件下，异色瓢虫完成一个世代分别需要39.26、31.37、28.97和24.84天。24 ℃下，卵期3.02天，幼虫期9.76天，蛹期5.29天，成虫产卵前期13.30天。在17.47～18.08 ℃条件下，成虫平均寿命86.9天。

　　成虫晴天高温活跃，飞翔能力强。越冬出蛰后迁移到附近的树木、杂草或农田作物间活动，善于在叶面、枝干、叶腋、花序等处搜索取食，受惊有假死性或速飞远处。成虫和幼虫均具有互相残杀的习性，当食料缺乏时，尤其在长途运输中，在容器内个体多而拥挤时，要特别注意（周敏砚和姜华丰，1994；何继龙等，1994；罗希成和刘益康，1976；图6-24）。

　　（5）**捕食作用**　张岩等（2006）实验表明，在温度24～26 ℃，相对湿度75%左右，光照L∶D = 16∶8条件下，异色瓢虫一至四龄和产卵前期的成虫24小时平均捕食禾谷缢管蚜分别为15.8、16.8、67.8、106.8和96.8头；平均捕食菜缢管蚜分别为13.6、17.2、57.3、115.8和100.2头。在17.47～18.08 ℃条件下，整个幼虫期平均每头捕食萝卜蚜561头（何继龙等，1994）。

　　据报道，国内有人释放异色瓢虫对烟草、桃、苹果及棉花的蚜虫种群进行生物防治，能够针对目标害虫麦二叉蚜、梨二叉蚜、桃蚜、苹果绵蚜、桃大尾蚜等进行有效控制。建立异色瓢虫种群可以很好地控制草莓和金盏菊上的棉蚜。在江西，通过释放异色瓢虫可以对芦笋上的芦笋小管蚜进行防治。同样，对于一些温室蔬菜及观赏植物来说，利用异色瓢虫也是很好的生物防治方法。在上海等经济发达地区，很多园林机构利用异色瓢虫防治木槿上的棉蚜及大棚蔬菜上的各种蚜虫。在林业害虫防治上，异色瓢虫对松树上的松干蚧和梨树上的梨木虱具有十分显著的防治效果，异色瓢虫对毛白杨上的白毛蚜有很好的防治效果（王甦等，2007；图6-25）。

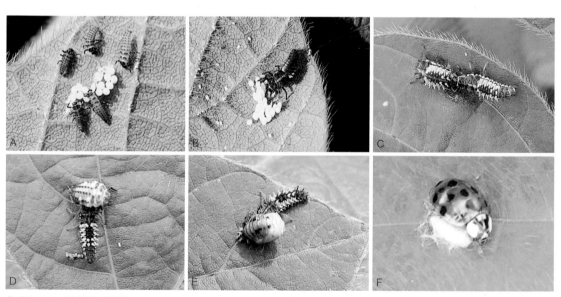

⬆ 图6-24　异色瓢虫残杀

　A. 低龄幼虫残杀卵；B. 高龄幼虫残杀卵；C. 幼虫互相残杀；
　D. 幼虫残杀七星瓢虫预蛹；E. 幼虫残杀蛹；F. 成虫被寄生

↑ 图6-25　异色瓢虫幼虫捕食大豆蚜

A. 一龄幼虫捕食；B. 二龄幼虫捕食；C. 三龄幼虫捕食；D. 四龄幼虫搜索蚜虫；

E. 一株大豆上的幼虫搜索捕食；F. 一株大豆上大部分大豆蚜被食光

2.1.2　七星瓢虫 *Coccinella septempunctata* Linnaeus

（1）形态特征

① 成虫　体长5.2～7.0 mm，体宽4.0～5.6 mm。虫体卵圆形。头黑色，额与复眼相连的边缘上各有一个圆形淡黄色斑。复眼黑色，内侧凹入处各有一个淡黄色小点，有时与上述黄斑相连接，触角栗褐色，唇基前缘有窄黄条，上唇、口器黑色，上颚外侧黄色。前胸背板黑色，两前角上各有一大型近于四边形的淡黄白色斑。小盾片黑色。鞘翅红色或橙黄色，两鞘翅上共有7个黑斑，其中位于小盾片下方的小盾斑为鞘缝分割成每边一半，其余每一鞘翅上各有3个黑斑。鞘翅基部靠小盾片两侧各有一个小三角形白斑。腹面黑色，但中胸后侧片白色。足黑色。触角稍长于额宽，锤节紧密，侧缘平直，末端平截。前胸腹板突窄而下陷，有纵隆线。后基线分支。胫节有二刺距。爪有基齿（中国科学院动物研究所等，1978；虞国跃，2010；图6-26）。

② 卵　长1.2 mm，宽0.6 mm。橙黄色，长卵形，两端较尖。卵竖立块状产在寄主植物的叶背面。一般每块卵20～50粒，平均32粒（图6-27）。

③ 幼虫

一龄　体长2 mm。身体全黑色。

二龄　体长4 mm。头部和足全黑，体灰黑色，前胸左右后侧角黄色。腹部每个体节背面和侧面着生6个刺疣，第1腹节背侧左右二刺疣呈黄色，刺黑色，

⬆ 图6-26 七星瓢虫成虫
  A. 成虫；B. 成虫交尾；C. 成虫被寄生

⬆ 图6-27 七星瓢虫卵块

第4腹节背侧刺疣黄色斑不显，其余刺疣黑色。

三龄　体长7 mm。体色灰黑色，头、足、胸部背板及腹末臀板为黑色；前胸背前侧角和后侧角为黄色斑。腹部第1节左右侧刺疣和侧下刺疣橘黄色，刺黑色，第4节背侧二刺疣微带黄色，其余刺疣黑色。

四龄　体长11 mm。体灰黑色。前胸背板前侧角和后侧角为橘黄色斑。腹部第1、4节左右侧刺疣和侧下刺疣均为橘黄色斑，其余刺疣黑色（魏建华和冉瑞碧，1980；图6-28）。

④ 蛹　体长7 mm，宽5 mm。体黄色。前胸背板前缘有4个黑点，中央两个呈三角形，前胸背板后缘中央有2黑点，两侧角有两个黑斑。中胸背有2黑点，翅芽后缘和端部黑色。后胸背有两个黑斑。腹部第2、3、4、5节背面左右有4个黑斑，侧面的黑斑小。腹部末端带有第四龄幼虫的黑色蜕皮（魏建华和冉瑞碧，1980；图6-29）。

（2）**分布**　北京、黑龙江、吉林、辽宁、河北、山东、山西、河南、陕西、新疆、江西、湖北、湖南、四川、福建、广东、云南、西藏；古北界、东南亚、印度。

（3）**捕食对象**　大豆蚜、棉蚜、禾谷缢管蚜、麦二叉蚜、麦长管蚜、东亚接骨木蚜、艾蒿隐管蚜、高粱蚜、豆蚜（槐蚜）、菜缢管蚜等。

（4）**生活史及习性**　七星瓢虫在辽宁一年发生四代，以成虫在石块、土块及枯枝落叶下越冬，翌年3月末至4月初开始活动，迁飞到林木、杂草和作物之间活动，特别喜欢在有蚜虫的植物和开花果木上，取食花粉、花蜜，并产卵，或小麦拔节后，在小麦中下部叶上产卵，抽穗后在中上部叶和麦穗上产卵，成虫一生可产卵600～800粒。6月中下旬成虫迁移到大豆田、棉田、蔬菜田及果园，搜索捕食目标蚜虫。7月份温度升高有避夏习性，因此7月中旬至9月中旬，田间七星瓢虫数量显著减少，10月初开始越冬。

⤒ 图6-28　七星瓢虫幼虫
　　A. 二龄幼虫；B. 四龄幼虫；C. 老熟幼虫

◐ 图6-29　七星瓢虫蛹
　　A. 预蛹；B. 蛹

　　该虫在河北省一年发生五代，不同地区越冬场所有差异，一般以成虫在小麦、油菜等越冬作物根际土壤内越冬，在冀东平地多在麦田畦埂的土块杂草堆中越冬，在山区和半山区多在半山腰、背风向阳的南坡石块下越冬，越冬成虫一般在10月中旬开始向山坡迁移，10月底群集越冬。一、二代主要发生在麦田和油菜田，三、四代发生在棉田和禾谷田，五代发生在夏播禾谷、大豆和花生田。七星瓢虫耐高温能力差，平均气温26 ℃以上时，部分迁移到较湿润的玉米田去（周敏砚和姜华丰，1994）。

　　马野萍等（1999）在室外遮阳自然变温条件下饲养七星瓢虫，观察各虫态平均历期：卵期2～3.3天，幼虫期8.8～9.8天，蛹期2.9～3.6天，卵至成虫羽化13.9～14.9天。徐焕禄和路绍杰（2000）通过对七星瓢虫生活习性的系统观察，在日平均温度20.5～23.5 ℃，相对湿度70%左右的情况下完成一个世代需要26.3天。在恒温17、20、23、26、29和32 ℃条件下测定，七星瓢虫的卵、幼虫、蛹、产卵前期和全世代的发育起点温度分别为13.0、11.3、13.8、10.8和12.0 ℃，有效积温分别为34.7、128.6、53.4、132.9和349.6日度（朱景治，1988）。

　　七星瓢虫成虫迁飞能力强，具有远距迁飞习性。迁飞具有一定的规律性，每年5月下旬开始迁飞，6月上、中旬为迁飞盛期，由于受东南季风的影响，从平原起飞的虫群，随气流由东南，途径太行山上空向西北方向迁飞

↑ 图6-30 七星瓢虫幼虫捕食

（程英等，2006；蔡晓明等，1980；董承教等，1982）。成虫有假死性和避光性。成虫羽化2～7天后即可交尾产卵，初孵幼虫群聚在卵壳上不动，吞食身边的卵壳和未孵化的卵粒，幼虫有自残行为。老熟幼虫在枯枝、落叶、土块下、树皮缝等处化蛹。

（5）**捕食作用** 七星瓢虫的幼虫第一龄和二龄日食蚜量小，三龄和四龄食蚜量剧增，整个幼虫期食蚜量（矛卫豆蚜）平均为410头。以甘蓝蚜和棉蚜喂饲越冬后的七星瓢虫成虫，每头日捕食甘蓝蚜18.6头，而捕食棉蚜72.3头，捕食棉蚜的数量远大于甘蓝蚜（程英等，2006）。室内测定七星瓢虫一至四龄和产卵前期的成虫24小时平均捕食萝卜蚜分别为13.7、20.0、84.3、150.0和176.7头；捕食桃蚜分别为16.7、21.0、88.3、161.0和189.3头（薛明等，1996）。捕食桃蚜分别为8.2、20.0、33.8、43.4、56.8头（范广华等，1989）。

河北省在5月中旬至5月底释放七星瓢虫防治棉田蚜虫，瓢蚜比以1∶80～1∶100为宜，有效控制棉蚜危害时间20天。释放虫态以二龄幼虫为好，也可投放即将孵化的卵块，放卵量约多于放幼虫量的25%，防治效果相同。释放幼虫时可从早上7～9点饥饿4～6小时，下午4点后释放效果好（周敏砚和姜华丰，1994）。七星瓢虫成虫和幼虫的单头平均控制的麦蚜量分别为66.7和72.9头，控蚜效果平均为59.3%和65.1%（杨奉才等，1988；图6-30）。

2.1.3 龟纹瓢虫 *Propylea japonica* (Thunberg)

（1）形态特征

① 成虫 体长3.8～4.7 mm，体宽2.9～3.2 mm。基色黄色而带有龟纹状黑色斑纹。头部雄虫前额黄色而基部在前胸背板之下黑色，雌虫前额有一个三角形的黑斑，有时扩大至全头黑色。复眼黑色，口器、触角黄褐色。前胸背板中央有一大型黑斑，其基部与后缘相连，有时几乎扩展至全前胸背板而仅留黄色的前缘及后缘。小盾片黑色。鞘缝黑色，在距基部1/3、2/3及5/6处各有方形和齿形的外伸部分，鞘翅的肩胛上有一斜置的长斑，中部还有一斜置的方斑与鞘缝的2/3处伸出的黑色部分相连接。鞘翅上的黑斑常有变异：黑斑扩大相连，甚至鞘翅大部分黑色或黑斑缩小而成独立的斑点，有时甚至黑斑消失。腹面胸部雌虫全为黑色，雄虫的前、中胸黄褐色；中、后胸侧片白色；腹部中部黑色，边缘黄褐色。足黄褐色（中国科学院动物研究所等，1978；虞国跃，2010；图6-31）。

⬆ 图6-31　龟纹瓢虫成虫

A. 雌性（白底色）；B. 雌性（红底色）；C. 雄性（黄底色）；D. 雄性，变型；
E. 深色变型；F. 同型交尾；G. 异型交尾；H. 异型交尾

② 卵　长1.0 mm，宽0.4 mm。纺锤形，两端尖。初产乳白色，后变为黄色和橙黄色，近孵化时黑色。卵竖立块状产在寄主植物的叶背面，每块卵一般10～25粒，平均18粒（图6-32）。

③ 幼虫

一龄　体长1.5 mm。体色黑绿色，头部黑色。前胸背板周缘灰白色。中、后胸背中线处有灰白色斑，第1腹节侧刺疣白色，较大，侧下刺疣亦白色，较小。第4腹节六个刺疣均灰白色。第7腹节后缘灰白色。

二龄　体长3 mm。体色黑绿色，其他特征与第

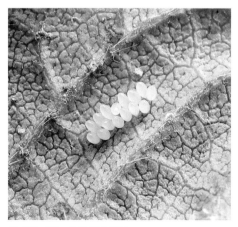

⬆ 图6-32　龟纹瓢虫卵块

一龄幼虫相似，唯白斑更加显著，中后胸侧下刺疣白色。

三龄　体长约5 mm，体色黑绿色，头部黑色。前胸背板黑色，周缘黄白色。中、后胸背面中央各有一个黄斑。第1腹节侧刺疣和侧下刺疣黄白色，背中线处具有一狭长小白斑。第4腹节侧刺疣和侧下刺疣黄白色，背中刺疣基部和侧刺疣之间也为黄白色。第5、6、7腹节侧下刺疣白色，第7腹节后缘为白色。

四龄　体长7 mm。体黑绿色。前胸背板前缘和侧缘白色。中、后胸中部有橙黄色斑，侧下刺疣橙黄色。腹部1～8节背中线橙黄色，唯有第8节稍淡。腹部第1节侧刺疣和侧下刺疣橙黄色，第4腹节6个刺疣皆橙黄色，第2、3、5、6、7腹节侧刺疣为黄白色（魏建华和冉瑞碧，1980；图6-33）。

④ 蛹　体长5 mm，宽3 mm。全体灰黑色。体背有白色背中线。前胸背板后缘中央有两个黑斑，有的个体黑斑外侧有一个黑点。翅芽黑色。后胸背中央有两个黑斑。腹部第2～5节背面有两个黑斑。腹末有四龄幼虫蜕皮（魏建华和冉瑞碧，1980；图6-34）。

（2）分布

黑龙江、吉林、辽宁、内蒙古、北京、河北、山东、河南、陕西、甘肃、江苏、浙江、江西、湖北、湖南、四川、台湾、福建、广东、广西、云南；日本、朝鲜、前苏联地区、印度。

◆图6-33　龟纹瓢虫幼虫
A. 二龄幼虫；B. 四龄幼虫

◆图6-34　龟纹瓢虫蛹
A. 预蛹；B. 蛹

（3）**捕食对象**　油松球蚜、绣线菊蚜、豆蚜、大豆蚜、棉蚜、高粱蚜、玉米蚜、禾谷缢管蚜、梨二叉蚜、日本忍冬圆尾蚜、山钉毛蚜、菊红斑卡蚜、艾蒿隐管蚜、萝卜蚜、北海道小长管蚜、怀德小长管蚜、马铃薯长管蚜、蔷薇长管蚜、豌豆修尾蚜、苹果瘤头蚜、桃蚜、山楂圆瘤蚜、忍冬皱背蚜、欧李瘤头蚜、樱桃卷叶蚜、桃瘤头蚜等。

（4）**生活史及习性**　我国南北纬度跨度大，龟纹瓢虫发生代数差异较大，世代重叠。在内蒙古通辽地区一年发生三至四代，湖北鄂东地区一年发生四至五代，陕西一年发生六代，四川一年发生七代，湖南一年可发生八代。以成虫在作物根际和背风向阳的山边、沟边杂草丛基部、作物田有叶片覆盖的土缝中越冬，翌年3月先后出现在小麦、蔬菜等田中活动，约5月转入棉田、大豆田等（张世泽等，2004；安瑞军等，1998）。

龟纹瓢虫在沈阳地区一年发生四代，以成虫越冬。成虫春天出蛰后，6月上旬主要在果树、林木、各种蒿草上活动取食。6月中旬后转移到作物田取食大豆蚜、麦长管蚜、禾缢管蚜、高粱蚜等，并繁殖。在大豆蚜主要发生期，6月下旬至8月上旬，对大豆蚜具有明显的控制作用，至9月上旬大豆蚜、高粱蚜、玉米蚜下降，则又转至林木、杂草取食蚜虫，经补充营养，10月中下旬开始越冬。有研究表明，龟纹瓢虫发生与湿度降雨有密切关系，一般6月上中旬正是越冬成虫产卵、一代卵期、幼虫期，湿度较高有利于成虫产卵、卵的孵化和幼虫的发育。第一代瓢虫基数大小，对以后的种群数量影响很大（何富刚等，1983）。

在沈阳室内变温条件下饲养观察表明，龟纹瓢虫各代历期随温度升高而发育加快，历期缩短。在室温16.4～22.6 ℃，相对湿度46.3%～76.9%，越冬代成虫（春季）平均寿命56天，平均产卵量266.5粒；18.3～21.7 ℃，相对湿度45.6%～70.1%，第一代卵、幼虫、蛹和成虫历期分别为3.0、10.0、3.7和73天，产卵量667.6粒（产卵量最高）；18.3～25.3 ℃，相对湿度45.6%～61.9%，第二代卵、幼虫、蛹和成虫历期分别为3.0、7.5、3.4和63天，产卵量327粒；18.3～26.8 ℃，相对湿度45.6%～49.3%，第三代卵、幼虫、蛹和成虫历期分别为2.7、6.1、3.5和44天，产卵量130.3粒；18.8～23.4 ℃，相对湿度45.6%～55.4%，第四代卵、幼虫、蛹和成虫历期分别为3.1、8.6、4.0和42天，产卵量68.8粒（何富刚等，1983）。

龟纹瓢虫适应性强，对温、湿度要求不严，具有耐高温、抗低温、耐饥性等特点。龟纹瓢虫对温度适应能力很强，在高温35 ℃和低温15 ℃条件下均能正常生长发育，各虫态历期随温度升高而缩短，在适温27～30 ℃范围内龟纹瓢虫各虫态发育最快。在日平均气温27～29 ℃，相对湿度80%时，卵期3～4天，幼虫期7.5～11天，蛹期3.5～4天，完成一个世代14～19天。在15 ℃

下完成一个世代需52.4天，35 ℃下则仅需8天（安瑞军等，1998；崔素贞，1996；张世泽等，2004）。

室内变温条件下测定龟纹瓢虫卵、幼虫、蛹和成虫产卵前期的发育起点温度分别为13.96、11.90、14.20和13.80 ℃；有效积温分别是28.28、99.14、42.60和89.12日度，全世代有效积温为259.14日度（吕永贤等，1983）。宋慧英等（1988）报道，卵、幼虫和蛹的发育起点温度分别为13.7、13.4和12.5 ℃；有效积温分别为36.4、92.0和51.8日度。龟纹瓢虫卵期、幼虫期和蛹期的最适温度分别是29~31 ℃、28~30 ℃和31 ℃；最适相对湿度分别是67%~84%、72%~79%和84%。

成虫白天活跃，晚上8点后很少活动，有趋光性和假死性。多在下午至傍晚羽化，14~20时为羽化高峰期。羽化后第11天进入交尾盛期，每头雌虫平均产卵103.6粒，块产于叶片上，竖立成两行。幼虫可全天孵化，初孵幼虫常聚集在卵壳附近不动，5~6小时后开始爬行分散取食。成虫和幼虫有取食卵习性，幼虫有互相残杀习性（周敏砚和姜华丰，1994）。

（5）控害作用　在25 ℃恒温条件下，每头成虫日平均捕食量，大豆蚜为85.1头，麦长管蚜87.6头，棉蚜97.7头，夹竹桃蚜41.7头。每头幼虫日平均捕食量，大豆蚜为25.6头，棉蚜22.3头，麦长管蚜21.7头，夹竹桃蚜13.7头（宋慧英等，1988）。何富刚等（1983）室内取食量测定结果表明，龟纹瓢虫成虫平均单头每天捕食禾缢管蚜、高粱蚜和大豆蚜分别为64.9、62.9和62.8头；幼虫平均单头每天捕食大豆蚜、禾缢管蚜、高粱蚜和麦长管蚜分别为42.9、32.5、36.7和23.4头，由于每种蚜虫个体大小不同，取食量有一定的差异（图6-35）。

⬆ 图6-35　龟纹瓢虫幼虫捕食
　A. 捕食无翅蚜；B. 捕食有翅蚜

🔄 图6-36 多异瓢虫成虫
A. 示头和前胸；
B. 红底色；
C. 黄底色；
D. 变型交尾；
E. 同型交尾

2.1.4 多异瓢虫 *Hippodamia variegata* (Goeze)

（1）形态特征

① 成虫 体长4.0~4.7 mm，体宽2.5~3.0 mm。头前部黄白，后部黑色，或颜面有2~4个黑斑，毗连或融合，有时与黑色的后面部分连接，复眼黑色，触角、口器黄褐色。前胸背板黄白色，基部通常有黑色横带并向前四叉分出，或构成两个"口"字形斑。小盾片黑色，小盾片两侧各有一黄白色分界不明显的斑；鞘翅黄褐到红褐色，两鞘翅上共有13个黑斑，除鞘缝上小盾片下有一黑斑外，其余每一鞘翅上有黑斑6个；黑斑的变异甚大：向黑色型的变异时黑斑相互连接或部分黑斑相互连接，向浅色型的变异时部分黑斑消失。腹面黑色，仅侧片部分黄白色。足基部黑色，端部褐色。唇基前缘在两前角之间齐平，触角锤节紧密。前胸背板后缘有细窄的边缝。前胸腹板无纵隆线。跗爪中部有小齿（中国科学院动物研究所等，1978；图6-36）。

② 卵 长1.0 mm，宽0.3 mm。橙黄色，长卵形，两端较尖。卵竖立块状产在寄主植物的叶背面（图6-37）。

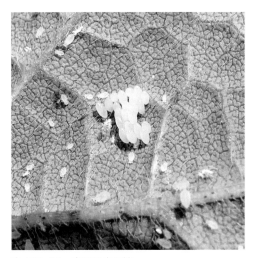

⬆ 图6-37 多异瓢虫卵块

③ 幼虫

一龄 体长1.5 mm。体色灰白色，头部和足黑色。

二龄 体长3 mm。体灰白色，头部和足黑色。前胸背板中央有一条白色纵线。腹部背侧面每节各有六个刺疣，第1节侧刺疣和侧下刺疣白色，其余刺疣黑色。

三龄 体长5 mm。全体灰白色。前胸后缘中央橙黄色。腹部第1节背中刺疣橙黄色，侧刺疣和侧下刺疣仍为白色。腹部第4节背中刺疣与侧刺疣之间白色。

四龄 体长7 mm。体色灰白色。前胸背板周缘白色，中后胸之间背中线处有一个十字形白色纹。腹部带紫色，第1腹节左右侧刺疣和侧下刺疣橙红色，第4腹节背中刺疣和侧刺疣之间白色（魏建华和冉瑞碧，1980；图6-38）。

④ 蛹 体长4 mm，宽3 mm。灰黑色。腹部背中线为白色纵纹，前胸和中胸背纵纹两侧各有一个黑斑，黑斑外侧各有一个白色斑。翅芽黑色，腹部2～5节背中线两侧有四个黑斑，随着蛹的发育而体色越加深。腹末有四龄幼虫蜕皮（魏建华和冉瑞碧，1980；图6-39）。

（2）**分布** 黑龙江、吉林、辽宁、内蒙古、北京、河北、河南、山东、山西、陕西、甘肃、宁夏、新疆、四川、福建、云南、西藏；古北界、非洲、印度。

（3）**捕食对象** 大豆蚜、棉蚜、洋槐蚜、麦长管蚜、木樨无网蚜、豆蚜、玉米蚜等蚜虫类。

（4）**生活史及习性** 多异瓢虫在不同地区发生世代不同，甘肃地区一年发生三代，内蒙古通辽地区一年发生四代，主要以三、四代成虫越冬，山东省德州、潍坊地区一年发生四代，部分个体五代。以成虫在杂草丛内、残枝落叶及土块下越冬。翌年4月下旬越冬成虫开始活动，在发生早、蚜量多的一些杂草上（如刺儿菜、碱蓬等）产卵，卵产于植物的叶片背面，卵竖直排列成块状。5月下旬完成第一代，6月上旬第一代成虫向棉田等迁移，在棉田完成第二至四代。

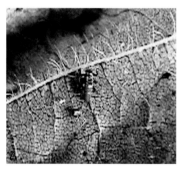

⤒ 图6-38　多异瓢虫幼虫　　　　　　　　　　⤒ 图6-39　多异瓢虫蛹
A. 低龄幼虫；B. 高龄幼虫

8月上旬向多种植物上转移，有的个体可繁殖发育第五代，10月下旬后以第四代和第五代成虫越冬。第一代产卵期较长，产卵量较少外，其余各代平均产卵期6～11天，平均单雌产卵量为121～177粒（范广华等，1995；安瑞军等，2000）。

在恒温13、17、21、25、29和33 ℃条件下，多异瓢虫完成一个世代分别需要62.23、48.31、25.01、20.78、13.68和10.92天（岳健等，2009）。在田间平均气温21.0、25.0、26.4、27.0和27.3 ℃条件下，完成一个世代的平均历期分别为27.29、19.05、16.11、15.08、14.49天（范广华等，1995）。多异瓢虫的发育起点和有效积温在恒温和自然变温条件下测定有明显差异，在恒温下发育速度较慢，自然变温下发育速度较快。在恒温13、17、21、25、29和33 ℃条件下测定，卵、一至四龄幼虫、蛹和全世代的发育起点温度分别为9.20、10.96、12.27、10.91、9.01、9.96和10.85 ℃，有效积温分别为37.95、25.61、20.82、28.76、60.51、44.97和249.79日度（岳健等，2009）。在自然变温下测定，卵、幼虫、预蛹、蛹、产卵前期和全世代的发育起点分别为18.8、16.97、15.97、15.47、17.6和18.2 ℃，有效积温分别为15.0、73.3、10.23、23.05、34.1和170.3日度（范广华等，1995）。

成虫活泼，在晴朗无风天气活动最盛，阴凉有风天气隐蔽分散。飞翔能力强，1次飞行可达30 m，可连续多次飞行。有假死性和避光性，对黑光灯有趋性。成虫羽化后2～3天交尾，可多次交尾，昼夜均能取食、交配和产卵。初孵幼虫常聚集在卵壳附近不动，6～8小时后分散活动，老熟幼虫在植株隐蔽处化蛹。当食料不足时成虫和幼虫有取食卵和自相残杀的习性（王允华等，1984；宗良炳等，1988；丰秀珍，1990；范广华等，1995）。

（5）**控害作用**　多异瓢虫可在多种生境中出现，农田、果园、森林均有它们的踪影，捕食多种蚜虫，是蚜虫的重要天敌。捕食功能研究表明，一至四龄幼虫和产卵前期的成虫日最大捕食棉蚜量依次为6.7、36.4、77.5、81.3和68.0头（范广华等，1995）。在室内温度（26±2）℃下，一至四龄幼虫和成虫24小时捕食棉蚜量分别为5.7、24.88、36.71、49.33和103.35头（冯宏祖等，2000）。黄宪珍和姬光华（1982）饲养结果表明，成虫日捕食棉蚜32～85头，平均61.9头，幼虫期平均捕食蚜量为202.6～329头。因此，多异瓢虫对蚜虫的捕食潜能很大。

西瓜田罩笼释放多异瓢虫控制瓜蚜试验表明，当瓢虫蛹与瓜蚜比为30∶1000时，释放后5天和11天对瓜蚜的防效分别达到80.43%和98%；瓢卵与瓜蚜比为20∶30时，7天和14天对瓜蚜的防效分别达到72.22%和87.36%，表现出较好的防效（陈宏灏等，2011；图6-40）。

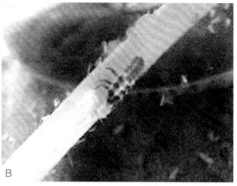

↑ 图6-40 多异瓢虫捕食蚜虫

　A. 成虫捕食；B. 幼虫捕食

2.1.5 双七瓢虫 *Coccinula quatuordecimpustulata* (Linnaeus)

（1）形态特征

① 成虫　体长3.3～4.0 mm，体宽2.6～2.9 mm。体卵圆形。头部黄色，头顶黑色（♂）或头部黑色而复眼附近有黄色斑（♀）；复眼黑色，触角黄褐色，上唇深黄色，口器大部分黄色。前胸背板黑色，前角有黄斑，并沿侧缘狭窄地向后伸延，前缘黄色而将两角的黄斑相连，并在中部向后伸延。小盾片黑色。鞘翅黑色，各有7个黄斑，按2、2、2、1排成内外两行。腹面黑色，缘折及中胸后侧片、后胸前侧片的后半和第一腹板外侧黄色。前、中足股节末端及胫节红褐色，后足跗节及胫节末端红褐色。跗爪黑色。围绕后胸腹板的侧隆线不到达中央。第5腹板后缘雄虫轻微内凹而雌虫齐平；第6腹板后缘雄虫明显半圆形内凹而雌虫圆弧形凸出（中国科学院动物研究所等，1978；图6-41）

② 卵　长1.0 mm，宽0.4 mm。椭圆形，上端稍尖。初产为淡黄色，表面有光泽，一天后变为浅黄色，孵化前变为黑褐色。卵竖立块状产在寄主植物的叶背面（图6-42）。

③ 幼虫　一龄幼虫体黑色，体长1～2 mm，二龄幼虫体色变浅，身体上出现有黑白斑点，三龄、四龄幼虫生长的速度明显加快，体积变大，背部两侧的黑斑连在一起，老熟幼虫体长8 mm（图6-43）。

④ 蛹　蛹为黑白色，初期颜色较浅，后期蛹的颜色为黑色（贾震等，2012；图6-44）。

（2）分布　黑龙江、吉林、辽宁、内蒙古、北京、河北、山东、山西、河南、陕西、甘肃、新疆、江西；古北界。

（3）捕食对象　油松大蚜、大豆蚜、棉蚜、麦长管蚜、绣线菊蚜、桃蚜、艾蒿蚜、菜蚜等。

🔹🔹 图6-41 双七星瓢虫成虫
🔹 图6-42 双七星瓢虫卵

🔹🔹 图6-43 双七星瓢虫幼虫
🔹 图6-44 双七星瓢虫蛹

（4）**生活史及习性** 在19、22、25、28和31℃恒温条件下测定，双七瓢虫完成一个世代分别需要32.13、21.59、17.81、13.16和11.18天；卵、一至四龄幼虫和蛹的发育起点温度分别为11.47、12.15、12.74、15.02、12.96和13.09℃，有效积温分别为39.16、34.06、22.89、21.36、39.93和42.41日度（贾震等，2012）。

在19、22、25、28和31℃恒温条件下，成虫平均寿命分别为66.57、97.9、102.67、126.07和111.83天，其中25℃时，最长寿命达到165天，最短为76天，28℃时，最长寿命达到了189天（贾震等，2012）。

在22、24、26、28和30℃恒温条件下，投放足量的大豆蚜饲养双七瓢虫，其繁殖力存在较大差异，平均单雌产卵总量分别为235、295、306、376和312粒（夏莹莹等，2014）。

成虫喜欢在白天避光处，大豆植株叶背活动，飞翔能力较强，夜间活动较弱，大多在叶背静息。成虫全天均可羽化，多在20时至次日8时羽化，羽化后5～15天开始交尾，一般在14:00－17:00时交尾较频繁。卵产在叶片背面，竖立块状，常十几粒聚集在一起。初孵幼虫2～3小时后开始取食，老熟幼虫在植株隐蔽处不食不动，2天后化蛹。当食物不充足时，会出现高龄幼虫捕食卵或幼虫的自残行为（贾震，2012）。

（5）**控害作用** 室内28℃恒温下测定不同虫态捕食量结果表明，双七瓢虫一至四龄幼虫和成虫24小时的平均捕食大豆蚜数量分别为9.70、15.00、46.87、

↑ 图6-45　双七星瓢虫幼虫捕食蚜虫

51.37和44.50头。

室内罩笼控蚜作用试验表明，双七瓢虫成虫与大豆蚜比大于1∶75时，10日控蚜效果可达到100％；瓢蚜比1∶100，12日控蚜效果达到90％；瓢幼虫与大豆蚜比为1∶50，第6天控蚜效果达到98％。

田间罩笼控蚜作用试验表明，双七瓢虫成虫与大豆蚜比为1∶75时，第15日控蚜效果86.7％；瓢蚜比在1∶100时，有一定的控蚜作用；当瓢（幼虫）蚜比为1∶20时，第12日控害效果能达到81.3％（贾震，2012；图6-45）。

2.1.6　黑背毛瓢虫 *Scymnus (Neopullus) babai* Sasaji

（1）**形态特征**

① **成虫**　雌体长2.52～2.84 mm，头宽0.36～0.44 mm。雄体长2.32～2.56 mm，头宽0.28～0.40 mm。雄虫体型略小于雌虫。体呈长椭圆形，两侧较平直，背面毛为银白色，较粗，在鞘翅上呈"S"形。头、口器、触角为黄色至黄褐色。前胸背板橙黄色至黄褐色，其基部中央有一个黑色中斑，该斑基部较宽而向端部收窄，直至前胸背板中央。小盾片和鞘翅黑色，鞘翅末端有细窄的红棕色边缘。前胸腹板及背板缘折黄色至黄褐色；中、后胸腹板及侧片黑色；鞘翅缘折黑色；腹部大部分黑色，仅末端两节黄至黄褐色；足黄至黄褐色（王冰，2011；图6-46）。

② **卵**　长椭圆形，光滑，有光泽，长0.52 mm，宽0.26 mm。初产卵为淡黄色，后逐渐变为黄色或黄褐色。单产或几粒聚集在一起（图6-47）。

③ **幼虫**　老熟幼虫体长3.5～3.8 mm。体黄色或黄褐色，纺锤形，体披絮状粉蜡。头部蜕裂线不明显，触角3节。胸、腹部突起毛疣状，前胸前缘两侧各具3个突起，近中部处各有2个突起；中、后胸及腹部第1～8节两侧各具3个突起，分别位于背线部和侧线部（图6-48）。

④ **蛹**　体长2.0～2.9 mm，体宽1.4～1.8 mm。淡黄色，随着时间推移逐渐变为黄褐色。头部蜡毛脱落，胸部及腹部蜡毛不脱落（图6-49）。

（2）**分布**　北京、黑龙江、吉林、辽宁、山东、江苏、浙江；日本。

（3）**捕食对象**　大豆蚜、高粱蚜、禾谷缢管蚜、莲缢管蚜、玉米蚜、麦长管蚜、花生蚜等。

（4）**生活史及习性**　室内饲养观察表明，该虫在沈阳地区一年发生三代，世

⬆ 图6-46　黑背毛瓢虫成虫
　A. 成虫；B. 交尾背面观；C. 交尾侧面观

◄◄ 图6-47　黑背毛瓢虫卵粒
◄ 图6-48　黑背毛瓢虫幼虫

◄ 图6-49　黑背毛瓢虫蛹
　A. 预蛹；B. 蛹

代较整齐，以第三代成虫越冬，主要在水溪旁的多年生蒲草科和香蒲科植物如水莎草、菖蒲、宽叶香蒲、荆三棱草叶鞘内越冬。成虫休眠期能耐–30～–32 ℃的低温。越冬成虫于4月20日前后，当日平均气温12 ℃左右时（日最低气温6 ℃以上）开始出蛰活动。6月5日前后，当日平均气温17 ℃以上（日最低气温12 ℃以上），大豆蚜、玉米蚜、禾缢管蚜、高粱蚜点片发生时，开始向大豆、高粱、玉米等作物上迁移，6月20–25日几乎全部迁出越冬场所。成虫迁入田间后，搜索捕食蚜虫，7月份是幼虫发生盛期，对农田蚜虫控制作用明显。9月上旬，当大豆、玉米等作物接近成熟，植株老化，蚜虫消退，平均气温达21.6 ℃左右时便向越冬场所转移，9月末大多数成虫都迁到越冬场所（何富刚等，1987）。

在19、22、25、28和31 ℃恒温条件下测定，黑背毛瓢虫完成一个世代分别需要32.88、28.88、20.13、18.27和14.37天；卵、幼虫、蛹和世代的发育起点温度分别为13.50、11.01、12.02和10.91 ℃，有效积温分别为58.53、97.37、113.42和294.59日度。在19、22、25、28和31 ℃恒温条件下，成虫平均寿命分别为76、87、107、109和84天。22 ℃条件下饲养，黑背毛瓢虫一般不产卵，25、28、31 ℃条件下，平均单雌产卵总量分别为128、252和68粒（郭亚静，2015）。

成虫喜欢白天活动，飞翔能力较弱，早晨时常在还有露珠的高粱、玉米、谷子心叶和大豆叶背面活动。成虫耐高温和抗低温，有趋光性和假死性，多在傍晚至夜间羽化，约3天后在大豆植株上交尾，8天后产卵。卵产在蚜虫堆里，单产或几粒聚集在一起。初产黄色，逐渐变成黄棕色。越冬代成虫产卵量最高，第一代次之，第二代最少。幼虫活动迟缓，老熟幼虫常爬迁到植株隐蔽处化蛹。当食料缺乏时成虫可取食卵，高龄幼虫取食低龄幼虫和卵等残杀现象（何富刚等，1987；王冰，2011）。

（5）控害作用　黑背毛瓢虫是大豆蚜、高粱蚜和玉米蚜等蚜虫的重要天敌之一，多数年份在天敌群落中居重要位置，数量大，发生期与这些作物蚜虫发生吻合，控蚜效果明显，是重点保护的天敌之一。

室内28 ℃恒温下测定捕食量结果表明，黑背毛瓢虫一至四龄幼虫和成虫24小时平均捕食大豆蚜数量分别为16.4、29.8、36.5、48.6和18.1头。

田间罩笼控蚜能力试验表明，成虫与大豆蚜比为1∶20和1∶25时，开始蚜虫数量呈上升趋势，随着时间的推移和瓢虫数量的增加，9天后蚜虫数量呈明显下降趋势，控制效果较好。幼虫与大豆蚜比为1∶20和1∶25时，6天后控制效果可达85%（王冰，2011；图6-50）。

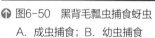

⬆ 图6-50　黑背毛瓢虫捕食蚜虫
　A. 成虫捕食；B. 幼虫捕食

2.2 草蛉类

2.2.1 大草蛉 *Chrysopa pallens* (Rambur)

隶属脉翅目Neuroptera，草蛉科Chrysopidae。

（1）形态特征

① 成虫 体长13～15 mm，前翅长17～18 mm，后翅长15～16 mm。体形较大。体黄绿色，胸部背面有黄色中带。头部黄绿色，有黑斑2～7个，常见的是4或5斑者，即唇基两侧各有一线状斑，触角下面各有一大黑斑共4斑；5斑者在触角间有一小圆点；7斑者则两颊还各有一黑斑；2斑者只剩下两个黑斑。触角较前翅为短，黄褐色，基部两节黄绿色；下颚须及下唇须均为黄褐色。足黄绿色，跗节黄褐色。腹部绿色，密生黄毛。

翅透明，翅端较尖，翅痣黄绿色多横脉，翅脉大部分为黄绿色，但前翅前缘横脉列及翅后缘基半的脉多为黑色；两组阶脉各脉的中央黑色，两端仍为绿色。后翅则仅前缘横脉及径横脉的大半段为黑色，后缘各脉均为绿色，阶脉与前翅情况相同。翅脉上多黑毛，翅缘的毛则多为黄色（中国科学院动物研究所等，1978；图6-51）。

② 卵 长椭圆形，长1.0 mm，宽0.4 mm，有一白色丝状长柄，长8～13 mm。前期草绿色，孵化前棕灰色，孵化后卵壳白色（潘鹏旭，2017；图6-52）。

③ 幼虫 老熟幼虫体长约12 mm，胸腹部背面紫褐至黑褐色，头上有3个黑斑，前胸两侧瘤突后方有黑紫色斑，后胸两侧有黑紫色毛瘤，腹部背面紫色，腹面黄绿色（图6-53）。

④ 蛹 蛹为离蛹，黄绿色，翅芽短小、黑色。茧近圆形，直径5 mm左右。白色丝质，质地较致密，四周以疏松的丝与叶片相连（图6-54）。

（2）分布 东北、华北、西北、华东、中南及西南大部省区；日本、朝鲜、西伯利亚、欧洲。

（3）捕食对象 大豆蚜、棉蚜、高粱蚜、禾谷缢管蚜、萝卜蚜、莲缢管蚜、根四脉绵蚜、木樨无网蚜、麦二叉蚜、麦长管蚜、油松大蚜、日本忍冬圆尾蚜、李短尾蚜、河北蓟钉毛蚜、山钉毛蚜、柳二尾蚜、车前圆尾蚜、艾蒿隐管蚜、藜蚜、飞帘丁毛蚜、豌豆修尾蚜、桃蚜、杏瘤蚜、桃纵卷叶蚜、忍冬新缢瘤蚜、山楂圆尾蚜、苹果瘤头蚜。

（4）生活史及习性 大草蛉为我国最常见的种类，各地发生代数不同，在湖北、浙江等地一年发生四至五代（赵敬钊，1988；王良衍，1984）。在云南弥勒烟区一年发生五至六代（胡坚，2012）。在山东泰安大草蛉室内饲养一年

◀ 图6-51　大草蛉成虫

◀ 图6-52　大草蛉卵
　　A. 卵块；
　　B. 卵粒孵化前变灰色

◀ 图6-53　大草蛉幼虫
　　A. 幼虫；
　　B. 老龄幼虫

◀ 图6-54　大草蛉茧（蛹）

完成五代，以蛹在植物卷叶、枯枝落叶层、树洞及树干的树皮缝隙内越冬。越冬前蛹4月17日开始化蛹，盛期为4月26日至5月2日，羽化盛期为5月8－19日，产卵盛期为5月16日至6月2日。雌雄比一般为1.2∶1，产卵期平均39天，平均单雌产卵976.5粒（557～1708粒）。平均两性寿命为：雌46天，雄36.5天。一至四代成虫羽化盛期分别为6月10－14日、7月11－17日、8月10－15日和9月10日左右。10月2－10日老熟幼虫陆续结茧，以前蛹越冬（牟吉元等，1980）。

温度对大草蛉卵孵化率、幼虫和蛹的存活率以及成虫寿命有较大影响，最适温度为25～30 ℃之间，在35 ℃恒温条件下不能孵化。各虫态发育起点温度和有效积温分别是：卵期为8.17 ℃和63.21日度，一龄幼虫为12.99 ℃和37.80日度，二龄幼虫为10.83 ℃和39.17日度，三龄幼虫为9.35 ℃和60.23日度，蛹期为9.23 ℃和215.47日度（赵敬钊，1988）。在五个不同恒温下测定，大草蛉的卵、幼虫和蛹的发育起点温度分别为7.3，10.7和7.8 ℃；有效积温分别为62.2，109.9和206.9日度（王良衍，1984）。

成虫羽化、取食、交配和产卵多在夜间进行。有趋光性，在黑光灯或电灯下可诱集到大量成虫。夏季中午阳光强烈时，常静伏于叶背和阴凉处（潘鹏旭，2017）。成虫羽化后需经过补充营养才能达到性成熟，该段时间的长短与温度和食料相关。在25 ℃下喂蚜虫的需4.3天，喂酵母粉、奶粉、糖为主的人工饲料需16.9天。20 ℃下喂蚜虫的需8天，喂上述人工饲料的需28.7天（王良衍，1984）。雌虫1次交尾可终生产受精卵，单雌平均产卵量800粒左右，最多可达1234粒。幼虫可捕食粮、棉多种害虫，成虫和幼虫均嗜食多种蚜虫（赵敬钊，1988）。幼虫亦称"蚜狮"，捕蚜迅速而敏捷，当发现蚜虫时，用口器猛刺蚜体，举于空中，并注入消化液，使其呈麻痹状，后吸食体液。幼虫共三龄，老熟时，爬至叶背凹处、卷皱或枝丫间等处结白色近圆茧，后化蛹于其中。

（5）**控害作用** 大草蛉成虫5－9月间在果园、大田及各种树木上捕食多种蚜虫，幼虫除捕食蚜虫外，还喜食棉铃虫的卵和小幼虫等。

大草蛉整个幼虫期捕食量为：棉红蜘蛛361.83头，棉蚜660.35头，棉铃虫卵570.92粒，棉铃虫一龄幼虫375.50头，二龄幼虫195.79头，造桥虫幼虫748.97头。大草蛉一龄末期的捕蚜量为其第一天捕蚜量的1.5倍，二龄为3～7倍，三龄则达11～19倍（武汉师范学院生物系天敌昆虫研究组，1976）。另据报道，大草蛉幼虫期平均取食棉蚜870.6头，最多1024头（牟吉元等，1980）。

室内测定大草蛉对牛蒡长管蚜、桃粉大尾蚜和绣线菊蚜三种蚜虫的捕食能力表明，大草蛉幼虫期单头平均捕食牛蒡长管蚜、桃粉大尾蚜和绣线菊蚜的数量分别为97.0、161.3和427.6头，大草蛉成虫期单头平均捕食量分别为308.5、632.3和766.0头，其成虫期的捕食量显著高于整个幼虫阶段（孙丽娟等，2013）。

成虫喜食多种蚜虫，一头成虫每天可捕食松蚜若虫20头，最多26头；或可平均捕食松干蚧卵317粒。幼虫平均每天可捕食松干蚧卵105.3粒，一头三龄幼虫每天可捕食松干蚧雌成虫6头，单头幼虫平均每天可捕食松蚜47头（潘鹏旭，2017）。

2.2.2 丽草蛉 *Chrysopa formosa* Brauer

隶属脉翅目Neuroptera，草蛉科Chrysopidae。

（1）形态特征

① 成虫　体长9～11 mm，前翅长13～15 mm，后翅长11～13 mm。体绿色，头部有小黑斑9个；头顶2个黑点，触角间一个，触角下面沿着触角窝各有一新月形黑斑，两颊各有一黑斑，唇基两侧各有一线状斑共计9斑。下颚须和下唇须均为黑色；触角较前翅为短，黄褐色，第2节黑褐色。前胸背板两侧各有2黑纹，中、后胸背面有褐斑但不显著。足绿色；胫节及跗节黄褐色。腹部全为绿色，密生黄毛，腹端腹面则多黑色毛。

翅透明，翅端较圆，翅痣黄绿色，前、后翅的前缘横脉列及径横脉列的上端一点点为黑色；前翅基部还有少数横脉也为黑色，所有阶横脉均为绿色，翅脉上有黑毛（中国科学院动物研究所等，1978；图6-55）。

② 卵　卵粒椭圆形，长0.9 mm，宽0.4 mm，淡绿色，每粒卵附一丝状卵柄，长4.6～5.0 mm。

③ 幼虫　老龄幼虫体长7～11 mm，体背面暗褐色，头部有黑褐条纹6个，胸部三节及腹部前八节的两侧各有一对毛瘤，毛瘤上着生黑白相间的长刚毛，前、中、后胸各有一对黑色斑（图6-56）。

④ 蛹　茧一般近似球形，浅黄白色，4.5×3.5 mm（伍瑞清和孙桂华，1980）。

↑ 图6-55　丽草蛉成虫

↑ 图6-56　丽草蛉幼虫

（2）**分布** 东北、华北和西北；朝鲜、日本、前苏联地区、欧洲。

（3）**捕食对象** 大豆蚜、玉米蚜、禾谷缢管蚜、棉蚜、高粱蚜、麦长管蚜、麦二叉蚜、桃蚜等蚜虫，棉铃虫、银纹夜蛾、甘蓝夜蛾、小造桥虫等鳞翅目害虫卵和低龄幼虫。

（4）**生活史及习性** 丽草蛉在山东省烟台，陕西省关中地区，山西省阳城县，西北地区一年发生四至五代（严珍，2012）。在山东泰安室内饲养一年完成四代，以前蛹于茧内越冬。翌年越冬前蛹4月7日开始化蛹，盛期为4月28日－5月2日。羽化盛期为5月12－15日，产卵盛期为5月20－6月10日。雌雄比一般为1.3∶1，产卵期平均30.5天，平均单雌产卵705粒（455～1207粒）。平均两性寿命为：雌36天，雄31天。一至三代成虫羽化盛期分别为6月13－20日、7月17－23日和8月10－15日。9月10日以后陆续进入前蛹期，10月10日前后，有40%的个体羽化，其余以前蛹越冬（牟吉元等，1980）。

陈泽坦等（2017）研究不同温度对丽草蛉生长发育的影响，结果表明，在24～32 ℃范围内，丽草蛉的发育历期随着温度的升高而缩短。24 ℃时，丽草蛉的卵、幼虫、蛹期、产卵前期和世代发育历期分别为4.90、18.38、16.17、8.25和46.69天；在32 ℃时，分别为3.20、12.75、10.94、5.89和32.17天；26～30 ℃为丽草蛉种群增长的适宜温度。在24、26、28、30、32 ℃恒温条件下测定，丽草蛉的卵、幼虫、蛹、产卵前期和世代的发育起点温度分别为9.22、7.47、8.69、7.04和7.52 ℃；有效积温分别为72.40、302.21、240.86、140.49和793.16日度。低温和高温对丽草蛉成虫繁殖不利，24 ℃和32 ℃时，单雌平均产卵量为81.33粒和50.00粒，而26、28、30 ℃时，单雌平均产卵量分别是134.67、157.33、128.33粒。

（5）**控害作用** 丽草蛉成虫5－9月份，在大田、菜地、果园、林木、草地极为常见。春季在菜园及麦地捕食大量蚜虫，特别喜食菜蚜等。除蚜虫外尚捕食其他小型昆虫、幼虫和卵。

丽草蛉幼虫期平均捕食棉蚜773.4头，最多947头（牟吉元等，1980），捕食高粱蚜222头（铁岭，1976）。幼虫平均日捕食棉蚜48.1头，棉铃虫卵43粒，棉铃虫一龄幼虫30头，棉红蜘蛛60头（粒）（武汉师范学院生物系天敌昆虫研究组，1976）。

2.2.3 中华草蛉 *Chrysopa sinica* Tjeder

隶属脉翅目Neuroptera，草蛉科Chrysopidae。

（1）**形态特征**

① 成虫 体长9～10 mm，前翅长13～14 mm，后翅长11～12 mm。体黄

↑ 图6-57　中华草蛉成虫

绿色，胸和腹部背面有黄色纵带的小形种类。头部黄白色，两颊及唇基两侧各有一黑条，上下多接触。触角灰黄色，基部两节与头同色，触角比前翅短。下颚须及下唇须暗褐色。足黄绿色，跗节黄褐色。

翅透明，翅较窄，翅端部尖，翅痣黄白色。翅脉黄绿色，前缘横脉的下端、Rs基部及径横脉的基部均为黑色，内外两组阶脉都为黑色，翅基部的横脉也多为黑色。翅脉上有黑色短毛（中国科学院动物研究所等，1978；图6-57）。

② 卵　卵粒椭圆形，长0.9 mm，宽0.3 mm，淡绿色，每粒卵皆附一丝状卵柄，长2.8~3.0 mm。

③ 幼虫　幼虫体长约6 mm，黄白色，头部有"八"字形褐纹，胸腹部的毛瘤黄白色，背面两侧有紫褐色纵带（图6-58）。

④ 蛹　茧一般近似球形，浅黄色（伍瑞清和孙桂华，1980；图6-59）。

（2）分布　黑龙江、吉林、辽宁等地。

（3）捕食对象　大豆蚜、棉蚜、禾谷缢管蚜、高粱蚜、玉米蚜、麦长管蚜、麦二叉蚜、马铃薯长管蚜、桃蚜；棉铃虫及其他鳞翅目的卵和低龄幼虫。

（4）生活史及习性　中华草蛉在河北昌黎地区一年发生三代，山东泰安一年发生四至五代，陕西关中一年发生五至六代，河南南阳一年发生六代，江西一年发生七代。在湖北省武汉市一年完成六代，以成虫越冬，其越冬场所和栖息的植物较为广泛，据调查有女贞、竹林、山林、油菜、小麦、茶树、蚕豆、豌豆等，10月下旬即可看到越冬成虫。越冬时，体色由绿色变为黄绿色再变为褐色，最后变为土黄色。体色由绿变黄为越冬的标志。越冬成虫一般伏在植物

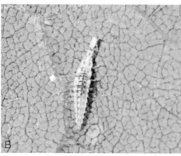

↑ 图6-58　中华草蛉幼虫
A. 幼虫；B. 低龄幼虫捕食大豆蚜；C. 高龄幼虫捕食大豆蚜

的叶背、根隙或杂草丛内。此时，只要气温上升到10 ℃以上，并有阳光，成虫就可活动，但不能产卵（莫菊皋和么慧娟，1984；赵敬钊，1982；牟吉元等，1987；黄芝生等，1981；李映萍，1982）。

↑ 图6-59　中华草蛉茧（蛹）

据王韧等（1986）研究报道，中华草蛉在北京室外饲养自然温度条件下一年可连续完成六代。各代发育历期随季节和温度的变化而有较大差异。如第一代在春季需38天完成发育，第四代于夏季仅需16天，其余各代为20～26天。在北京春季较低气温下，中华草蛉发育历期虽然较长，但只要有充足的猎物，4月间即能开始繁殖，5月上旬即可以养出当年的第一代成虫。因此在田间出现第一次羽化高峰（6月中旬）前就可以完成2个世代。8月下旬羽化的第五代成虫仍可以大量产卵，9月间羽化的第六代成虫则不再产卵，体色逐渐由绿色转为黄褐色，开始越冬。

在北京春季香山樱桃沟调查，4月13日越冬成虫全黄型成虫（越冬态）所占的百分比即下降为53.6%，其余则变为半黄型。全绿型成虫（解除越冬）于4月19日前后开始出现，占22%。4月下旬以后，则全部恢复为全绿型。越冬成虫出蛰后，在附近的植物上取食花蜜，并陆续迁往农田、果园。在北京海淀区麦田调查，成虫4月27日始见，果园于5月6日初次捕到。直到6月上旬，中华草蛉在田间始终处于零星发生状态。6月中旬出现羽化小高峰后，成虫数量迅速增加。7月中旬和8月中旬出现两次显著的高峰，此时处于春玉米和夏玉米的扬花期。9月上、中旬，成虫的主要活动和栖息场所是在有蚜虫、粉虱等的玉米、高粱、菜豆、白菜、棉花、大豆和杂草上。9月中旬后，秋季作物陆续收割，越冬代成虫大量集中转移到晚熟玉米、晚熟水稻和白菜等晚熟作物上。9月下旬至10月下旬成虫陆续迁移到附近有比较丰富的花粉蜜源植物和昆虫蜜露的山上越冬。

据测定，中华草蛉的卵、一至三龄幼虫和蛹的发育起点温度分别为10.8、11.8、12.03、11.08和10.3 ℃；有效积温分别为60.7、46.3、38.4、45.5和148.2日度（赵敬钊，1982）。另据牟吉元等（1987）在20、22、25、28、30 ℃恒温条件下测定，中华草蛉的卵、幼虫、预蛹（茧）、蛹、产卵前期和世代的发育起点分别为11.3、9.2、11.1、11.3、12.5、11.5 ℃；有效积温分别为59.4、188.5、64.1、130.0、67.7和467.8日度。

成虫多在夜晚羽化，白天和夜晚均能活动，飞翔能力很强。在阳光强烈照射下常静伏在棉叶背或阴凉处。有较强的趋光性，夜晚在黑光灯和电灯下可诱集到大量成虫（黄芝生等，1981）。成虫必须经过补充营养才能达到性成熟而交尾，在25~30 ℃下需5天左右，一次交尾终生可产受精卵。在室内以蚜虫喂养幼虫，成虫饲以人工饲料，其一生的产卵数最高可达1059粒，平均672粒。中华草蛉白天或夜晚均可产卵，以晚上19~23时产卵最多。在自然情况下，成虫喜欢选择蚜虫密度较大的作物上产卵，单粒散产，多产于植物叶背、茎、叶柄等处。幼虫全天可孵化，活动敏捷，取食时将口器刺入猎物，并把猎物举起，吸食体液。老熟幼虫选择比较隐蔽，如棉叶背面、苞叶和铃壳间、卷曲的老叶和枝条的交叉处结茧（赵敬钊，1982）。

（5）**控害作用**　中华草蛉成虫不捕食蚜虫，可取食花蜜和鳞翅目的卵。幼虫可取食多种植物上的蚜虫，如棉花、白菜、四季豆、油菜、小麦、蚕豆、蔷薇、槐、柳、白杨、梨、桃、竹、车前草、小蓟等；可以捕食多种鳞翅目昆虫的卵和幼虫，如小地老虎、棉铃虫、红铃虫、造桥虫等。据室内测定，中华草蛉幼虫对棉花上几种主要害虫的捕食量分别为：棉蚜513.65头，棉铃虫卵319.89粒，棉铃虫初孵幼虫522.73头，棉铃虫二龄幼虫51.88头，棉红蜘蛛1368.30头，斜纹夜蛾初孵幼虫559.78头，棉小造桥虫初孵幼虫339.13头，金刚钻初孵幼虫92.67头。由此可见，在自然情况下，棉田内中华草蛉对棉花害虫有巨大的控制作用（赵敬钊，1982）。

中华草蛉三龄幼虫对大豆蚜的理论最大日捕食量可达230头（李鹤鹏，2014）。幼虫期平均取食棉蚜678.6头，最多958头（牟吉元等，1980）。另据莫菊皋和么慧娟（1984）观察一头二龄幼虫每日能捕食桃粉蚜49头或红蜘蛛若虫和卵423头（粒），其食量随龄期的加大而增多，一般一龄食量占幼虫总食量的10%，二龄占20%，三龄占70%。

2.2.4　多斑草蛉 *Chrysopa intima* Maclachlan

隶属脉翅目Neuroptera，草蛉科Chrysopidae。

（1）**形态特征**

① 成虫　体长10 mm，前翅长15~18 mm，后翅长13~16 mm。体绿色，头和胸部有许多黑斑。头部最显著的是触角间有一"X"形大黑斑，两颊及唇基各有一对大黑斑，头顶有4个黑斑。下颚须和下唇须大部分呈黑褐色；触角较前翅短，黄褐色，第二节黑褐色。前胸背板有6个黑斑排成两纵列，后边的一对最小；中胸背板有8个黑斑，其中6个大的排成两纵列，两个小的位于翅基处；后胸则仅翅基附近各有一小黑点。足绿色，跗节褐色。腹部背面绿色，腹面中央有一黑色纵带，雌虫的黑带宽而极明显，雄虫则较细且逐渐消失。

翅透明，翅端较圆，翅痣深绿色内多横脉。翅脉纵脉绿色，横脉则前翅大部分均为黑色，后翅则仅前缘横脉列及径横脉列和两组阶脉为黑色，余均绿色。脉上生黑毛（中国科学院动物研究所等，1978）。

② 幼虫　体长形，两端尖削，胸部和腹部两侧有毛瘤，上下颚合成的镰刀状吸管伸在头的前方（段海军等，2005）。

（2）**分布**　黑龙江、辽宁、吉林、甘肃、陕西；朝鲜、日本、前苏联地区。

（3）**捕食对象**　大豆蚜、玉米蚜、高粱蚜等多种蚜虫，红蜘蛛等。

（4）**生活史及习性**　据辽宁铁岭（1976）观察，越冬代多斑草蛉成虫室内一般6月初产卵，在平均温度23.5 ℃，相对湿度64.2%条件下，卵期7天，幼虫期12.4天，蛹期14.4天。6月份完成一个世代需要33.8天，随着气温升高，发育历期缩短，7～8月完成一代大约需要25天。成虫有较强的趋光性。羽化后需经过5～7天取食达性成熟，开始交尾产卵，多在下午16～21时产卵。

（5）**控害作用**　多斑草蛉成虫平均日捕食玉米蚜73头，幼虫期平均捕食羊蹄蚜265头或捕食高粱蚜231头。

2.2.5　全北褐蛉 *Hemerobius humuli* Linnaeus

隶属脉翅目Neuroptera，褐蛉科Hemerobiidae。

（1）**形态特征**

成虫　体长5～7 mm，前翅长6～8 mm，后翅长5～7 mm。头部黄色，复眼前后两侧为深褐色；下颚须及下唇须黄褐色，其末节均呈深褐色；触角黄色。胸部黄褐色，前胸两侧红褐，中、后胸背板两侧褐色，所以由头顶至后胸背中央呈黄色宽带。足黄褐色，跗节端部褐色。腹部黄色，背板褐色，但前3节背中央有黄色纵带与胸部黄带相连；腹板黄褐色。雄虫腹端黄褐，臀板由侧面看呈三角形，背腹各有一角突，腹突很短；背突粗大而长，并向内弯，其端部有2齿，上齿长而大，下齿短小。

前翅黄褐色半透明，密布灰褐色断续的波状横纹，在翅脉上则呈现一个个黑点；Rs分3支，分支处有黑点；阶脉两组均为黑褐色，m-cu横脉处有一大黑点，Cu分叉处有一小黑点，两黑点相近极为明显。后翅无色透明，翅脉淡色（中国科学院动物研究所等，1978；图6-60）。

🔼 图6-60　全北褐蛉成虫

（2）**分布**　黑龙江、吉林、辽宁、北京、河北、河南、山西、陕西、广西、江苏、湖北、浙江、福建、江西、甘肃、贵州、内蒙古、宁夏、四川、云南、新疆、西藏；日本、印度、俄罗斯、北美洲、非洲。

（3）**捕食对象** 大豆蚜、棉蚜、高粱蚜，蚧、木虱、叶螨等。

（4）**生活史及习性** 全北褐蛉成虫3～10月出现，3月间初见。成虫飞翔力弱，有假死性和趋光性，主要在蚜虫多的槐树、榆树、柳树和木槿上活动。幼虫爬行迅速，能捕食蚜虫、红蜘蛛等，有互相残杀的习性。幼虫老熟后，结薄茧化蛹，从茧外可以见到蛹体。全北褐蛉在棉田、大豆田发生数量都很少。

（5）**控害作用** 全北褐蛉在农田数量很少，可在各种植物上捕食多种蚜虫和介壳虫等，控制作用不明显。

2.3 食蚜蝇类

隶属双翅目Diptera，食蚜蝇科Syrphidae。

2.3.1 方斑墨蚜蝇 *Melanostoma mellinum* (Linnaeus)

（1）**形态特征**

成虫 体长7～8 mm。

雄性 头顶和额亮黑色，被黑色毛；颜黑色，覆白色粉被和细毛，中突光亮。触角暗褐色至黑色，第3节基部和下侧黄色；芒裸。中胸背板和小盾片金属黑色，具光泽，被黄色短毛。腹部长约4倍于宽，黑色，第2～4节各具1对橘红色斑；第2节斑近半圆形，有时很小；第3、4节斑长方形，内侧大于外侧。足黄色，基节、转节黑色，有时后足腿节基半部及后足胫节具黑环，跗节色暗。翅略呈灰色。

雌性 头顶和额具蓝黑色光泽，额具小的粉被侧斑。腹部第2节后缘最宽；第2节中部黄斑卵圆形，斜置；第3、4节黄斑近三角形，内侧直；第5节基部具1对短宽的黄色侧斑（黄春梅等，2012；图6-61）。

（2）**分布** 北京、河北、内蒙古、辽宁、吉林、黑龙江、上海、浙江、福建、江西、湖北、湖南、广西、海南、四川、贵州、云南、西藏、甘肃、青海、新疆；前苏联地区，蒙古、日本、伊朗、阿富汗、

↑ 图6-61 方斑墨蚜蝇成虫（雄）

欧洲、北非、北美洲。

（3）**捕食对象** 大豆蚜（兰鑫等，2011）。

2.3.2 梯斑墨蚜蝇 *Melanostoma scalare* (Fabricius)

（1）**形态特征**

① 成虫 体长8～10 mm。

雄性 体狭长，亮黑色。头顶三角区青黑色，具黄色或棕色毛；额中部和颜中突亮黑色，其余覆黄色或棕黄色粉被及棕色毛，触角棕黄色，第3节背侧略带褐色；芒棕色。中胸背板、侧板及小盾片亮黑色，被棕黄色毛。腹部狭长，长约6倍于宽；第2～4节背板各具1对黄斑；第2背板黄斑小，半圆形；第3、4背板黄斑近长方形，黄斑前缘与背板前缘相接，第4背板黄斑略短宽。足大部分棕黄色，跗节背面色略深；后足胫节中部具暗环，有时后足腿节具宽暗环，后足胫节端部2/3暗色。翅透明。

雌性 额宽，亮黑色，正中具1对淡色粉被斑，有时两斑连成一横带。腹部略近圆锥形，以第4节背板前端1/3处最宽；第2背板黄斑卵形，略斜置；第3、4背板黄斑呈长三角形，且黄斑外侧凹入明显；第3、4腹板具延长的黄斑，可与*M. mellinum*雌性相区别（黄春梅等，2012）。

② 幼虫 初孵幼虫白色，活动力很弱。老熟幼虫淡草绿色，体长6.2 mm。体表多环纹，光滑，无刺毛。头部有2个黑色突起。臀板中上部不凹陷，每侧有2个突起。气门管端面紧连在一起，向后上方伸出较长。气门裂4个，呈弧状排列（郑祥义和原国辉，1996）。

（2）**分布** 北京、河北、内蒙古、黑龙江、吉林、辽宁、江苏、浙江、福建、江西、山东、湖北、湖南、四川、贵州、云南、西藏、陕西、甘肃、新疆、台湾；日本、前苏联地区、蒙古、阿富汗、东洋界、巴布亚新几内亚、非洲。

（3）**捕食对象** 大豆蚜、绣线菊蚜、禾谷缢管蚜、高粱蚜、麦长管蚜、麦二叉蚜、苹果瘤蚜（何富刚等，1987）。

2.3.3 短舌小蚜蝇 *Paragus compeditus* Wiedemann

（1）**形态特征**

成虫 体长6 mm。

雄性 头顶三角区很长，黑色，单眼三角前覆黄粉被，单眼着生在头顶三角中部；额亮黄色；颜亮黄色，中突很宽平；颊极狭，口缘黑褐色；后头黑色，覆淡色粉被和毛。复眼被很短的淡色毛。触角第3节很长，顶端尖，黄褐色，下侧黄色；芒短，黄褐色。中胸背板亮黑色，基部略覆灰粉被，背板被淡色短毛；侧板黑色，中侧片密覆白粉被和同色毛；小盾片基部黑色，端部黄色宽。腹部细长，椭圆形，红黄色，第1节基部两侧黑色，第2节近后缘具宽的黑色横带，第3节与第2节相似，但横带中部不明显。足黄色，后足腿节中部和胫节中部具暗斑，跗节红黄色。翅透明。

雌性　头顶和额亮黑色，额两侧沿眼缘覆黄粉被。腹部椭圆形，第3～4节黑带不明显，仅基部两侧及第2节明显黑色（黄春梅等，2012）。

（2）**分布**　北京、河北、山西、内蒙古、江苏、浙江、山东、西藏、甘肃、新疆；伊朗、阿富汗、欧洲南部、北非。

（3）**捕食对象**　大豆蚜（兰鑫等，2011）。

2.3.4　四条小蚜蝇 *Paragus quadrifasciatus* Meigen

（1）**形态特征**

① 成虫　体长5～6 mm，体稍宽。

雄性　头顶三角区前部黄色，单眼区黑色，具青色光泽；额全黄色；颜黄白色；复眼具白色毛，该毛排列成2纵条，两眼连接线约与额等长，为头顶三角长之半；触角暗褐色，第3节下缘棕黄色；芒黄色，端部暗褐色。中胸背板黑色，带绿色光泽，前半部具1对淡色粉被纵条，侧板毛银白色，细；小盾片前半部黑色，后半部黄色。腹部棕至黑色，具黄色横带；第2背板横带短，狭，有时中间断裂，不达背板侧缘；第3背板横带中间分离或不分离，两侧至背板侧缘处变宽；第4、5背板中间两侧各有1条白色粉被狭横带。足棕黄色，或前、中足腿节基及后足腿节大部黑色。

雌性　额黑色，覆淡粉被；颜正中具暗色纵条。腹部具4条黄色横带，正中断裂或完整，第4、5背板具白色粉被横带（黄春梅等，2012）。

② 幼虫　四条小蚜蝇老熟幼虫体长7～9 mm，体形较扁平，体色淡黄褐至棕黄褐色，全体密布细小浅色半球形颗粒。体背及2刺突较长而尖锐，体背中央有1条棕色纵带，前呼吸器突起形似拳状，呈淡黄褐色，3个气门。后呼吸器呈短圆柱形，表面密布圆形颗粒，气门板呈四边形至菱形，气门月牙形棕色（李萍等，1996）。

（2）**分布**　吉林、辽宁、北京、河北、山西、黑龙江、江苏、浙江、山东、河南、湖北、湖南、四川、云南、西藏、甘肃、青海、新疆；前苏联地区、朝鲜、日本、伊朗、阿富汗、欧洲、北非。

（3）**捕食对象**　棉蚜、大豆蚜、麦长管蚜、高粱蚜、玉米缢管蚜、禾谷缢管蚜、萝卜蚜等10多种蚜虫（何富刚等，1987；高峻峰等，1993）。

（4）**生活史及习性** 四条小蚜蝇在吉林通化地区一年发生三至四代，9月下旬以老熟幼虫入土化蛹越冬。翌年4月下旬至5月上旬羽化，主要在有蚜虫的杂草上活动和取食，5月下旬到6月上旬第一代幼虫入土化蛹。第二代转移到作物田，在5月下旬到6月下旬出现第一个高峰，6月下旬到7月中旬，田间可见各个虫态。7月下旬到8月中旬，幼虫入土化蛹滞育，度过不良环境。8月下旬出现第二个高峰，主要在大田、菜田和杂草上的蚜群内取食繁殖。在20 ℃条件下，卵期3~4天，幼虫期10~13天，蛹期12天左右，完成一个世代需要30~35天（高峻峰等，1992，1993）。

成虫羽化后2~3天交尾，有多次交尾习性，产卵期3~5天，卵分散产在蚜虫发生密集的地方。每头成虫一生可产卵84~124粒。成虫在上午8~11时，下午3~6时最活跃。温度低于13 ℃或高于30 ℃时不活动或缓慢爬行（高峻峰等，1993）。

（5）**控害作用** 四条小蚜蝇一头幼虫期可取食800头左右的蚜虫，平均每头幼虫一天可取食53~67头，其中一龄幼虫每天可取食3~5头，二龄取食10~30头，三龄取食50~80头（高峻峰等，1993）。幼虫期捕食菜蚜（桃蚜和萝卜蚜）为263头（杨友兰等，2002）。

2.3.5 刻点小蚜蝇 *Paragus tibialis* (Fallén)

（1）**形态特征**

成虫 体长5.5 mm，狭长。

雄性 头顶三角区长，光亮，覆不明显黑毛；额蓝黑色；颜黄色，正中具明显或不明显的黑色纵线，颜毛白色；复眼两眼连接线很短，覆分布均匀的白色短毛，不呈纵条状排列。触角基部两节黑色，第3节较长，长约为宽的3倍，棕褐色，下缘略带黄棕色；芒棕色，约与第3节等长。中胸背板亮黑色，密被较长的淡黄色竖毛；侧板同背板，毛更长；小盾片全黑色，端缘无锯齿。腹部色泽变异大，或全亮黑色，或全红色，或黑色具黄或红色斑，具明显刻点，仅各节背板后缘光亮。足黄至棕黄色，前、中足腿节基部约1/3及后足腿节基部1/2或1/3黑色，后足胫节端半部常具暗环或斑。翅透明（黄春梅等，2012；图6-62）。

（2）**分布** 北京、河北、内蒙古、吉林、辽宁、江苏、浙江、福建、山东、湖北、湖南、广东、广西、海南、四川、贵州、云南、西藏（墨脱）、陕西、甘肃、新疆、台湾；古北界、东洋界、埃塞俄比亚界、新北界。

（3）**捕食对象** 大豆蚜、棉蚜、油松球蚜（何富刚等，1987）。

🔺 图6-62 刻点小蚜蝇成虫（雄）
A. 侧面；B. 背面

2.3.6 黑带食蚜蝇 *Episyrphus balteatus* (De Geer)

（1）形态特征

① 成虫　体长8~10 mm。雄性体较狭长。头部棕黄色，覆灰黄色粉被；额具黑毛，在触角上方两侧各具1小黑斑；颜毛黄色；雌性额正中具不明显暗色纵线。触角红棕色，第3节背侧略带褐色。中胸背板绿黑色，粉被灰色，具4条亮黑色纵条；小盾片黄色，被较长黑毛，周缘毛黄色。腹部狭长，以第2节后部最宽，腹部斑纹变异很大，大部棕黄色；第1背板绿黑色；第2~4背板后缘除宽的黑色横带外，各节近基部还有1狭窄的黑色横带，黑带达或不达背板侧缘；第5背板大部棕黄色，中部小黑斑不明显。足棕黄色，基、转节黑色，后足跗节除基节外均为棕褐色。翅稍带棕色，翅痣色略暗（黄春梅等，2012；图6-63）。

② 幼虫　初孵幼虫白色，老熟幼虫体长9~11 mm，形似弹头形，略扁，较透明。各体节上有许多细的横皱纹，并有极细的小颗粒，由体表常透见体内物质形成的黑褐色大斑。背血管和气管通过半透明的体壁隐约可见。体背后胸和腹部4~5节中央有2条白色纵带，后半部较宽，两纵线间呈淡褐色。前呼吸器突起呈圆柱形，淡黄色，具6个气门。后呼吸器淡黄色，气门板椭圆形隆起

🔺 图6-63 黑带食蚜蝇成虫
A. 雌虫；B. 雄虫

⬅⬅ 图6-64　黑带食蚜蝇幼虫
⬅ 图6-65　黑带食蚜蝇蛹

着生气门3对，气门内侧凹陷，外侧隆起（李萍等，1996；图6-64）。

（2）**分布**　北京、天津、河北、山西、内蒙古、辽宁、吉林、黑龙江、上海、江苏、浙江、安徽、福建、江西、山东、河南、湖北、湖南、广东、广西、海南、重庆、四川、贵州、云南、西藏、陕西、青海、宁夏、新疆、台湾、香港、澳门；前苏联地区、蒙古、日本、澳大利亚、阿富汗、北非、东洋界、欧洲。

（3）**捕食对象**　棉蚜、绣线菊蚜、大豆蚜、禾谷缢管蚜、玉米蚜、麦长管蚜、麦二叉蚜、苹果瘤蚜、桃蚜、萝卜蚜、菊小长管蚜（何富刚等，1987）。

（4）**生活史及习性**　黑带食蚜蝇在河南洛阳地区一年发生五代，主要以蛹（图6-65）在秋末寄主蚜量较大处的土壤中越冬，如秋菜田、油菜田等，少数老熟幼虫也可越冬。次年3月上中旬始见越冬代成虫，3月底4月初始见一代幼虫。一代幼虫盛发于4月中下旬，二代为5月中下旬，三代为6月上中旬，四代为9月上中旬，五代为10月上中旬。7-8月间则以蛹越夏（李定旭等，1996）。

何继龙等（1992）室内饲育结果表明，黑带食蚜蝇在上海地区一年共发生五代左右，主要以蛹和少量成虫越冬，并以蛹越夏。在早春田间于3月上旬始见成虫，4月中旬以前发生较少，5月17日左右达到高峰，另外在4月下旬和6月上旬分别出现2次小高峰。春季开花季节，在油菜、菊科植物、小叶女贞等花上发生甚多，夏季以蛹越夏，田间成虫几乎绝迹。9月复出，10月田间种群数量增多，冬季12月份仍可见到少量成虫活动。

黑带食蚜蝇各个发育阶段及全世代的发育历期，在15～27℃范围内随温度的升高而缩短，24℃时，卵、幼虫、蛹、成虫和世代历期分别为1.77、5.24、6.49、15.33、28.83天。30℃时只有少数卵孵化，幼虫和蛹均不能发育。在15、18、21、24、27℃恒温条件下测定，黑带食蚜蝇的卵、幼虫、蛹、成虫产卵前期和世代的发育起点分别为8.35、8.11、8.57、8.10、8.29℃；有效积温分别为26.75、83.02、99.17、242.58、449.05日度（何继龙等，1992）。

杨承泽等（1994）饲喂麦蚜黑带食蚜蝇的卵、幼虫、蛹的发育起点分别

为15.4、16.6、16.6 ℃；有效积温分别为28、64、65日度。董坤等（2004）在
18、21、24、27、30 ℃恒温、饲喂烟蚜条件下测定，黑带食蚜蝇的卵、幼虫、
蛹的发育起点分别为4.94、6.17、5.87 ℃；有效积温分别为38.29、169.45、
133.33日度。

成虫极活泼，飞行力强，飞行时能在空中悬停，取食花粉、花蜜及蚜虫
的蜜露。成虫白天活动，上午8时起活动逐渐增多，至10时达到高峰，中午12
时起活动逐渐减少，午后3－5时活动增多。雌虫喜在蚜虫聚集的叶片上分散产
卵，产卵部位在叶片背面、菜梗、花瓣和花梗上，平均每头产卵35.6粒。在室
内控制条件下不易交配产卵（何继龙等，1992）。

（5）**控害作用** 黑带食蚜蝇每头幼虫平均每天可捕食桃粉大尾蚜62.6头，
萝卜蚜37.4头，整个幼虫期平均可捕食桃粉大尾蚜328.4头，萝卜蚜276.4头（何
继龙等，1992）。黑带食蚜蝇捕食功能研究表明，一至三龄幼虫每日最大捕食
量分别为11、37、92头，可见该蝇是一种捕食潜力较大的天敌（李定旭等，
1996）。另据报道，黑带食蚜蝇一至三龄幼虫对禾谷缢管蚜的日最大捕食量分
别为4.36、23.10、100.28头（曹玉和赵惠燕，2003）；幼虫期捕食麦蚜562.1头
（杨承泽等，1994）。

兰鑫等（2011）捕食功能研究表明，黑带食蚜蝇平均每头幼虫期对大豆
蚜的理论最大捕食量为984头。在田间益害比为1∶150时，控害效果近60%，
在1∶250时，单头控制蚜量最多为102头，且控害效果可达40%。杨友兰等
（2002）报道，黑带食蚜蝇幼虫期捕食菜蚜429.8头，用黑带食蚜蝇三龄幼虫对
菜蚜进行防治试验，结果以1∶180防效最佳，72小时后控蚜效果达93.5%。

2.3.7 大灰优食蚜蝇 *Eupeodes corollae* (Fabricius)

也称大灰后食蚜蝇 *Metasyrphus corollae* (Fabricius)。

（1）**形态特征**

成虫 体长9～10 mm。

雄性 头顶三角区黑色，具黑色短毛；额和颜棕黄色，额毛黑色，颜具
黄毛和黑色中条。触角棕黄至黑褐色，第3节基部下侧色略淡。中胸背板暗绿
色，毛黄色；小盾片棕色，被同色毛，有时混杂黑毛。腹部黑色，第2～4背板
各具1对大形黄斑；第2背板黄斑外侧前角达背板侧缘，第3、4背板黄斑中间常
相连；第4、5背板后缘黄色，第5背板大部黄色。足棕黄色，后足腿节基半部
及胫节基部4/5黑色。翅透明，翅痣黄色。平衡棒黄色。

雌性 腹部黄斑完全分开；第5背板大部黑色，后缘黄色（黄春梅等，
2012；图6-66）。

⬆ 图6-66 大灰优食蚜蝇成虫
A. 雌虫；B. 雄虫

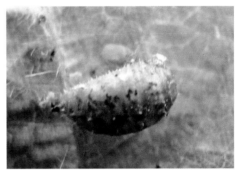

⬆ 图6-67 大灰优食蚜蝇幼虫 ⬆ 图6-68 大灰优食蚜蝇蛹

② 幼虫 体长12～13 mm，体长筒形，初孵幼虫乳白色，老熟灰褐色，胸部色浅，体表粗糙，体背中央有1条前狭后宽的黄色纵带，第4～10节背部中央各有1条黑纹，5～10节上的黑纹较粗，而且两侧各有一条前端向内，后端偏外的褐色斜纹。背中央黄色纵带的两侧黄褐色，中间杂以黑、白、紫等色彩。后气门板浅黄色，近圆形，气门3对，其中后部2对细长条形与体纵轴平行，前面1对呈月牙形（李萍等，1996；郑祥义和原国辉等，1996；图6-67）。

（2）**分布** 北京、天津、河北、内蒙古、辽宁、吉林、黑龙江、江苏、浙江、福建、江西、山东、河南、湖北、湖南、广西、四川、贵州、云南、西藏、陕西、甘肃、青海、宁夏、新疆、台湾；前苏联地区、蒙古、日本、欧洲、北非。

（3）**捕食对象** 刺榆伪黑斑蚜、朝鲜椴斑蚜、青杨毛蚜、绣线菊蚜、柳蚜、大豆蚜、豆蚜、菜蚜、高粱蚜、东亚接骨木蚜、杠柳蚜、桃粉大尾蚜、禾谷缢管蚜、麦二叉蚜、李短尾蚜、蓼钉毛蚜、柳二尾蚜，藜蚜、麦长管蚜、苹果瘤头蚜、忍冬邹被蚜（何富刚等，1987）。

（4）**生活史及习性** 大灰优食蚜蝇在吉林通化县每年发生三至四代，以蛹（图6-68）在平地和杂草覆盖的地块土中越冬。翌年5月上旬杂草上可见幼虫，

5月末至6月上旬第一代幼虫开始化蛹，6月下旬至7月上旬可在大田作物上见到各个虫态，7月下旬至8月中旬，幼虫入土化蛹，度过不良环境。8月末至9月初又出现在大田、菜田、杂草上，繁殖一代入土化蛹越冬。成虫一年内有两个高峰期，第一个高峰期是5月末到7月中旬，第二个高峰期在8月下旬到9月上旬（李国泰等，1996）。

杨奉才等（1989）在1984-1989年室内饲养和田间调查表明，大灰优食蚜蝇在山东地区一年发生五代，以成虫或老熟幼虫在菜田浅土下越冬。翌年3月中、下旬越冬幼虫开始化蛹，4月上旬陆续羽化，成虫先聚集在留种白菜、萝卜花上取食花蜜以补充营养，4月中旬以后陆续迁入麦田产卵。第一、二代主要发生在麦田，5月中旬至6月上旬为麦蚜发生高峰期，此时也是大灰优食蚜蝇幼虫盛期。小麦黄熟后麦蚜种群消退，食蚜蝇陆续迁出麦田，大部分转移到玉米、大豆和菜田捕食蚜虫，11月份以后迁回越冬场所。

何继龙等（1990）室内饲育和田间观察，大灰优食蚜蝇在上海地区一年发生五至七代，主要以蛹在土中越冬和越夏。世代历期长短随温度高低而异，当平均温度为24.23 ℃时，第四代的发育历期为20.01天；而在14.99 ℃时，第六代的发育历期47.61天。不同世代的雌蝇平均产卵量为117～911粒，一头雌蝇最高产卵量为1176粒。卵、老熟幼虫、蛹和成虫的过冷却点分别为-6.27、-10.32、-14.20和-3.86 ℃。李国泰等（1996）研究，在20 ℃时卵期为3～4天，幼虫期10天，蛹期12天，完成一个世代需25～30天。

在18、21、24、27、30 ℃恒温条件下测定，大灰优食蚜蝇的卵、幼虫、蛹成虫产卵前期和世代的发育起点分别为11.98、9.26、10.02、12.55、10.16 ℃；有效积温分别为2.10、91.72、94.69、74.54、302.6日度（何继龙等，1990）。董坤等（2004）在恒温条件下用甘蓝蚜饲养大灰食蚜蝇，其卵、幼虫和蛹的发育起点温度分别为9.69、7.07和2.35 ℃，对应的有效积温分别为30.17、133.18和149.54日度。

大灰优食蚜蝇成虫喜欢在上午8-11时和下午3-6时活动，成虫常在开花的植物上方悬飞、取食花粉、花蜜及蚜虫蜜露等。成虫多在上午8时前羽化，羽化后2～3天交尾，卵散产在植物的茎叶上，每头成虫可产卵112～200粒。幼虫孵化后取食周围的若蚜，刺吸其汁液，待汁液吸干后立刻弃掉，继续取食新的虫体（李国泰等，1996）。

（5）**控害作用** 杨奉才等（1989）捕食功能研究表明，大灰优食蚜蝇一至三龄幼虫最大日捕食麦蚜数量分别为14.16、39.65、103.93头。幼虫期捕食总量为399.38头，其中三龄幼虫捕食量占幼虫期捕食总量的90%以上。田间罩笼控蚜试验结果表明，单头幼虫平均控制的麦蚜量为64.7头，控蚜效果平均为

74.8%。在小麦扬花、灌浆阶段，麦蚜剧增初期，当百株蚜量500～600头，蝇蚜比1：80以下，不施或缓施化学农药，可利用天敌控制蚜害。

另据报道，大灰优食蚜蝇幼虫期捕食麦蚜447.5头（杨承泽等，1994）。一头幼虫期可取食大豆蚜1500～2000头，一龄幼虫一天可取食大豆蚜5～10头，二龄取食60头左右，三龄取食100头（李国泰等，1996）。每头幼虫平均每天可捕食菜蚜22.23～48.61头，最高达54.86头，整个幼虫期平均可捕食菜蚜272.5～353.2头，最高可达384头（何继龙等，1990）。一至三龄幼虫对甘蓝蚜的日最大捕食量依次为8.8、85.4、217.4头；对桃蚜的日最大捕食量分别为10.44、55.71、166.67头；三龄幼虫对豌豆蚜虫的日最大捕食量为68.03头（李学燕和罗佑珍，2001）。

2.3.8 新月斑优食蚜蝇 *Eupeodes luniger* (Meigen)

也称新月斑后食蚜蝇。

（1）**形态特征**

成虫　体长9～11 mm。

雄性　头顶黑色，被黑毛；额红黄色，被黑毛；颜棕黄色，覆黄白色粉被和黄毛，两侧上部毛黑色，口缘至中突棕色或黑色；颊黑色，覆灰色粉被。复眼裸。触角黑色或棕色，下侧色淡，第3节长于基部两节。中胸背板青黑色，略具蓝色或黄铜色光泽，有时具紫色光泽，翅后胛棕黄色；背板毛长，棕黄色；小盾片棕黄色，中部具黑毛，基部及后缘毛黄色。腹部暗黑色，两端及第3背板后缘光亮，第2～4背板各具大形黄斑，3对黄斑均不达背板前缘；第2背板黄斑近三角形；第3、4背板黄斑呈新月形，稍斜置，黄斑内端近背板前缘；第4背板后缘棕黄色；第5背板棕黄色，正中具黑斑。足大部棕红色，前、中足腿节基部约1/3及后足腿节基半部至基部2/3黑色，有时各足胫节具暗环，跗节除基节外均为黑色。翅透明。腋瓣和平衡棒黄或橙色。

雌性　头顶近方形，亮黑色，正中黑色向前延伸呈小叉形，两侧为黄色粉被斑（黄春梅等，2012；图6-69）。

（2）**分布**　北京、河北、江苏、四川、云南、甘肃、新疆；前苏联地区、蒙古、日本、印度、阿富汗、欧洲、北非、北美洲。

（3）**捕食对象**　大豆蚜（兰鑫等，2011）。

2.3.9 凹带优食蚜蝇 *Eupeodes nitens* (Zetterstedt)

（1）**形态特征**

① 成虫　体长10～11 mm。

→ 图6-69　新月斑优食蚜蝇成虫（雄）

雄性　头顶亮黑色，毛黑色；额黄色，毛黑色；颜黄色，口缘及中突黑色。触角棕褐色至棕黑色，第3节基部下侧有时棕黄色。中胸背板蓝黑色，被黄毛；小盾片黄色，大部毛黑色，仅边缘毛黄色。腹部黑色，第2背板中部具1对近三角形黄斑，其外缘前角达背板侧缘；第3、4背板具波形黄色横带，其前缘中央有时浅凹，后缘中央深凹，外端前角常达背板侧缘，第4、5背板后缘黄色狭。足大部黄色，前、中足腿节基部约1/3及后足腿节基部3/5黑色，前、中足跗节中部3节及后足跗节端部4节褐色。翅前部较暗。

雌性　头顶略具紫色光泽；额正中具倒"Y"形狭黑斑，触角基部上方具1对棕色斑（黄春梅等，2012）。

② 幼虫　初孵幼虫黄绿色，老熟幼虫灰褐色，体长8.6 mm。外形与大灰优食蚜蝇相似，但头部无2个小突起。臀板中上部凹陷较深，每侧有4个突起。气门管短，不伸出凹陷处，两气门管端面远离。每气门管端部有气门裂3个，在内上方有1楔状突起（郑祥义和原国辉，1996）。

（2）**分布**　北京、河北、内蒙古、辽宁、吉林、黑龙江、江苏、浙江、福建、江西、广西、四川、云南、西藏、陕西、甘肃、宁夏、新疆；前苏联地区、蒙古、朝鲜、日本、阿富汗、欧洲。

（3）**捕食对象**　油松球蚜、大豆蚜、禾谷缢管蚜、麦长管蚜、麦二叉蚜等（何富刚等，1987）。

（4）**生活史及习性**　凹带优食蚜蝇在兰州地区4月26日越冬代成虫始见于侧柏上，5月初数量增多，5月下旬成虫进入麦田、油菜田，5月底至6月初正值冬小麦抽穗期，成虫数量最多，6月上中旬幼虫达到盛期，6月下旬为第一代成虫高峰期。在室温21 ℃条件下，平均卵期3.6天，幼虫期7.8天，蛹期8.4天，21.5 ℃成虫寿命雌性9天，雄性11天。越冬代成虫产卵量125粒（金祖荫，

1986）。在室内日平均温度19.5 ℃，相对湿度60%条件下，凹带优食蚜蝇的卵、幼虫、蛹和成虫历期分别为3.3、8.5、10.4和8.5天（杨承泽等，1994）。

（5）**控害作用** 凹带优食蚜蝇幼虫期捕食麦蚜141～264头（金祖荫等，1986）。另据报道，幼虫期捕食麦蚜525头（杨承泽等，1994）。

2.3.10 短刺刺腿食蚜蝇 *Ischiodon scutellaris* (Fabricius)

（1）**形态特征**

① 成虫 体长9～10 mm。

雄性 头顶三角区黑色；额与颜黄色，额正中具纵沟；颜光亮，两侧或多或少平行，下部稍狭，中突明显；颊极狭，黄色；后头覆白粉被及黄毛，下部毛白色。触角褐色，下侧黄色；芒略短于第3触角节，黄色，端部黑色。中胸背板亮黑色或蓝黑色，具光泽，两侧具黄色或棕黄色宽纵条，自肩胛直达翅基部之后具黄毛；翅后胛棕色；背板毛棕色，两侧黄色毛长而密；小盾片黄色至橘黄色，盘面中央常具棕色至棕褐色大斑和黄色至棕色竖毛；侧板亮黑色，中侧片正中具大形黄白色纵斑，该斑与腹侧片的黄色卵形横斑相连，两斑具白毛。腹部蓝黑色至亮黑色，具3条黄色横带；第1背板两侧各具小黄斑；第2背板有大形黄斑1对，斑之大小常有变异；第3、4背板各具黄至棕黄色宽横带，第2背板黄横带中部不中断，第3、4背板黄横带近背板前缘，稍呈弓形：第4、5背板后缘黄或棕黄色，第5背板中部黑色，两侧棕黄色，尾节棕黄色。足棕黄色，后足腿节端部1/3及胫节中部具黑褐色至黑色环；各足跗节棕褐色至黑色；雄性后足转节腹面的距粗短。翅透明。腋瓣灰白色到黄白色，边缘黄色或橘黄色。平衡棒黄色到深黄色。

雌性 头顶黑色，额后部两眼之间具方形黑斑，正中为1前宽后狭的黑纵条，其与后部黑斑相连。后足黑环不明显（黄春梅等，2012）。

② 卵 白色，长椭圆形，表面有数条横纹，散产于植物叶片的背面或嫩枝梗上的蚜虫堆中（余春仁等，1994）。

③ 幼虫 幼虫体淡黄色，蛆状。体长形，略扁平，前端尖细，后端粗大，后气门突短。幼虫共三龄，老熟幼虫体长9～10 mm，第四腹节宽约2.5 mm。体躯由伪头、3个胸节和8个腹节组成。伪头内的口钩呈黑色，体躯的表皮光滑略透明，体背面及两侧具有短而柔软的刺突，体背中部有一条白色纵带，腹部后端常杂有不同程度的黑斑（余春仁等，1994）。

④ 蛹 呈水瓢状，体长6～7 mm，宽2.5～3 mm，前端尖小，末端圆大。初化蛹的蛹体为浅绿色，经4～5天后变土黄色，蛹背面及两侧有8列短刺（余春仁等，1994）。

（2）**分布**　辽宁、吉林、河北、北京、上海、江苏、浙江、福建、江西、山东、湖南、广东、广西、云南、甘肃、新疆、香港；日本、越南、印度、非洲。

（3）**捕食对象**　大豆蚜、豆蚜、禾谷缢管蚜、麦长管蚜、麦二叉蚜、菜缢管蚜、桃蚜、桔二叉蚜等（何富刚等，1987；余春仁等，1994）。

（4）**生活史及习性**　余春仁等（1994）在福州郊区调查，短刺刺腿食蚜蝇一年发生六至七代，有越夏年份发生六代，无越夏年份发生七代，主要以蛹在土壤中越冬和越夏。各代幼虫盛发期为第一代3月下至4月上旬，第二代5月上、中旬，第三代6月下旬至7月上旬，第四代8月上、中旬，第五代9月中、下旬，第六代10月中下旬，第七代11月上、中旬。一年中以第三代和第六代发生数量最多。世代历期随温度高低而异，平均气温16.6 ℃时，世代历期长达45.3天；平均气温28.2 ℃时，为21.1天。

在室内饲养条件下，成虫羽化后经2天的补充营养即可进行交尾，有多次交尾习性。雌虫在有蚜虫的叶片上或芽梢上产卵，产卵前雌虫在空中不断飞翔或悬停，寻找有蚜虫堆的叶片产卵。初孵的一龄幼虫一般可取食若蚜，取食时体先弯曲如弓状，弹落于蚜堆中，以口钩叮住若蚜的腹部吮取体液。二、三龄幼虫蠕动爬行，头部呈半环形动作寻找捕食对象，取食时用口钩刺进蚜体，将其举起或稍举离物体，吮其体液，取食后将干瘪的猎物尸壳丢下。老熟幼虫身体伸长，经半天左右逐渐缩短，不久即行化蛹（余春仁等，1994）。

（5）**控害作用**　短刺刺腿食蚜蝇幼虫期平均捕食橘蚜和橘二叉蚜278.5头，三龄幼虫食量最大，占幼虫期总食量的80%以上（余春仁等，1994）。幼虫一生可捕食蚜虫为109.0头（陆自强等，1985）。

2.3.11　斜斑鼓额食蚜蝇 *Scaeva pyrastri* (Linnaeus)

（1）**形态特征**

① 成虫　体长10 ~ 18 mm。头顶黑色，被黑色长毛；额及颜头部棕黄色，额密被黑长毛；颜上宽下狭，中突棕色至棕褐色，沿口缘色暗，颜毛棕黄色，两侧沿眼缘具黑毛。复眼具明显的宽条状。触角红棕色至黑棕色，基部下缘黄棕色。中胸背板暗色，具蓝色光泽，两侧缘红棕色，背板被毛棕黄色至白色；小盾片黄棕色，密被长黑毛，前缘及侧缘混杂少量黄毛。腹部暗黑色，具3对黄斑；第1对黄斑平置，位于第2背板中部；第2、3对黄斑略斜置，分别位于第3、4背板上，斑之内端靠近背板前缘，外端远离前缘，黄斑前缘明显凹入；第4、5背板后缘黄色；腹部被毛与底色同，基部侧缘毛较长密。足大部棕黄色，基节、转节、前足和中足腿节基部1/3及后足腿节4/5黑色，有时前足和中足胫

节端部棕黑色，各足跗节色暗（黄春梅等，2012）。

② 卵 长1.2 mm，宽0.42 mm，长椭圆形，背面略有弯曲（田丰等，1980）。

③ 幼虫 初孵幼虫淡黄绿色，体两侧具小突起，背中线色浅。三龄幼虫体长14～15 mm，体绿色微带黄色，背中线呈黄色带状，亚背线处呈不规则浅色纵带，体两侧肉刺明显。后呼吸器黄色，气门板近圆形，气门长条状（李萍等，1996）

④ 蛹 长6.6 mm，深灰色，表面粗糙，有花纹（田丰等，1980）。

（2）**分布** 北京、河北、内蒙古、辽宁、吉林、黑龙江、上海、江苏、浙江、山东、河南、四川、云南、西藏、甘肃、青海、新疆；前苏联地区、蒙古、日本、阿富汗、欧洲、北美洲、北非。

（3）**捕食对象** 大豆蚜、禾谷缢管蚜、高粱蚜、麦长管蚜、桃蚜（何富刚等，1987）。

（4）**生活史及习性** 斜斑鼓额食蚜蝇在北京地区以交配过的雌成虫在深石缝中越冬。在自然情况下，成虫以植物的花粉、花蜜补充营养，4月初成虫开始活动，直到6月中旬，6月底至9月底田间少见成虫，10月初重新出现，10月底成虫开始转移到越冬场所的附近活动。越冬成虫在25 ℃，相对湿度70%～80%，16小时光照，供给有蚜苗的条件下当天即可产卵。室内用花粉健美酥饲养，2月底采集的雌成虫，平均每雌产卵量为235.0粒。在花卉温室中，成虫选择蚜虫较多的植物或部位产卵，尤其喜在非洲菊花上产卵（熊汉忠和董慧芳，1991）。

（5）**控害作用** 据熊汉忠和董慧芳（1991）试验，在14 m²的温室中，分两次释放13头越冬成虫，能有效防治非洲菊上蚜虫，25天中使花上蚜虫下降88.4%，叶上蚜虫下降92.6%。末龄幼虫对苹果蚜的日捕食量达97头（范永贵和郑方强，1990）；平均每头幼虫一生可捕食球蚜605头，最多捕食1 510头（田丰等，1980）；幼虫期捕食菜蚜（桃蚜和萝卜蚜）为497头（杨友兰等，2002）。

2.3.12 印度细腹食蚜蝇 *Sphaerophoria indiana* Bigot

（1）**形态特征**

成虫 体长6～7 mm。

雄性 头顶三角区小，黑色，光亮；额黄色，具宽的亮黑色中条，不达触角基部；颜白黄至淡橘黄色，中突黄色，光亮。触角黄色，第3节圆形，顶端淡棕色。中胸背板黑色，具1对灰色粉被中条，背板两侧黄色纵条自肩胛直达小盾片基部；中胸侧板具明显黄斑；小盾片黄色；背板和小盾片毛黄色。腹部较短，色泽变异大，通常第1和第2背板基部黑带明显，第2背板中部具黄色横带，

↑ 图6-70 印度细腹食蚜蝇成虫
A. 雌虫；B. 雄虫

其余各节主要黄色或橘黄色。足黄色，跗节黄色至暗褐色；足毛黄色；后足腿节后腹面端部无短而密的不规则黑色小鬃。翅略染烟色。翅痣淡黄至淡褐色。

雌性　额前部淡黄色，后部亮黑色，正中纵条黑色。腹部第2~4背板前后缘黑色，中部各具2条宽的黄色横带，第5、6背板黑色各具黄斑（黄春梅等，2012；图6-70，图6-71）。

② 卵　长0.77~0.81 mm，宽0.27 mm，白色，长椭圆形，腹面略凹，背面凸，卵壳有细脊纹。

③ 幼虫　长9.2~11.0 mm，宽1.8~2.0 mm。体亮绿色，背部有2条平行的白色线条。体表有皱纹，腹末端呼吸管突出（图6-72）。

④ 蛹　长6.1~6.4 mm，宽1.9~2.2 mm，锥形，最初绿色，逐渐成为淡黄褐色，后呼吸管长上翘，透明（Kumar et al., 1987；图6-73）。

（2）**分布**　河北、辽宁、黑龙江、江苏、浙江、湖北、湖南、福建、广东、广西、四川、贵州、云南、西藏、甘肃；前苏联地区、蒙古、朝鲜、日本、印度、阿富汗。

（3）**捕食对象**　大豆蚜、棉蚜、禾谷缢管蚜、高粱蚜、麦二叉蚜、桃蚜等（兰鑫等，2011）。

（4）**生活史及习性**　印度细腹食蚜蝇在辽宁地区6月初可在小麦、绿肥、蔬菜田见到成虫，6月中下旬转移到大豆等作物田，7月初至8月中旬田间见到大量成虫、幼虫和蛹。9月初主要在蔬菜田、花卉等植物上活动。

成虫喜欢阳光，常在花间草丛飞舞和悬飞，取食花粉、花蜜，并传播花粉，尤其喜欢在小型黄色花的菊科、十字花科等植物上停留和活动。

（5）**控害作用**　印度细腹食蚜蝇在辽宁地区大豆田的数量仅次于黑带食蚜蝇，是大豆蚜的优势天敌种群之一，对大豆蚜有明显的控制作用。

↑ 图6-71　印度细腹食蚜蝇成虫交尾
　　A. 背面观；B. 侧面观

↑ 图6-72　印度细腹食蚜蝇幼虫　　　　↑ 图6-73　印度细腹食蚜蝇蛹

2.3.13　短翅细腹食蚜蝇 *Sphaerophoria scripta* (Linnaeus)

（1）形态特征

① 成虫　体长7～12 mm。

雄性　头顶三角区黑色，前部毛黑色，短，后部毛暗黄色；额黄色，被淡色长毛；颜黄白色，毛淡色，短；中突黄色，光亮。触角黄色，第3节圆形，端部淡棕色；芒棕黑色，基部较粗。中胸背板橄榄棕色，密被较长黄毛，背板两侧黄色纵条自肩胛直达小盾片基部；侧板亮黑色，黄斑明显；小盾片黄色，毛淡色或略暗。腹部极狭长，明显超过翅，长约为宽的5倍或更长，黑色，具较宽黄色横带或成对黄斑，斑纹变异大；第1背板大部黑色，仅两侧黄色；第2背板横带完整或稍中断；第3背板横带有时前、后缘正中稍凹入；第4背板具大形黄斑1对，或中间相连；第5背板正中两侧及其外侧具黄色纵斑。足色泽变异大，或全部黄色，或基节、转节及腿节棕黑色至黑色，被短黑毛；后足腿节后腹面端半部具一片浓密而不规则的黑色小鬃。翅略染烟色，翅痣灰黄色。腋瓣淡黄色。平衡棒黄色。

雌性　头顶橄榄棕色，毛黄白色；额后部亮黑色，前部淡黄色，正中黑色纵条宽，直达触角基部。中胸背板密覆灰黄色粉被，前半部正中具2条淡色纵条。腹部较雄性宽，卵形或较长，背板黑色，具黄色横带；第2背板为1对狭或较宽的黄斑；第3、4背板横带变化很大，或极狭而正中中断，或较宽而完整，仅正中前、后缘凹入（黄春梅等，2012）。

②幼虫　短翅细腹食蚜蝇老熟幼虫体长7～10 mm，黄绿色，体壁薄略透明，全体密布细小半球形小颗粒，从外表隐约可见全身的呼吸器官，前呼吸器突起呈圆柱形，淡黄褐色，上缘有4个气门。后呼吸器突起呈圆柱形桃红色，其上有半球形颗粒，气门3对。气门板近圆形，气门两头尖中间粗呈似梭形（李萍等，1996）。

（2）**分布**　黑龙江、吉林、辽宁、江苏、福建、湖南、四川、贵州、云南、甘肃、新疆；印度、尼泊尔、前苏联地区、蒙古、叙利亚、阿富汗、欧洲、北美洲。

（3）**捕食对象**　棉蚜、大豆蚜、豆蚜、禾谷缢管蚜、高粱蚜、麦二叉蚜、桃蚜（何富刚等，1987）。

（4）**生活史及习性**　短翅细腹食蚜蝇在辽宁地区5月下旬田间发生始期，7月上旬盛期，主要捕食麦蚜、大豆蚜、棉蚜和桃蚜等（王文才和刘书茂，1982）。在兰州地区3月底可见越冬代成虫，5月中下旬在麦田达到高峰期，5月下旬为幼虫高峰期，6月中下旬为第一代成虫高峰期。越冬代成虫平均产卵期1～7天，平均产卵量为46粒。在室温21 ℃条件下，平均卵期4.4天，幼虫期8.5天，蛹期7天，22 ℃成虫寿命雌性9天，雄性7.6天（金祖荫，1986）。

成虫飞行敏捷，常见于花草丛、灌木丛、林间、水面上空及麦、油、果蔬等栽培植物上，夜间及雨天常停息于小麦等植物下部叶片上。

（5）**控害作用**　短翅细腹食蚜蝇幼虫期捕食麦蚜100～155头（金祖荫等，1986）。

2.4　食蚜瘿蚊类

食蚜瘿蚊 *Aphidoletes aphidimyza* (Rondani)

隶属双翅目Diptera，瘿蚊科Cecidomyiidae。

（1）**形态特征**

①成虫　体微小，深褐色，密被灰褐色毛，形如蚊子。体长2.1～2.5 mm，雌大于雄。头部小，褐色，复眼黑色，无单眼。口器淡黄色，触角14节，念珠状。雌雄触角差异很大，雌虫触角短于体长，各鞭节基部膨大，形似瓶状，无环状毛，不卷曲；雄虫触角显著长于体长，向后卷起成环状，各鞭节有两个膨大部分，球形，基部膨大体略小，着生一圈刚毛，并有环状毛，有2根长刚毛；端部膨大体成长椭圆形，上着生刚毛和环状毛，两侧各有1根长刚毛。腹部末

端两侧着生一对抱握器。

②　卵　长椭圆形，长0.3 mm，宽0.1 mm，鲜橘红色或橘黄色，有光泽。

③　幼虫　体橙黄色至淡红色，体色与取食的蚜虫种类有关。无足，前端稍尖，后端较钝，蛆形。老熟幼虫体长2.5～3 mm，宽0.6～0.8 mm，可见体内白色云状脂肪体，外观似白斑。体13节。上颚发达（图6-74）。

④　蛹　初期淡黄色，复眼和翅芽明显，后期渐变黄褐色。长1.9～2.2 mm，宽0.5～0.6 mm。茧灰褐色，扁圆形，直径约2 mm，高1.5 mm，

↑ 图6-74　食蚜瘿蚊幼虫

茧皮较薄，易破（程洪坤等，1988；杨海峰和王惠珍，1987）。

（2）**分布**　黑龙江、吉林、辽宁、北京、河北、河南、陕西、江苏、上海、福建、广东、宁夏、甘肃、新疆；美国、加拿大、英格兰、埃及、土耳其、丹麦、挪威、芬兰、荷兰、波兰、意大利、以色列、苏丹、澳大利亚、日本、前苏联地区。

（3）**捕食对象**　大豆蚜、高粱蚜、玉米蚜、棉蚜、桃蚜、桃粉大尾蚜、萝卜蚜、甘蓝蚜、蚕豆蚜、苹果蚜、粟缢管蚜等60多种蚜虫（何富刚等，1987；程洪坤等，1991）。

（4）**生活史及习性**　据叶长青（1990）报道，在大多数温带地区，食蚜瘿蚊一年发生三至五代。秋季最后一代以前蛹期的幼虫在茧中滞育，翌年春天化蛹。食蚜瘿蚊在辽宁地区大豆田6月中旬出现幼虫，随着大豆蚜种群数量上升，其数量迅速增加，7月中旬至8月上旬为发生盛期，8月中旬后，随着植株老化、蚜虫数量下降，其幼虫迅速减少，9月中旬后以老熟幼虫在寄主植物周围的土表层结茧越冬。另据报道，食蚜瘿蚊在北京地区一年发生七至八代，以老熟幼虫在寄主植物下的土层内越冬，翌年4月上中旬化蛹，4月下旬至5月初羽化为成虫。在温室和增加光照条件下，全年可饲养12～14代（程洪坤等，1991）。

魏淑贤等（1991）报道，食蚜瘿蚊对温度要求比较严格，一般随温度的变化，其发育历期有明显差异。在温室平均温度15 ℃时，卵期4～5天，幼虫期7～8天，蛹期30～32天，完成一个世代需41～45天；在22 ℃时，卵期3～4天，幼虫期6～7天，蛹期10～14天，完成一个世代需19～25天；25 ℃时，卵期2～3天，幼虫期4～6天，蛹期7～9天，完成一个世代需13～18天。

宫亚军等（2005）在15、19、23、27、31 ℃，相对湿度60%～80%条件下

试验表明，在15～27 ℃范围内，食蚜瘿蚊各虫态的发育历期随温度的升高而缩短，从卵发育到成虫的发育历期，27 ℃时最短，为13.56天，在15 ℃时最长，为38.29天。卵、幼虫、蛹及卵-蛹的发育起点7.08、10.39、8.69和8.86 ℃；有效积温分别为51.01、57.57、133.42和242.43日度。在31 ℃时虫体干瘪，速度缓慢，发育受到抑制。张洁等（2008）在恒温19、22、25、28和31 ℃条件下测定，食蚜瘿蚊的平均世代历期分别为27.0、21.8、17.6、14.9和15.2天。

成虫羽化后，白天很少活动，傍晚为活动盛期。成虫羽化后当夜交尾，次日傍晚产卵，卵多数散产，也有几粒、几十粒产在一起的。1头雌蚊一生平均产卵46.4粒，最高可产90粒。成虫寻找寄主的能力较强，没有蚜虫的叶片基本不产卵。卵一般产在蚜虫附近，蚜虫多的叶片，落卵量也多。卵孵化后，幼虫喜背光爬行，搜索蚜虫，喜在蚜虫腹面用上颚刺破蚜虫体壁，然后分泌一种毒素注入蚜虫体内，几分钟后，蚜虫即可麻痹，取食蚜虫体液，被取食过的蚜虫成干瘪的空壳。老熟幼虫通常从植物上"弹跳"下来，然后钻到土中0.5～3.0 cm深处结茧，2～4天后开始化蛹。幼虫也可在叶片上化蛹（程洪坤等，1988）。

（5）控害作用　据报道，食蚜瘿蚊对蚜虫具有良好的自然控制作用，对果园中的苹果蚜，蔬菜上的甘蓝蚜，禾谷类作物上的蚜虫都有很好的自然控制效果。据文献记载，幼虫的取食量取决于蚜虫的种类、大小和密度。每头幼虫一生可取食40～60头甘蓝蚜，28头苹果蚜，25头蚕豆蚜，28头小桃蚜或13头豌豆蚜（叶长青，1990）。幼虫在23 ℃条件下，对玉米蚜的捕食量平均为29头，主要取食阶段为二龄末三龄初，三龄末老熟幼虫几乎不取食（林清彩等，2017）。

释放食蚜瘿蚊对辣椒上的桃蚜具有良好的控制作用。在大棚辣椒蚜发生初期释放食蚜瘿蚊，10天后蚜虫下降86.9%，40天后棚内很少见到蚜虫（魏淑贤等，1991）。在温室内以1∶20～1∶30的益害比释放即将羽化的食蚜瘿蚊蛹或成虫，防治黄瓜上的瓜蚜、甘蓝上的甘蓝蚜、萝卜上的桃蚜和菜缢管蚜、蚕豆上的豌豆修尾蚜等都有显著的控制作用。在温室内以1∶20益害比防治白菜上萝卜蚜时，6天蚜虫减退34.7%，12天减退87.9%。在塑料大棚防治甘蓝蚜、棉蚜时，6天蚜虫减退48.7%～69.5%，9天减退66.5%～86.9%。用1∶30的益害比防治豌豆修尾蚜，6天蚜虫减退61.4%，9天减退89.9%。可以看出，食蚜瘿蚊在温室和大棚中防治蔬菜蚜虫是十分有效的（程洪坤等，1991；图6-75）。

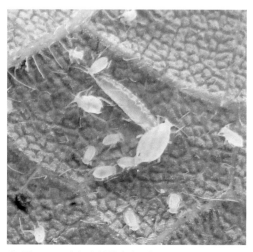

⤊ 图6-75　食蚜瘿蚊捕食大豆蚜

2.5　食蚜蝽类

2.5.1　微小花蝽 *Orius minutus* Linnaeus

隶属半翅目Hemiptera，花蝽科Anthocoridae。

（1）形态特征

① 雌虫　体长2.2～2.5 mm。全身被微毛，背面满布刻点。全体淡褐色至暗褐色。头部、复眼、前胸背板、小盾片、喙（端节除外）各足基节及腿节（端部除外）均黑色。头短而宽，中侧片等长，中片较宽；触角4节，第1、2节短，第2节棒形，第4节略似纺锤形而扁平；两单眼的距离远于各自与复眼的距离。前胸背板中部有凹陷，后缘中间向前弯曲，小盾片中间有横陷。喙短不达中胸，第1节长为头的1/4。前翅膜片无色半透明，有时有烟色云雾斑。前翅缘片前边向上翘起，爪片缝下陷，膜

⤉ 图6-76　微小花蝽成虫

片有纵脉3条，中间的一条不明显，容易被忽视。后胸有臭腺孔（中国科学院动物研究所等，1978；图6-76）。

② 卵　卵茄子形，产于嫩茎或叶柄内，卵盖外露。

③ 若虫　若虫一般五龄，少数四龄。初孵若虫淡黄白色，透明，取食后逐渐加深为黄色、红黄色、橘黄色、黄褐至褐色。腹部第3～5节背面各有一个橘红色斑块，纵向排成一列。第一色斑为横长方形，较大；第二、三色斑多为半圆形，略小；第6～9腹节上无色斑。一至三龄若虫腹部背面色斑明显，四、五龄若虫则不明显。一般三龄后翅芽明显，四龄翅芽达第4腹节，五龄则超过第4腹节（邱益三和范黎，1980；图6-77）。

⤉ 图6-77　微小花蝽若虫
　A. 低龄若虫；B. 高龄若虫

（2）**分布** 吉林、辽宁、北京、河南、河北、江苏、湖北、上海等地。

（3）**捕食对象** 大豆蚜、绣线菊蚜、麦长管蚜、桃蚜、苹果瘤头蚜、山楂红蜘蛛、苹果红蜘蛛、棉蓟马、棉叶蝉。

（4）**生活史及习性** 微小花蝽在大豆、玉米、高粱、棉花、多种蔬菜、绿肥、果树、林木以及其他一些蜜源植物和杂草上均有分布，捕食蚜虫、叶螨、蓟马等害虫。以成虫在越冬作物上、枯枝落叶下、粗树皮下、杂草堆里等隐蔽处群集越冬，其中以树皮缝隙的越冬数量最多。辽宁地区成虫4月上旬出蛰，在越冬场所附近的植物上活动取食。一般在大豆出苗后，5月下旬大豆蚜陆续迁入田间，小花蝽跟随迁入大豆田，捕食大豆蚜及小型鳞翅目昆虫的卵。6～8月大豆生长期间，田间均可见到小花蝽，其数量随着大豆蚜的种群数量波动，一直到9月份，大豆蚜消退后，小花蝽寻找适合场所越冬。

小花蝽在河南、江苏、湖北等地区一年发生七至八代。成虫于2月底3月初开始活动，迁往杂草、蔬菜及夏熟作物上，3月中下旬开始产卵，繁殖两代后，于5月下旬转移到棉花、豆类、玉米等作物田，产卵繁殖控制害虫，9月上旬开始逐渐下降，迁往秋作物丝瓜、黄瓜和扁豆等蔬菜上活动取食，随气温下降，于11月上旬成虫寻觅隐蔽处越冬（邱益三和范黎，1980；崔素贞，1994；湖北省农科院植保所，1980）。

室内恒温测定结果表明，在15、20、25、30和35 ℃条件下，小花蝽完成一个世代分别需要52.45、40.84、19.52、15.84和14.85天。25 ℃下，卵期4.24天，若虫期12.68天，成虫产卵前期2.22天。小花蝽的卵和一至三龄若虫的发育起点温度分别为10.11、7.97、5.99和8.66 ℃，有效积温分别为77.18、50.51、57.28和40.43日度。世代发育起点温度为8.89 ℃，有效积温为359.20日度（丁尧等，2016）。

成虫平均寿命在15～35 ℃范围内随温度升高而缩短，15 ℃时成虫平均寿命最长，雌、雄成虫分别为30.86天和29.34天，30～35 ℃时雌、雄成虫平均寿命均显著短于25 ℃时，分别为7.36～2.82天和6.40～2.54天。单雌平均产卵量在25 ℃时最高，达到41粒，是15、20和30 ℃的2倍左右，35 ℃时最低，仅为0.8粒，几乎不产卵（丁尧等，2016）。

小花蝽成虫活动能力较强，常活动于植物叶背面、芽缝隙、蕾花苞叶、茎、枝条上，搜索取食蚜虫、叶螨及虫卵等，也能捕食初孵幼虫。成虫喜食花蜜，常在花内活动。成虫多在上午羽化，羽化1天后可交尾，交尾后一般2～5天开始产卵。在棉田卵散产在棉花嫩叶片背面主脉基部，以及叶柄组织内，也有极少数产在幼嫩青铃顶尖上。初产卵乳白色，中期灰白色，后期黄褐色，一般一片叶落卵2～5粒，最多可达10余粒。室内饲养小花蝽每头雌虫平均产卵

16～64粒，最多的一头可达136粒。该虫捕食范围广，有趋光性（湖北省农科院植保所，1980）。

（5）**控害作用** 小花蝽在田间发生早、数量多、捕食量大、跟随蚜虫紧密、持续时间长等特点，对大豆蚜、棉蚜、蓟马、粉虱、叶螨等小型农林害虫具有明显的控制作用，是一类有重要价值的天敌昆虫。

据孙赫（2010）在室内不同大豆蚜密度条件下，测定小花蝽成虫和若虫对大豆蚜捕食量结果表明，24小时平均最大捕食量分别为21.3头和18.5头。邱益三和范黎（1980）室内观察，在日平均气温27.3 ℃时，小花蝽一生可捕食红蜘蛛80～1000头（粒），其中成虫期可捕食440～520头（粒），占总食量的58%，若虫期可捕食360～480头（粒），占42%。苗春生和孙玉英（1987）在室内日平均温度22.2～26.2 ℃，日平均相对湿度70.4%～96.7%条件下饲养，单头小花蝽对高粱蓟马、棉蚜、谷蚜和高粱蚜的日平均捕食量分别为16.50、9.73、8.3和3.75头（图6-78）。

⬆ 图6-78 微小花蝽成虫捕食大豆蚜

2.5.2 黑食蚜盲蝽 *Deraeocoris punctulatus* Fall

隶属半翅目Hemiptera，盲蝽科Miridae。

（1）**形态特征**

① 成虫 体长4.8 mm左右。全体黑褐色。触角比身体短，第2节长，第3、4节则显著短而细。前胸背板有橘皮状黑色小刻点，除中线及周缘黄褐色外，余为黑色，有光泽；前胸背板胝黑色显著，环状颈片淡黄色。小盾片三个顶角色浅，中央黑色，呈倒"V"形。前翅上有刻点；爪片端部、革片中央和端部外缘与楔片交界处以及楔片顶角各有一黑色大斑点，是其显著特征。膜片透明。足赭褐色，股节与胫节上有色较浓的斑纹，整个腹部全为黑色（中国科学院动物研究所等，1978；图6-79）。

⬆ 图6-79 黑食蚜盲蝽成虫

② 卵　茄子形，长约1 mm。卵盖椭圆形，赭褐色，上有较小指状突起。

③ 若虫　共有5个龄期。初孵若虫暗红色，触角红、白相间。五龄若虫大致为赭褐色，全身被有长毛。触角第2节中央、第3节基部色淡，其余呈赭红色；前胸背板、小盾片和翅芽有云状斑，腹部红色（陆承志，1999）。

（2）分布　黑龙江、吉林、辽宁、新疆、黄河流域和长江流域；广泛分布于亚洲、非洲和欧洲。

（3）捕食对象　大豆蚜、麦长管蚜、棉蚜等。

（4）生活史及习性　黑食蚜盲蝽在新疆阿拉尔垦区一年发生三至四代，以成虫在残枝落叶下、草堆或土块下越冬。翌年春季成虫出蛰开始活动，在各种有蚜虫的植物上捕食。成虫产卵于植物叶柄及嫩茎上，卵盖稍露出植物组织表面。黑食蚜盲蝽在辽宁西部普遍分布，6月份大量出现，捕食大豆蚜和棉蚜。秋季蔬菜蚜虫数量增多，其随之增多。成虫飞行能力较强，常在不同类型作物田间迁移。不耐高温，夏季中午常在植株之间活动。对化学药剂较敏感，一般施药后田间种群数量锐减。

（5）控害作用　黑食蚜盲蝽是蚜虫重要的捕食性天敌，具有田间出现早，数量多，发生时间长，对蚜虫的种群数量有一定控制作用。据陆承志（1999）室内捕食研究报道，该虫对棉蚜的日捕食量为14～42头。

2.6　其他食蚜昆虫

松辽一角虫*Notoxus raddei* Pic

隶属鞘翅目Coleoptera，蚁形甲科Anthicidae。

（1）形态特征

① 成虫　雌虫平均体长5.1 mm，雄虫平均体长4.6 mm。全体黄褐色，略具光泽。触角丝状，11节。前胸蒜头形，宽度狭于鞘翅基部。背面向前伸出一角状长突起，覆于头部之上。角状突基半部背面有两条平行的纵脊，端部两侧各有3个钝圆的小齿。鞘翅完全覆盖腹部，其上密布细小刻点和淡色毛；自翅基向后，沿中缝，每边有一条黑褐色宽纵纹，长达鞘翅的2/3，在纵纹的末端外侧，每翅各有一个形状不规则的黑褐色大斑。腹部腹面可见5节，雌虫腹末稍尖，雄虫腹末钝圆。足细长，跗节5节（李志祥等，1988；图6-80）。

② 卵　卵呈长卵形，长约0.5 mm，宽0.28 mm，乳白色，具光泽。

③ 幼虫　老熟幼虫体长7.9～10 mm，乳白色。头部淡黄，尾叉褐色。体背各节有刚毛两排，其中前胸近背中线的纵列刚毛第1列较短，第2列较长，其余各节的刚毛前排的较短，后排的一短一长。尾叉一对，上翘，基部粗，端部

⬆ 图6-80　松辽一角虫成虫
　A. 背面；B. 侧面

细尖而弓弯。

④ 蛹　蛹长4.3～5.2 mm。初期乳白色，近羽化时附肢浅褐色。头部向下弯向前腹面。前胸背板及角状突前伸，其背板着生7对刚毛，角状突边缘有2对刚毛。鞘翅不完全覆盖后翅，伸达第3腹节。腹末节端部有两个肉突，顶端各着生一根刚毛。

⑤ 茧　土质茧，长椭圆形，两端稍尖，长7～9 mm，宽3 mm左右。茧的表面光滑，颜色比周围土壤略深。

（2）**分布**　辽宁、吉林、河北等地。

（3）**捕食对象**　大豆蚜、高粱蚜、麦蚜、棉蚜、禾谷缢管蚜、大麻疣蚜、桃粉蚜及蔬菜上的多种蚜虫。

（4）**生活史及习性**　松辽一角虫在辽宁省一年发生一代，以接近老熟的幼虫在土中越冬。翌年4月中旬幼虫上升到距土表20 cm左右的耕作层内活动、取食。5月初做土茧化蛹，5月中旬达盛期。做茧至羽化平均历期20.5天，其中预蛹期5～7天，5月末陆续羽化。6月中旬田间大量出现成虫，成虫寿命长达80天左右。7月上、中旬为交尾、产卵始盛期。初孵幼虫在土中取食、活动，10月下旬潜至45 cm以下土中越冬。

成虫喜欢在湿度较大的环境中生活，选择性迁移较明显。白日隐伏或活动于麦穗上、高粱、玉米、谷子心叶内、大豆叶背、棉花苞叶里，受惊动迅速爬走或飞去；晚间或阴天活动于作物上，搜索捕食蚜虫。雌虫产卵期为10天左右，卵产于湿润的表土层，平均每卵块54.3粒卵，雌虫产卵最多237粒，最少42粒，平均108.6粒。幼虫生活于土中，取食腐烂的植物秸秆、棉桃及腐殖质。幼虫在土茧里化蛹。

（5）**控害作用**　松辽一角虫可捕食麦蚜、高粱蚜、玉米蚜、菜蚜、大豆蚜、桃粉蚜等多种蚜虫。每头成虫平均日捕食量为22.3头。成虫除捕食蚜虫外，在食料缺乏时，喂食落地花粉、植物干叶能存活。松辽一角虫6-8月田间数量较多，对蚜虫具有一定的辅助控制作用。

2.7　寄生蜂类

2.7.1　豆柄瘤蚜茧蜂*Lysiphlebus fabarum* Marshall

隶属膜翅目Hymenoptera、蚜茧蜂科Aphidiidae。

（1）形态特征

雌虫　体长1.3～1.8 mm。触角线形，12～13节，向末端略粗，第1鞭节略长于第2鞭节。单眼呈正三角形排列，正面观复眼小，卵圆形，无毛，向唇基收。中胸盾片呈拱形落向前胸背板，侧面观不覆盖前胸背板；盾纵沟浅，只在中胸盾片肩角可见，在背面缺，沿其痕迹具稀疏中等长度毛。并胸腹节光滑无脊。前翅翅痣三角形，长为宽的3.5倍；痣后脉长约等于翅痣长；翅外缘及后缘毛与翅面上毛等长，有时后缘有少数独立长刚毛。腹部矛形，产卵鞘延长，末端盾圆形。

雄虫　体长1.2～1.7 mm。触角线形，14～15节。生殖器末端较雌虫钝。其余特征与雌虫相似（席玉强，2010；图6-81）。

（2）分布　辽宁、吉林等地。

（3）寄生对象　大豆蚜。

（4）生活史及习性　田间观察表明，豆柄瘤蚜茧蜂一般在5月下旬开始出现，6月中旬伴随田间大豆蚜数量的增长，其数量开始增加，6月底至7月初数量达到第一次高峰，种群数量较大，第二次高峰出现在8月上中旬，种群数量有所下降，一直持续到9月上旬，田间可见到零星僵蚜。

在恒温19、22、25、28和31 ℃条件下，豆柄瘤蚜茧蜂平均世代发育历期分别为13.15、11.75、8.85、4.52和3.95天。卵-成虫的发育起点温度为15.23 ℃，有效积温为149.80日度。在不同恒温和有食料条件下测定豆柄瘤蚜茧蜂成蜂的寿命，其寿命随着温度的升高逐渐缩短。在五个恒温和饲喂10%蜂蜜水下，其成蜂的平均寿命分别为11.98、9.88、6.38、3.68和2.96天。

◆ 图6-81　豆柄瘤蚜茧蜂成虫

↑ 图6-82　豆柄瘤蚜茧蜂寄生蚜虫
　　A. 准备寄生；B. 正在寄生

↑ 图6-83　豆柄瘤蚜茧蜂僵蚜

　　豆柄瘤蚜茧蜂大多在8～10时和16～18时羽化，羽化过程持续1.5～3小时，羽化当天即可交尾，产卵和寄生。成虫以露水和蚜虫蜜露为食。成虫飞到有大豆蚜植株上就开始寻找寄主，发现大豆蚜后，用触角敲打大豆蚜的身体，试探性地刺蜇蚜体2～3次，如果寄主合适（二至三龄大豆蚜），则身体呈"C"形，将卵产入蚜虫腹内，完成寄生过程。豆柄瘤蚜茧蜂有很强的向上和趋光性，在养虫笼内大多集中在顶部或朝向光源的一面，白天（光照）喜欢群集活动，一般8～10时和16～18时活动较盛（席玉强，2010）。

　　（5）**控害作用**　豆柄瘤蚜茧蜂是大豆蚜的优势天敌之一，在恒温19、22、25、28和31 ℃条件下，其平均单雌寄生产生的僵蚜数分别为40.34、110.00、84.17、80.00和29.33个（图6-82～图6-84）。

　　值得指出的是豆柄瘤蚜茧蜂主要有两种重寄生蜂，即蚜虫跳小蜂*Syrphophagus aphidivorus* Mayr和松毛虫卵宽缘金小蜂

↑ 图6-84　豆柄瘤蚜茧蜂成虫羽化

Pachyneuron solitarium Harting，6月份大豆田除了豆柄瘤蚜茧蜂外，几乎很少见到其他寄生蜂。7月初豆柄瘤蚜茧蜂达到高峰，田间开始出现蚜虫跳小蜂，并在7月中旬出现高峰，到下旬有所下降，持续到8月底。松毛虫卵宽缘金小蜂，其数量比蚜虫跳小蜂要略少一些，出现的时间较晚，7月上旬零星出现，到中旬逐渐上升，持续到8月下旬（席玉强，2010）。

2.7.2　广双瘤蚜茧蜂 *Binodoxys communis* Gahan

隶属膜翅目Hymenoptera，蚜茧蜂科Aphidiidae。

（1）**形态特征**

雌虫　体长0.8～1.4 mm。触角线形，11节，第1鞭节与第2鞭节等长。单眼呈三角形排列，正面观复眼中等大小，卵圆形，向唇基收敛。唇基半圆形，微突出。中胸盾片垂直落于前胸背板，侧面观不覆盖前胸背板；盾纵沟仅在肩角明显，在背面缺。并胸腹节小室明显，但小室脊常不完整。前翅翅痣三角形，长为宽的2.7倍；痣后脉长约等于1/2翅痣长；径脉长与翅痣长相等。腹部矛形，产卵器较细长，向下弯曲；腹刺突平直，末端微上弯，背面着生4～5根毛，末端着生2根短毛。

雄虫　体长0.8～1.2 mm。触角13节。生殖器末端较平钝。其余特征与雌虫相似（席玉强，2010；图6-85）。

（2）**分布**　辽宁。

（3）**寄生对象**　大豆蚜。

（4）**生活史及习性**　广双瘤蚜茧蜂在辽宁地区大豆田发生略晚，一般在6月底出现，7月上旬后种群数量逐渐上升，8月上中旬达到高峰，之后开始下降，一直持续到8月底，总体上种群数量不多，远低于豆柄瘤蚜茧蜂（席玉强，2010）。

↑ 图6-85　广双瘤蚜茧蜂（席玉强提供）

　A. 成虫；B. 僵蚜

（5）**控害作用**　辽宁地区大豆蚜主要有豆柄瘤蚜茧蜂、广双瘤蚜茧蜂和蚜小蜂等寄生蜂。从这三种寄生蜂发生的时间和数量来看，豆柄瘤蚜茧蜂田间出现早，数量大，是主要寄生蜂，对大豆蚜具有明显的控制作用；广双瘤蚜茧蜂数量次之，起辅助的作用（席玉强，2010）。

2.7.3　蚜小蜂 *Aphelinus* sp.

隶属膜翅目Hymenoptera，蚜小蜂科Aphelinidae。

（1）**形态特征**

成虫体长约1.0 mm。头黑色，体黄褐色。触角膝状，6节，浅黄色。胸部背板黑色。翅透明。足淡黄白色。（图6-86，图6-87）

（2）**分布**　辽宁。

（3）**寄生对象**　大豆蚜。

（4）**生活史及习性**　蚜小蜂是大豆蚜寄生蜂之一，主要寄生个体较小的大豆蚜，种群数量较少。一般在大豆田7月上旬零星出现，7月下旬达到盛期，8月上旬逐渐下降，持续到8月末。

（5）**控害作用**　辽宁地区大豆蚜寄生蜂类天敌中，蚜小蜂数量较少，其控蚜作用相对较小（席玉强，2010）。

◆ 图6-86　蚜小蜂成虫

↑ 图6-87　蚜小蜂僵蚜
A. 正常蚜与被蚜小蜂寄生的僵蚜（黑色）；B、C. 僵蚜

3 主要天敌蜘蛛记述

3.1 蜘蛛研究概述

蜘蛛隶属于节肢动物门Arthropoda，蛛形纲Arachnida，蜘蛛目Araneae，据最新统计，全世界已知112科，4056属，46778种（World Spider Catalog，2017）。其中，中国蛛形纲蜘蛛目共计69科，736属，4286种（李枢强和林玉成，2015）。蜘蛛食性广，食量大，对害虫控制作用明显，在维持生态平衡中发挥着重要的作用。

蜘蛛是陆地生态系统中最丰富的捕食性天敌，在维持农林生态系统稳定中的作用不容忽视（Wise，1993）。作为捕食天敌和相对稳定的种群组成，蜘蛛在生态系统中具有重要作用（Pinkus-Rendón et al.，2006）。由于蜘蛛对包括生境结构（Zheng et al.，2015），生境类型（Rushton et al.，1986），风、湿度和温度（Wise，1993）等环境因子变化高度敏感，可以作为监测生境和生物多样性变化的指示类群，其物种组成和数量变化已成为环境监测的重要指标，能够很好地反映环境变化过程及其对生物多样性的影响（Huhta，2002），对生物多样性保护政策的制定和措施的实施具有一定的指导意义。因此，蜘蛛也被广泛地用作环境对生物多样性影响的指示生物（Zheng et al.，2015）。

多年来，我国蜘蛛生态学研究包括生态因子、蜘蛛种群、蜘蛛群落及其多样性、蜘蛛的捕食以及运用血清学方法、蜘蛛的生物学特性及生活史等几个方面（尹长民，1999）。对于蜘蛛多样性研究比较多的集中在农田生态系统（如宋大祥，1987；张永强，1989；晏建章和李代芹，1990；石根生和张孝羲，1991；丛建国，1992；李代芹和赵敬钊，1993；赵敬钊，1993；Li，1998；李绍石等，1999；周尚泉等，1999；郑许松等，1999；刘晖等，1999；王智等，2001a，b；卢学理等，2002；王智，2002；郑许松等，2002；刘雨芳等，2003；文菊华和颜亨梅，2004；张保石等，2004；王洪全，2006；张志罡等，2007；郑国等，2010；何昌彤等，2015），比较有代表性的是赵敬钊（1993）的《中国棉田蜘蛛》，报道了中国棉田蜘蛛21科、88属、204种，为棉虫天敌最多的一个类群，并从形态特征、生物学、生态学、捕食功能、对农药的抗性、群落结构特点、各棉区的优势种及季节消长规律等进行了描述或分析，对保护和利用棉田蜘蛛提出了建议；另外，王洪全（2006）对中国稻区蜘蛛的群落结构、群落结构与生态因子的关系、周边生态因子对稻田蜘蛛群落的影响、稻田蜘蛛群落的重建、控虫作用、丰富度、生态位和空间分布等方面，进行了系统报道，对稻田蜘蛛的保护和利用具有重要的指导意义。近年来，对自然生态系统中蜘蛛多样性的研究也逐渐为人们所重视（颜亨梅和尹长民，1994；Zheng et al.，2015，2017，2018）；在蜘蛛遗传多样性方面也有报道（童丽娟等，2002；罗育发和颜亨梅，2004）；另外，郑国等（2011）分析了辽宁东部地区飞航蜘蛛的组成和特征。

3.2 形态特征

蜘蛛身体分成头胸部和腹部两部分，以腹柄相连接，腹部无分节（图6-88），体长0.5～60 mm不等。头胸部前端眼睛数量不等，大部分为8个单眼，排成2～4行。腹部多为卵圆形和圆形，有的形状奇特，具有突起。腹面有纺器，大多数种类有6个，部分种类有4个或8个。结网是蜘蛛的独特行为，也有的蜘蛛不结网，不造巢，如大多数的狼蛛，四处游猎，居无定所。蜘蛛的寿命一般都较长，小型蜘蛛的生命期约为一年，中型蜘蛛寿命可达两年左右。蜘蛛雄性个体明显小于雌性个体，而且有的雌蛛雄蛛颜色不同，这种两性异型的现象在动物界并不少见（尹长民，1999）。

3.2.1 头胸部

头胸部外骨骼明显角质化。背甲是其背面，胸甲或胸板是其腹面。共有6对附肢，分别着生在背甲和胸甲两者之间的侧板上。其中第 I、II 对是头部附肢，依次是螯肢与触肢；剩余的4对是胸部附肢，称之为步足（图6-88）。背甲一般呈褐色或黄色。头胸部之间以颈沟相间，颈沟前方称之为头区包括眼和口器；后方称之为胸区，包括中窝和放射沟。胸板（图6-89）呈盾牌形，覆毛。

口着生在两触肢基部间，位于胸甲前端。口器包括螯肢、位于触肢基节的颚叶、上唇（包括上咽舌）和下唇。螯肢包括螯基和螯爪（图6-90）。螯爪粗壮，腹面着生许多细齿，毒腺的开孔位于背面近端部。螯基上有牙沟，牙沟两侧具有齿，称之为齿堤。以其着生的位置分为前齿堤和后齿堤。齿堤齿的数目存在属级水平的差异，常作为重要的分类特征。

眼（图6-91）着生在头区，共8个，按照4-4排成2列，分别称之为前眼列与后眼列。前眼列根据眼睛在头区的着生位置分别称之为前中眼、前侧眼。后眼列稍稍呈后曲或端直，根据眼睛在头区的着生位置分别称之为后中眼、后侧眼。一般前中眼直径最小，两前中眼之间的距离称之为前中眼间距，前中眼与前中侧眼间的距离称之为前中侧眼间距；两后中眼间的距离称之为后中眼间距；后中眼与后中侧眼间的距离称之为后中侧眼间距。前侧眼和后侧眼两眼基相接。8个眼所占的头区部分称之为眼域，一般呈梯形。额指的是背甲前缘与前眼列两者之间的狭窄部分。

　　触肢包括6节，依次是基节、转节、腿节、膝节、胫节和跗节（图6-89）。基节向内扩展形成颚叶，端部宽、常具毛丛。成熟雄蛛触肢的跗节特化成触肢器，具有交媾功能，是蜘蛛重要的分类特征之一。

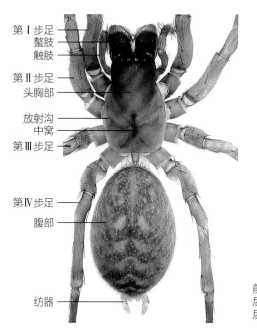

第Ⅰ步足
螯肢
触肢
第Ⅱ步足
头胸部
放射沟
中窝
第Ⅲ步足
第Ⅳ步足
腹部
纺器

⬆ 图6-88　蜘蛛的外部形态结构外形背面观（以拟隙蛛为例，张小庆摄）

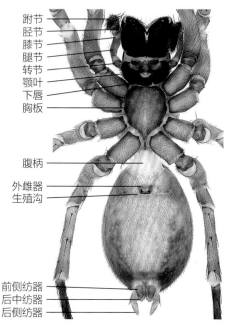

跗节
胫节
膝节
腿节
转节
颚叶
下唇
胸板
腹柄
外雌器
生殖沟
前侧纺器
后中纺器
后侧纺器

⬆ 图6-89　蜘蛛的外部形态结构外形腹面观（以拟隙蛛为例，张小庆摄）

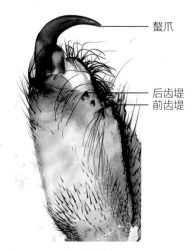

螯爪
后齿堤
前齿堤

⬆ 图6-90　蜘蛛的螯肢（以拟隙蛛为例，张小庆摄）

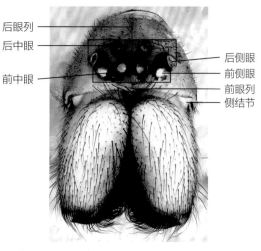

后眼列
后中眼
前中眼
后侧眼
前侧眼
前眼列
侧结节

⬆ 图6-91　蜘蛛的眼（以拟隙蛛为例，张小庆摄）

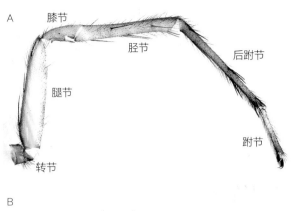

🔵 图6-92　蜘蛛的第Ⅲ步足（A）及跗节（B）（以拟隙蛛为例，张小庆摄）

步足（图6-92）共4对，分别是第Ⅰ步足、第Ⅱ步足、第Ⅲ步足和第Ⅳ步足。步足包括7节，依次是基节、转节、腿节、膝节、胫节、后跗节和跗节，跗节末端具跗爪。跗爪由上爪和下爪组成，上爪成对，每爪具梳状齿10～12个，下爪具小齿2～3个。步足上常具有毛、听毛、刺等（图6-92）。

3.2.2　腹部

腹部通常呈卵形，较柔软，不分节，通常呈黑色、浅褐色或黄色。书肺1对，着生在腹部腹面前端两侧，后方有生殖沟，雌性在生殖沟前方具有生殖厣，其内壁有纳精囊、交媾管、交媾腔开口等，生殖厣内部的结构通称为阴门，都是非常重要的分类学特征。生殖厣和阴门共同构成了外生殖器，简称为外雌器。腹部背面着生多对颜色较深的山形纹，在背部中央形成浅色的人字形斑。腹部末端着生3对纺器，依次是前侧纺器、后中纺器和后侧纺器。前中纺器完全退化；后中纺器较小，隐藏于前侧纺器和后侧纺器之间。肛突着生于纺器的正后方（图6-89）。

3.2.3　外生殖器

外生殖器是构成蜘蛛生殖系统的重要结构，具有交媾功能。蜘蛛的生殖器官同样支持"锁与匙"学说，即不同的触肢器都有与之相对应的外雌器。所以，外生殖器的结构是分类学研究中重要的依据。

（1）**触肢器**　触肢器（图6-93）是雄性蜘蛛的交媾器官，具有形成精子、贮精和射精的功能。一般由6节构成，依次是；基节、转节、腿节、膝节、胫节、跗节组成。其中跗节特化，共包括三部分：跗舟、腔窝和生殖球，跗舟的后侧面具有明显的跗舟沟。以雄性拟隙蛛为例，其生殖球的结构分为内部和外部两部分，外部形态又可分为三部分，即三套骨片：基部及亚盾片、中部及盾片以及顶部及插入器和引导器。生殖球的内部结构同样可分为三部分：生殖球基部的盲囊或盲管，称之为容精球或基底、居中的一段管子直径较容精球小，内壁有微几丁质环，称之为贮精囊或贮精管以及远端称之为射精管的细管，伸入插入器。

（2）**外雌器**　外雌器（图6-94）是雌蛛的交配器官，一般由外部的生殖魇和其内的交媾、纳精等生殖器官组成。它的主要功能是引导和接纳雄蛛触肢器的相应结构以完成交配行为，并具有纳精和贮精的作用。此外，还是体内受精和向体外排卵的场所。

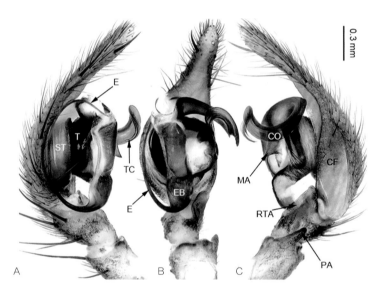

0.3 mm

🔄 图6-93　蜘蛛触肢器的前侧面观
（A）、腹面观（B）、后侧面观（C）
（以 拟 隙 蛛 为 例，Zhang et al.,
2016）

注：CO：引导器；CF：跗舟沟；
　　E：插入器；EB：插入器基部；
　　MA：中突；RTA：后侧胫节突；
　　PA：膝节突；ST：亚盾片；
　　T：盾片

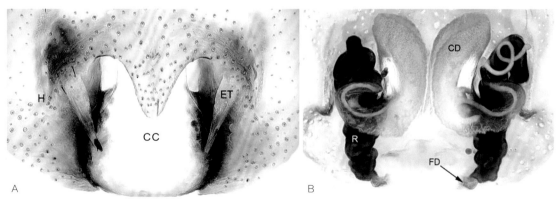

⬆ 图6-94　蜘蛛外雌器结构的生殖魇（A）和阴门（B）（以拟隙蛛为例，Zhang et al., 2016）
注：CC：交媾腔；CD：交媾管；ET：外雌器齿；FD：受精管；H：垂兜；R：纳精囊

3.3　蜘蛛对农业害虫的控制

蜘蛛是陆地生态系统中害虫最丰富的捕食性天敌（Nyffeler，2000），具有食量大，耐干旱和饥饿等特点，是绝大多数害虫的天敌，且在非饥饿状态下仍有捕杀害虫的习性，可称为长效广谱杀虫剂（赵博光，1991），对农田害虫有较好的控制作用。*Pardosa hortensis*在猎物密度不同的条件下，蜘蛛的取食频数与猎物密度成正比（Samu and Biro，1993）；*Tetragnatha laborlosa*和*Clubiona pikei*能够有效预防玉米田间两种蚜虫（Provench and Coderre，1987）；黑微蛛*Erigone atra* Blackwall、Lepthyphantes tenuis（Blackwall）、田野豹蛛*Pardosa agrestis*（Westring）等3种麦田优势种可以使滋生在冬麦上的蚜虫数量明显减少（Mansour and Heimbach，1993）。同时结网蜘蛛所结的网还可以粘黏害虫，有些蜘蛛网上还有特殊的丝，具有诱捕猎物的功能，如*Nephila clavipes*所结的蜘蛛网上有一种蛛丝是黄色的，类似花或幼叶可以使害虫自投罗网（Herberstein et al.，2000）。

我国在蜘蛛保护与利用等方面也积累了大量成果。如拟环纹豹蛛*Pardosa pseudoannulata*、草间钻头蛛*Hylyphantes graminicola*、草皮逍遥蛛*Philodromus cespitum*和三突伊氏蛛*Ebrechtella tricuspidata*对棉田和稻田中害虫的控制作用明显（丁岩钦，1993）。草皮逍遥蛛是农田蜘蛛中的常见种类，在农田中出蛰早，数量庞大且可在植株上游走捕食害虫，具有没有滞育期、抗逆性强等优点，因此备受学者关注。如辽宁省朝阳市通过研究草皮逍遥蛛对棉蚜控制结果表明，草皮逍遥蛛在棉蚜迁入之前就已经出现在棉花植株上，比棉蚜发生时期提前，能起到明显的控制作用，5月中旬到6月下旬占天敌总数的33.3%～100%（朱淑范等，1980）。蜘蛛对蔬菜害虫也有较好的控制作用，如：小菜蛾*Plutella xylostella*是危害我国十字花科的主要害虫之一，全晓宇（2011）研究发现，三突伊氏蛛、沟渠豹蛛*P. laura*、星豹蛛*P. astrigera*和拟环纹豹蛛对小菜蛾均有较好的捕食作用。

3.4　蜘蛛对大豆蚜的控害作用

蜘蛛是大豆田中种类最丰富、数量最稳定的天敌种群，可以起到长效广谱的杀虫作用。有研究表明，大豆田蜘蛛能够有效地压低迁入的有翅蚜，对窝子蜜后有翅蚜二次扩散中起重要作用，能够延缓大豆蚜种群的快速增长。武依等（2014）研究发现，草皮逍遥蛛是大豆田蜘蛛群落的优势种类，也是大豆蚜的重要捕食性天敌，在大豆田出现时间早、与大豆蚜发生时间吻合，其捕食量随着大豆蚜密度增加而上升，日均最大捕食量为49.2头；在田间罩笼条件下，草皮逍遥蛛的日均最大捕食量为84.4头，对大豆蚜起到较好的生态调控作用。此外，蜘蛛还可以有效地抑制大豆蚜的田间扩散，压低大豆蚜越冬虫源基数。

3.5 主要天敌蜘蛛种类记述

3.5.1 横纹金蛛 *Argiope bruennichi* (Scopoli)

（1）**形态特征**

雌蛛 体长18.00～20.00 mm。头胸甲梨形，背银色绒毛，胸板正中为一黄色纵斑。腹部长，背面底色黄色，并横向着生许多黑色细纹，几乎覆盖整个背面。腹面正中为一长黑斑，止于纺器之上，黑斑上有浅色斑点，黑斑两侧为黄色条斑，最外围黑色。垂体中空，侧面观呈弧形，远端弯曲，无中隔。

雄蛛 体长5.50 mm。雄蛛较雌蛛小。另头胸甲上有两条黑色条纹，同时腹部斑纹差别也很大。雄蛛不具有黑色横纹，而代之的是两条"W"形相邻紧密的黑色纵条，触肢器中突大而弯曲，生有一裂缝。插入器大而平直，基部不张开（尹长民，1997；图6-95）。

（2）**分布** 全国各地均有分布；欧洲、西非、亚美尼亚、土耳其、西伯利亚、日本、印度尼西亚。

（3）**捕食对象** 广食性。

（4）**生活习性** 常生活在向阳的草丛或灌木丛中，网上常见"X"形白色装饰带。

◖图6-95 横纹金蛛

3.5.2　梅氏新园蛛 *Neoscona mellotteei* (Simon)

（1）形态特征

雌蛛　体长5.75～8.15 mm。头胸甲褐色，胸板与步足黄色，生活时步足具深褐色环纹。腹部卵圆形，中段最宽，前方为一灰色半月带，后方黄色，具4对褐色斑点，另有灰色两叉状斑前后排列居于腹部中后部正中。活体半月斑黄色，后方为绿色。经酒精浸泡后颜色消退。腹面灰黄色。外雌器细长，垂体腹面观两侧缘有两个缓收缩部分，两收缩部中间向外突出为侧隆起，交媾孔位于此处背面。

↑ 图6-96　梅氏新园蛛

雄蛛　体长6.00～7.25 mm。背缘呈双驼峰状（尹长民，1997；图6-96）。

（2）**分布**　北京、河南、湖南、福建、台湾、广西、四川、辽宁；日本。

（3）**生活习性**　在灌丛中结中型圆网，7-8月性成熟。

3.5.3　灌木新园蛛 *Neoscona adianta* (Walckenear)

（1）形态特征

雌蛛　体长6.00～9.00 mm。背甲黄褐色，中央及两侧有一条暗褐色纵条斑。中眼域黑灰色。胸甲黑色。螯肢、触肢黄褐色，前齿堤4齿，后齿堤3齿。颚叶、下唇黑褐色。步足褐色，膝胫、后跗节和跗节的近端有黑褐色环纹。腹部背面黄褐色或黄白色，心脏斑明显，灰黑色。心脏斑的两侧各有一条黑色宽纵带，此带在腹部前半部作弧形弯曲两回，每迥左右合成一括弧状斑，随后呈波纹状，但无横向条纹。纵带之外侧左右各有4条黑褐色斑纹。腹面正中黑色，两侧各有一黄白条斑为界。纺器黑色，其前方及侧缘有圆形白斑两对。外雌器基部短圆柱形，垂体近似三角形，框缘较窄，背面观，交媾腔长卵圆形，左右腔之间狭长，前、后几乎等宽。

雄蛛　体长4.00～5.40 mm。色泽和斑纹与雌蛛相同，仅头胸部两侧暗褐纵斑较宽而已。触肢器的盾片前缘腹侧两隆起钝圆；顶膜瓣状远端微凹入，较宽；引导器的中段处有一锥状小齿；正面观，中突背齿略较细长。第Ⅱ步足胫节刺的排列为：背-2，腹-3、中-2，6（尹长民，1997；图6-97）。

（2）**分布**　黑龙江、吉林、辽宁、内蒙古、河北、四川；日本。

↑ 图6-97　灌木新园蛛

（3）**生活习性**　在灌丛中结中型圆网，网斜上方会织鸟窝状巢，白天生活于其中。

3.5.4　草间钻头蛛 *Hylyphantes graminicola* (Sundevall)

（1）**形态特征**

雄蛛　体长2.58 mm，背甲赤褐色。头区隆起。颈沟、放射沟处颜色稍深。中窝纵向，黑色。前眼列后曲，后眼列微前曲或端直。前中眼＜前侧眼，前中眼间距约等于前、中侧眼间距；后中眼=后侧眼，后中眼间距=后中、侧眼间距。胸甲褐色，边缘黑褐色，末端插入两第Ⅳ步足基节间。螯肢赤褐色，螯基背面具许多小瘤，并在前侧面具1大的齿状突，突起尖端有1根毛。前齿堤5齿，后齿堤4齿。下唇：宽大于长，褐色。颚叶黄褐色。步足黄褐色。足式：Ⅰ、Ⅳ、Ⅱ、Ⅲ。腹部背面灰褐色，密背细毛。腹面颜色稍浅。舌状体较大。纺器灰色。触肢膝节远端具1齿状突起。插入器扭曲3圈，呈螺丝钉状。

雌蛛　体长3.08～3.75 mm。螯肢背面具许多小瘤，但螯基前侧面无雄蛛所具有的大的齿状突起。触肢黄褐色，胫节与跗节具长刺，膝节远端无齿状突起。外雌器腹面观，交媾腔略呈向椭圆形；背面观，纳精囊1对，并扭曲（尹长民等，2012）。

（2）**分布**　河北、山西、辽宁、吉林、上海、江苏、浙江、安徽、福建、江西、山东、河南、湖北、湖南、广东、广西、四川、贵州、云南、陕西、青海、宁夏、新疆、台湾；古北界。

（3）**生活习性**　生活于叶片背面。

3.5.5　锯胸微蛛 *Erigone koshiensis* Oi

（1）**形态特征**

雄蛛　体长1.55 mm，背甲长0.82 mm，宽0.63 mm，暗橘红。背甲隆起但不形成头突，两侧边缘具大小不一的疣状齿和长的边缘沟。额高0.19 mm。8眼。胸板长、宽0.40 mm。螯肢前面外缘有7颗弯曲的大齿，纵向排列。螯沟前缘具5齿，后缘具4齿。第Ⅳ步足基节间距与基节宽的比值1.32。第Ⅰ步足胫节长度比7.42。雄性触肢：腿节直，腹面有疣状齿。膝节端部有1个长而弯曲的突起。腿节与膝节的长度比2：1。胫节具2个突起，1根前侧听毛和2根后侧听毛。插入器短而粗，端部修饰有片状的前端齿，中膜不明显。插入器膜端部分叉，膜表面具大量三角形的片状膜质突。

雌蛛　体长1.42 mm。橘黄色，无隆突，无疣状齿和边缘沟。螯肢前面外缘无疣状突，螯沟前缘具5齿，后缘具5齿。第Ⅳ步足基节间距与基节宽的比值

1.00。外雌器表皮具横向纹，后端中间翘起，从侧面看呈一圆钝的垂体。背板矩形，完全隐于宽大的腹板之后。交媾管埋于角质化的骨匣的边缘。骨匣中部具2个凹陷。交媾孔位于骨匣末端中间，相对而开。受精管短，朝中间延伸（宋妍婧，2008）。

（2）**分布** 上海、江苏、浙江、台湾；韩国、日本。

（3）**生活习性** 通常生活在潮湿的苔藓丛中、小石块底下，或者草根基部。

3.5.6 大井盖蛛 *Neriene oidedicata* van Helsdingen

（1）**形态特征**

雌蛛 体长5.44～6.31 mm。背甲梨形，褐色。头区稍隆起，颈沟、放射沟处颜色稍深。中窝纵向，浅凹。前中眼小于前侧眼，前中眼间距＜前中、侧眼间距；后中眼间距＞后中、侧眼间距。中眼域：前边宽＜长＜后边宽。胸甲褐色，末端稍尖，插入两第Ⅳ步足基节间。螯肢褐色，前齿堤4齿，中间2齿较大，后齿堤5小齿。颚叶和下唇远端淡黄色。足式：Ⅰ，Ⅳ，Ⅱ，Ⅲ。腹部卵形。腹部背面中部有1浅色区域，浅色区内前部有1对黑斑，后部有两个"人"字形黑斑，肌痕2对。腹部两侧各有4块浅色斑，其中第4块在腹末端左、右相接。腹部腹面黑褐色，无斑纹。外雌器腹面观为古钟形，后面两侧各有1椭圆形半透明区；外雌器背面观，纳精囊旋转约3周。

雄蛛 体长4.40 mm。腹部较雌蛛窄长，色黑，少斑纹，仅有浅色区。触肢器副跗舟较粗弯曲近乎圆形，远端双镐形。中突远端有1凹缺，尖端钩状。顶板的侧突宽窄几乎一致，远端圆弧形，向前弯曲，顶突螺旋近3.5周（尹长民等，2012）。

（2）**分布** 吉林、黑龙江、江苏、浙江、安徽、山东、河南、湖北、湖南、四川、贵州、台湾；韩国、日本、俄罗斯。

（3）**生活习性** 在植物间结复杂皿网，蜘蛛倒挂在网上。

3.5.7 花腹盖蛛 *Neriene radiata* (Walckenaer)

（1）**形态特征**

雌蛛 体长3.33～3.58 mm。背甲褐色，两侧缘各有1条微隆起的玉色纵带。头区隆起。颈沟明显。放射沟处颜色稍深。中窝纵向，后端分叉具有明显凹陷。前眼列后曲，后眼列几乎端直。前中眼＜前侧眼，前中眼间距＜前中、侧眼间距；后中眼=后侧眼，后中眼间距＜后中、侧眼间距；前、后侧眼相接。中眼域：前边宽＜后边宽=长。胸甲黑褐色。螯肢褐色，前齿堤3齿，后齿堤2～4齿（多数为3齿）。颚叶和下唇黑褐色，下唇宽＞长。触肢褐色，胫节和

↑ 图6-98 花腹盖蛛

跗节颜色较深且多长刺。步足细长，黄褐色。第Ⅰ步足胫节腹面具4对刺。足式：Ⅰ，Ⅱ，Ⅳ，Ⅲ。腹部隆起，前端稍窄，后端隆起。腹部背面白色，有灰褐色斑纹。腹部腹面黑色，有4块白斑。外雌器腹面观为覆瓦状，其上有2~3对不太明显的半透明区；内面观，交媾腔大，交媾内腔长卵形，纳精管旋转近2圈。

雄蛛　体长3.50 mm。螯肢基部前外侧有1小疣突，前齿堤3齿，后齿堤1~2小齿。腹部较窄长，背面灰黑色，两侧灰褐色，斑纹与雌蛛稍异，后端三分之一处有白斑1对，延伸至侧面，后方有1黑斑。触肢器副跗舟"U"形，近端较宽，远端细长如鞭，中突宽扁，远端分叉。顶板前缘弧形，有锯齿，侧突短小，渐尖，顶突膜质有平行角质化刻纹旋转2周（尹长民等，2012；图6-98）。

（2）**分布**　河北、山西、辽宁、吉林、江苏、浙江、安徽、河南、湖北、湖南、四川、贵州、云南、陕西、甘肃、宁夏、台湾；古北界、新北界。

（3）**生活习性**　在植物间结复杂皿网，蜘蛛倒挂在网上。

3.5.8　黑斑盖蛛 *Neriene nigripectoris* (Oi)

（1）**形态特征**

雄蛛　体长3.94~4.19 mm。背甲黄褐色，侧缘颜色较深。头区隆起。颈沟、放射沟明显。中窝浅，纵向。前、后眼列均后曲，前中眼<前侧眼，前中眼间距<前、中侧眼间距；后中眼≈后侧眼，后中眼间距<后中、侧眼间距。中眼域：前边宽<后边宽=长。螯肢黄褐色，前齿堤3齿，后齿堤2齿。胸甲褐色，边缘黑色。颚叶褐色。下唇黑褐色，下唇宽>长。各步足腿节均有1根背刺或1~2根前侧刺，膝节均有2根背刺，胫节具刺多根，后跗节无刺。足式：Ⅰ，Ⅱ，Ⅳ，Ⅲ。腹部长卵形。背中线褐色，许多褐色条纹横贯背中线，腹部末端黑色，腹背其他部分覆盖白色鳞斑。腹部两侧褐色斜条纹与白色鳞斑相间。腹部腹面褐色，纺器前方白斑有或无。触肢器后侧观，副跗舟近端三角形，远端短小，顶板宽大，侧突弧形弯曲，与尖端并立，似两分叉，无顶突。

雌蛛　体长4.06~4.63 mm。触肢黄褐色，跗节颜色稍深。腹部背面斑纹比雄蛛更明显。其他特征同雄蛛。外雌器腹面观，腹板大，稍隆起，后方中央向后延伸近似中隔，左右各1交媾腔凹陷。背面观，交媾管旋转2.5周。纳精囊亦呈螺旋状扭曲（尹长民等，2012）。

（2）**分布**　河北、吉林、安徽、福建、江西、湖北、湖南、广东、广西、四川、贵州；韩国、日本、俄罗斯。

（3）**生活习性**　生活于草丛和灌木丛等环境。

3.5.9　白纹舞蛛 *Alopecosa albostriata* (Grube)

（1）**形态特征**

雌蛛　体长12.30 mm。体被白色短毛及褐色短毛，头部略隆起，两侧倾斜。背甲正中斑不甚明显，前部略呈红褐色，模糊，中央有一浅褐色纵纹，颈沟处收缩，后部在中窝处明显扩大，其宽度超过前部宽度，侧缘呈缺刻状，在中窝之后收缩，中窝前端有2根黑褐色长毛，侧纵带颜色较浅，放射沟明显，侧斑十分模糊，背甲边缘黑褐色。后列眼方形区黑褐色，布白色短毛及褐色长刚毛，第3列眼之间呈红褐色，与正中斑前部相接，第3眼列略宽于第2眼列，前眼列几乎平直，略短于第2眼列前中眼＞前侧眼，中眼间距略＞中侧眼间距。额高略＜前中眼直径。螯肢红褐色，布白色短毛及褐色长刚毛，前齿堤3齿，中齿大于其他2齿，后齿堤2齿，几乎等大。胸板褐色，布褐色短毛。步足跗节、基跗节端半部、基节腹面及触肢跗节呈浅褐色，其余部分黄褐色，仅腿节背面有模糊的横纹。腹部背面颜色较浅，心脏斑浅褐色，两侧有黄褐色斑块，其后有数个浅褐色山形横斑；腹面生殖沟以前呈褐色，以后呈黄褐色。外雌器垂兜2个，中隔柄部细，很短，其后为一近乎椭圆形的片状结构，交配管较粗短，纳精囊呈球状。

雄蛛　体长9.65 mm。特征同雌蛛。背甲正中斑有一对浅褐色斑点。前中眼明显大于前侧眼。步足跗节和基跗节基半部呈黄褐色，第Ⅰ、Ⅱ步足基跗节、胫节两侧具较稀疏的侧向直立长毛。触肢黄褐色，腿节内、外侧具较密的短毛，跗节端部无爪。触肢器中突呈三角形形片状，横向外侧，顶端呈一尖锐突起，指向腹面上方，插入器细长，顶突呈一窄片状，顶端横截，腹缘骨化明显，并在顶端伸出一尖的小突起。

（2）**分布**　北京、河北、山西、内蒙古、吉林、黑龙江、山东、河南、云南、陕西、甘肃、青海、新疆；韩国、俄罗斯、哈萨克斯坦。

（3）**生活习性**　多生活于干旱山谷草地中，半穴居。

3.5.10　塔赞豹蛛 *Pardosa taczanowskii* (Thorell)

（1）**形态特征**

雌蛛　体长7.50 mm，背甲长3.63 mm，宽2.94 mm，腹部长3.91 mm。体褐色，布短毛。背甲正中斑黄褐色明显，"T"形，在颈沟处收缩，在中窝处明显扩大，边缘呈锯齿状；侧斑较宽，断续。前眼列平直，前中眼略微大于前侧眼，前中眼间距＞前中、侧眼间距。额高约为前中眼直径的2.5倍。胸板略呈褐色，前半部中央有一不明显的浅色纵纹。步足褐色，具黑色环纹，第Ⅰ、Ⅱ步足基跗节基部背面各具2根长毛。腹部背面黑褐色，心脏斑所在区域呈褐色，后端有数个褐色斑纹。外雌器垂兜一个，中隔中央扩大，柄部较短，较宽。

雄蛛　体长7.75 mm，背甲长3.75 mm，宽3.06 mm，腹部长4.06 mm。体色较雌蛛深，被毛较短而少。背甲正中斑较不明显，侧斑几乎看不出。前眼列略前凹，前中眼＞前侧眼。额高约为前中眼直径的2倍。胸板黑褐色，无浅色斑。第Ⅰ步足基跗节及胫节较粗壮，端部2/3，两侧具密而较短的细毛，腹部散布有粗短的棘状毛，两侧较多。触肢器中突长，斜向前方伸达生殖球边缘，顶突顶部分两支，靠背面的一支两侧呈波状（宋大祥等，2001）。

（2）**分布**　北京、河北、山西、辽宁、山东、陕西；蒙古、俄罗斯。

（3）**生活习性**　不详。

3.5.11　赫氏豹蛛 *Pardosa hedini* Schenkel

（1）**形态特征**

雌蛛　体长4.75～5.90 mm。背甲的正中斑黄褐色，前段圆形，向前延伸，中段较窄，有不明显缺刻数个。中窝赤褐色，颈沟、放射沟明显。侧纵带灰黑色，侧斑始自颈沟，连续，边缘黑色。前眼列平直，短于中眼列，前中眼＞前侧眼，前中眼间距＞前、中侧眼间距。额高=前中眼直径。胸甲黄褐色，有灰黑色龟纹。螯肢、颚叶、下唇、触肢、步足皆黄褐色，步足有灰黑色斑纹及环纹。腹部背面黑褐色，斑纹金褐色。个体小者，心斑后方的5个山形纹明显。个体大者，斑纹连成一条带。腹部腹面黄黑褐色，纺器及其前缘黄褐色。外雌器中隔短，倒"T"形，位于1拱形折襞中央。前方左右各有1眉形纹。纳精囊圆杆状，与交媾管相交呈"T"形，两者直径几乎等宽，呈圆弧形，左右排列。

雄蛛　体长4.00～4.40 mm。体色较深，斑纹与雌蛛基本相同。触肢器的跗舟黑褐色，密被金黄色毛，跗爪短而纤弱。中突从腹面正中观，纵向着生于盾片隆起之一侧，远端圆钝，背突不明显，近端突水平伸展，有小弯钩。插入器末端尖细。顶突，从内侧面观呈长三角形，由一前一后、一细一粗的两骨片合成，呈钳状（尹长民等，2012）。

（2）**分布**　河北、吉林、黑龙江、浙江、山东、湖北、湖南、四川、贵州、云南、陕西、甘肃；韩国、日本、俄罗斯。

（3）**生活习性**　栖息于稻田、潮湿农田、湖边、森林边缘地带，成蛛5～8月出现。

3.5.12 草皮逍遥蛛 *Philodromus cespitum* (Walckenaer)

（1）形态特征

雌蛛 体长5.10~5.80 mm。头胸部前端较尖，后端宽圆，略呈倒心形。背甲黄橙色，在前端、两侧缘及眼区有黄白色斑纹，尤其在中部的三角形黄斑更醒目。前、后两眼列均后凹。中眼域前边短于后边，宽>长。前、后测眼的隆丘甚小，互相远离。胸板和步足均黄橙色。腹部长椭圆形，后端较大。背面粉白色，中央有4个明显的褐色肌点，有的个体在两侧部位各有一行不规则的棕斑。外雌器红棕色，近似桃形，前部略凹，中部两侧有紫色的弧形隆起。

雄蛛 体长5.30~5.70 mm。步足较雌蛛细长，腹部也窄长，宽部<头胸部宽，背面有褐色的心脏斑及许多黑褐斑。触肢器的胫节末端有一个尖锐的外突起，一个宽叶状的内突起以及一个小片状的中突起（在内突起的基部外侧）（宋大祥和朱明生，1997；图6-99）。

（2）分布 河北、内蒙古、辽宁、江苏、河南、陕西、甘肃；古北界、新北界。

（3）生活习性 于农田、草地和树上。

◆ 图6-99 草皮逍遥蛛

3.5.13　温室拟肥腹蛛 *Parasteatoda tepidariorum* (C. L. Koch)

（1）形态特征

雌蛛　体长5.10~8.00 mm。背甲橙黄色，生有稀疏的黑褐色毛。头部后半部的中央有1"V"形褐色斑，前端两侧各有1条细纹伸到后侧眼的基部，颈沟、放射沟黄褐色。中窝呈圆形，中央有1"V"形刻痕。前眼列后凹，后眼列稍前凹。后侧眼最大，其余6眼等大。前中眼间距＞前中、侧眼间距，后中眼间距＞后中、侧眼间距，前、后侧眼相接。中眼域长＜宽，前边＜后边。胸甲灰褐色。螯肢橙黄色，前齿堤2齿，后齿堤无齿。颚叶黄色，下唇及胸板灰褐色。步足黄橙色，有褐色斑纹，多毛。足式：Ⅰ，Ⅳ，Ⅱ，Ⅲ。腹部椭圆形，背面高度隆起，被有棕色毛。背面白色，由褐色细线纹编织成网状，中部前方的中央有黑褐色斑，稍后的中央有1呈三角形的黑色斑，两黑色斑的侧后缘向外伸出很多黑褐色条斑，腹部侧面及后面均有不规则黑褐色斑。腹部腹面白色，正中有1黑褐色弧形斑，气孔前有1长方形黑褐色斑。纺器的基部左右各有1对黑褐色月牙形斑。外雌器黑棕色，中央有1大陷窝，宽大于长，两侧近边缘各有1黑色管状阴影。

雄蛛　体长2.20~4.10 mm。眼列、足式与雌蛛相同。体色较雌蛛略深。触肢的胫节有根听毛。插入器基部椭圆形，针管部逆时针方向向前延伸，引导器长匙状（朱明生，1998）。

（2）分布　我国南北均有分布；亚洲、欧洲、美洲、非洲、太平洋周邻各国。

（3）生活习性　在室内外随处可见，结不规则网，蜘蛛居于网中间，平行背位。栖居野外者，常将土粒及枯叶吊挂在网中央，蜘蛛隐藏于下面。

3.5.14　横板拟肥腹蛛 *Parasteatoda tabulata* (Levi)

（1）形态特征

雌蛛　体长4.80 mm。背甲黑褐色，颈沟、放射沟黑色。中窝圆形，较浅，中央有1"V"形刻痕，其前方颈沟内侧正中有1"V"形浅黑色斑。前眼列后凹，后眼列前凹。前中眼最大，其余6眼等大。前中眼间距＞前中、侧眼间距；后中眼间距＞后中、侧眼间距，前、后侧眼相接。中眼域：长＜宽，前边＞后边。额高约为前中眼直径的3.5倍。胸甲黑褐色。螯肢黄色，前面内外侧有黑褐色纵条，前齿堤1齿，齿端分叉，后齿堤无齿。颚叶、下唇黑褐色，颚叶的内半部、下唇的远端及胸甲前半部的中央呈黄褐色。步足黄色，有明显的黑褐色环纹。足式：Ⅰ，Ⅳ，Ⅱ，Ⅲ。腹部卵圆形。背面前半部黄褐色，有几条由黑色斑点组成的弧形带；后半部前端黄白色，散布有小黑点，后端的中央呈黑褐色，两侧为黄白色。腹部腹面黑褐色，生殖沟之后的正中央有一对很小的白色圆点，后半部有一弧形白色斑。纺器黄褐色，纺器基部的前面及两侧方围有黑褐环，该环之外又围以白色环。外雌器在中部有1椭圆形陷窝。

　　雄蛛　体长2.70～3.10 mm。体色较雌蛛略深。第Ⅱ步足长于第Ⅳ步足，足式：Ⅰ，Ⅱ，Ⅳ，Ⅲ。触肢的胫节具有1根听毛。触肢器的插入器长，盘绕成环形，约占跗舟长的2/3（朱明生，1998）。

　　（2）**分布**　湖南、吉林、辽宁；韩国、日本、德国、奥地利、美国。

　　（3）**生活习性**　做钟形巢或栖息在室外的桌子下面或草丛中。

3.5.15　易北千国蛛 *Chikunia albipes* (Saito)

　　（1）**形态特征**

　　雌蛛　体长2.30～3.00 mm。背甲橙黄色，中窝不明显，横向。眼域黑色，颈沟、放射沟黄褐色。两眼列均后凹，前中眼稍突出在额的上方。前列4眼等大＞后列4眼。前中眼间距＞前中、侧眼间距；后列4眼等大等距。中眼域：长＜宽，前边＞后边。前、后侧眼相接，各眼基部有黑褐色环。额高约等于前中眼直径的1.6倍。颚叶具棕色细边，下唇色较深，胸板三角形，螯肢、颚叶、下唇与胸板皆呈橙黄色。螯肢前面有不规则的黑色斑，前齿堤2齿，后齿堤无齿。各步足的腿节、膝节、胫节黄色，余为橙黄色。足式：Ⅰ，Ⅳ，Ⅱ，Ⅲ。腹部三角形，颜色、斑纹变化较大。多数为橙黄色，背面有3个黑斑；黑色者无斑。外雌器黄褐色，近前缘有1个椭圆形陷窝，窝的正中有1个棒形阴影，其下端为交媾孔。交媾管不明显，纳精囊近乎球形。

　　雄蛛　体长1.76 mm，体型、斑纹与雌蛛相同。腹部后面虽向后上方突出，但未超越纺器，明显较雌蛛为次。触肢器插入器基部宽圆，呈"C"形，针管部呈新月形弯曲，引导器与之相伴而延伸，其远端皆超越跗舟前缘（朱明生，1998；图6-100）。

　　（2）**分布**　湖南、辽宁、陕西、安徽、浙江、福建、台湾、四川；韩国、日本。

　　（3）**生活习性**　生活在植物叶片的下面，在叶脉侧旁的低凹处结不规则网。

⬆ 图6-100　易北千国蛛

↑ 图6-101　鞍形花蟹蛛

3.5.16　鞍形花蟹蛛 *Xysticus ephippiatus* Simon

（1）**形态特征**

雌蛛　体长5.80～6.50 mm。淡黄褐色。背甲两侧有红棕色的纵行宽纹，头胸部的长与宽相近。眼的周围，尤其是侧眼丘的部位呈白色，两侧前眼之间有一条白色横带，穿过中眼域。两眼列均后凹，中眼＜侧眼，两侧眼丘愈合，前中眼距＞前中侧眼距，后列诸眼的间距约相等。中眼基本上呈方形，但前边略长于后边。额高略＞前中眼间距之半。额缘有8根长毛排成一列。无颈沟及放射沟。下唇和颚叶的末端带青灰色。胸板盾形，前缘宽而略后凹，后端尖。第Ⅰ、Ⅱ步足较长而粗壮，色泽也较后两对足为深，有黄白色斑点。第Ⅰ步足腿节的前侧面有3或4根粗刺。腹部的长度略大于宽度，后半部较宽，后端圆形。腹部门的背面有黄白色条纹及红棕色斑纹。

雄蛛　体长4.60～5.30 mm。背甲深红棕色。第Ⅰ、Ⅱ步足较细长，腿节和膝节亦呈深棕色，与雌蛛有明显的区别。腹部背面有红棕色斑纹。从腹面看，胸板，各足的基节、腹部的腹面亦为红棕色（宋大祥和朱明生，1997；图6-101）。

（2）**分布**　北京、天津、河北、山西、内蒙古、辽宁、吉林、江苏、浙江、安徽、江西、山东、河南、湖北、湖南、西藏、陕西、甘肃、新疆；韩国、日本、蒙古、俄罗斯、中亚。

（3）**生活习性**　在草丛和落叶层间游猎。

3.5.17　波纹花蟹蛛 *Xysticus croceus* Fox

（1）**形态特征**

雌蛛　体长5.50～10.00 mm。背甲中央色泽较淡，两侧各有一深棕色宽带。颈沟及放射沟不明显。8眼二列，均后凹，前眼列短于后眼列。前、后侧眼均具眼丘，但互相不愈合。前、后侧眼均明显＞前、后中眼。胸板黄色，布有棕色斑点。第Ⅰ、Ⅱ步足显著长于后两对步足。各步足腿节的末端均有大的褐色斑，胫节和后跗节多刺。腹部后半部较前半部宽，背面灰褐色并具特殊形式的黑棕色斑。本种外雌器形状与鞍形花蟹蛛相似，但其前缘不是圆形，而于中部凹入，故开口呈扁圆形，前庭的横径在整个腹部所占的比例较大。插入管在中线处汇合，粗短。纳精囊肾形。

雄蛛　体长4.15～6.89 mm。体色较雌蛛深。触肢胫节的腹突发达，后侧突末端骨化，尖。盾板的顶突前端喙状，后端具脚跟状突出；基突弯曲，末端弯曲。插入器长，丝状（宋大祥和朱明生，1997）。

（2）**分布** 山西、浙江、安徽、福建、江西、山东、河南、湖北、湖南、广东、四川、贵州、云南、陕西、台湾；印度、尼泊尔、不丹、韩国、日本。

（3）**生活习性** 多生活于低矮灌草丛中。

3.5.18 圆花叶蛛 *Synaema globosum* (Fabricus)

（1）**形态特征**

雌蛛 体长4.30～7.10 mm。背甲橙色，头端及眼的周围带黄色。两眼列均后凹，后眼列稍长于前眼列，前侧眼最大，前后两侧眼丘的基部靠近，中眼区梯形，前边＜后边，前中眼＞后中眼。额高＜前中眼距。无颈沟及放射沟，下唇三角形，长度与其基部的宽度相当。胸板心形，棕黑色。第Ⅰ、Ⅱ步足显著＞后两对，腿节深棕色，膝节棕色，胫节，后跗节棕色或节的近端部分为黄色，或在腿、膝、胫节上有棕色环纹。腹部球形，背面黄色，有棕色斑纹，斑纹形状变化很大；腹面棕色，有的个体在中部有一黄色区。外雌器为一唇状的板，板下方凹入而有开口。

雄蛛 体长3.30～4.00 mm。背甲红褐色，头端色淡。螯肢、颚叶、下唇黄褐色到黑褐色。胸板黑褐色。触肢胫节的腹突指状，后侧突骨化，刺状。生殖球简单，无突起，插入器部位绕盾板一周，插入器丝状。第Ⅰ、Ⅱ步足褐到黑褐色；第Ⅲ、Ⅳ步足黄褐色；腿、膝、胫节色较深。腹部卵圆形，黑褐色或黑色而有白斑；腹面黑褐色，在近生殖沟处有一白斑，纺器两侧共2对白斑（宋大祥和朱明生，1997；图6-102）。

（2）**分布** 湖南、黑龙江、吉林、辽宁、内蒙古、甘肃、河北、山西、山东、河南、江苏、安徽、浙江、湖北、江西；韩国、日本、俄罗斯、欧洲。

（3）**生活习性** 生活于农田、山地、树丛、草地等处，昼出活动。

↑ 图6-102 园花叶蛛

3.5.19 三突伊氏蛛 *Misumenops tricuspidatus* (Fabricius)

（1）**形态特征**

雌蛛　体长4.60～5.70 mm。活体时体色通常为绿色，浸泡标本从黄白色到浅褐色。头胸部通常绿色，眼丘及眼区黄白色。前列眼各眼大致等距离排列。两侧眼丘隆起，基部相连。前侧眼及其眼丘最大。前两对步足显著长于后两对。步足的基节、转节、腿节通常绿色，膝节以下黄橙色或带一些棕色环。腹部梨形，前窄后宽，背面黄白色或金黄色，并有红棕色斑纹。

雄蛛　体长2.70～4.00 mm。斑纹似雌蛛，体色较雌蛛稍深，从浅褐色到深褐色都有。头胸部近两侧有时可见1条深棕色带。前两对步足的膝节、胫节、后跗节、跗节上有深棕色斑纹。腹部后端不像雌蛛那样加宽。背面为黄白色鳞状斑纹，正中有一枝杈状黄橙色纹。腹部后缘上有的也有红棕色条纹。触肢器胫节有2突起，其中1个大突起尖端分裂，插入器螺旋形弯曲（宋大祥和朱明生，1997；图6-103）。

（2）**分布**　全国各地均有分布；古北界。

（3）**生活习性**　捕食范围广，可在作物上逐枝、逐叶搜索和捕食。

● 图6-103　三突伊氏蛛

第七章

大豆蚜天敌发生规律及控蚜作用研究

1 大豆蚜天敌的发生规律

大豆蚜天敌的发生规律与蚜虫种群变动、环境植物、气象条件等多种因子有关，深入研究这些因子对天敌发生的影响，对科学保护利用天敌具有重要意义。

我国幅员辽阔，生态环境多样，各地大豆蚜天敌种类、数量及优势天敌也有差异。确定本地优势天敌，掌握其发生规律具有重要意义。辽宁地区优势天敌的确定：2008-2010年选择植被覆盖好、生物多样性丰富、不同生态环境的大豆田进行调查，每年5-9月间，每隔10天采集一次大豆蚜天敌，带回实验室内，饲养观察，分类鉴定。依据天敌在大豆田出现时间早、与大豆蚜发生时间吻合、捕食量大、对大豆蚜发生初期和高峰前期具有明显抑制作用等方面，确定大豆蚜的优势天敌。

初步调查结果表明：辽宁大豆蚜天敌共7目16科44种，其中优势天敌主要有异色瓢虫*Harmonia axyridis*、七星瓢虫*Coccinella septempunctata*、龟纹瓢虫*Propylaea Japonica*、多异瓢虫*Hippodamia variegata*、黑背毛瓢虫*Scymnus (Neopullus) babai*、中华草蛉*Chrysopa sinica*、大草蛉*Chrysopa pallens*、丽草蛉*Chrysopa formosa*、黑带食蚜蝇*Episyrphus balteatus*、印度细腹食蚜蝇*Sphaerophoria indiana*、大灰优食蚜蝇*Eupeodes corollae*、食蚜瘿蚊*Aphidoletes aphidimyza*、微小花蝽*Orius minutus*、豆柄瘤蚜茧蜂*Lysiphlebus fabarum*、草皮逍遥蛛*Philodromus cespitum*等。

1.1　越冬

大豆蚜的优势天敌由于其地理分布、生活习性不同，其越冬虫态和场所也有很大差异。异色瓢虫、七星瓢虫以成虫在背风向阳的山上石砬子、山洞、缝隙、墙角、屋檐下等隐蔽处群集越冬；龟纹瓢虫以成虫在作物根际和背风向阳的山边、沟边杂草丛基部、作物田有叶片覆盖的土缝中越冬；多异瓢虫以成虫在杂草丛内、残枝落叶及土块下越冬；黑背毛瓢虫以成虫在水溪旁的多年生蒲草科和香蒲科植物，如水莎草、菖蒲、宽叶香蒲、荆三棱草叶鞘内或树皮缝隙越冬；大草蛉以蛹在植物卷叶、枯枝落叶层、树洞及树干的树皮缝隙内越冬；黑带食蚜蝇主要以蛹在秋末寄主蚜量较大处的土壤中越冬；大灰优食蚜蝇以蛹在平地和杂草覆盖的地块土中越冬；小花蝽以成虫在越冬作物上、枯枝落叶下、粗树皮下、杂草堆里等隐蔽处群集越冬。

1.2　转移路径

春季出蛰时间也因天敌的种类而异。大多数天敌如瓢虫、食蚜蝇等，在辽宁地区4月中旬陆续出蛰，转移到第一寄主（果树，山林，杂草等环境植物）取食繁殖一代，6月上中旬天敌从环境植物上陆续迁入大豆田，此时恰好是大豆蚜发生初期和窝子蜜形成期。多年观察结果表明，环境中天敌数量与迁入大豆田的天敌数量关系密切。如果生态环境好，自然天敌丰富，天敌转移速度快，迁入豆田时间几乎与大豆蚜同时或延后3～5天，迁入豆田数量大；反之环境较差，植被少，需延后10～15天，且迁入豆田的天敌数量少（图7-1）。

1.3　发生时期

1.3.1　天敌在鼠李上的发生时期

2008－2009年春季在沈阳调查，鼠李（大豆蚜越冬寄主）上的蚜虫发生较早，4月下旬至5月初可见大豆蚜和其他2～3种蚜虫繁殖。越冬出蛰的瓢虫、食蚜蝇等天敌很快迁移到鼠李上取食，常常会把蚜虫吃光。同期在岫岩调查，鼠李上的瓢虫、食蚜蝇等天敌较多，5月下旬鼠李上几乎找不到蚜虫。秋季（9月下旬～10月初）气温偏高，越冬天敌转移到鼠李上捕食蚜虫，对越冬蚜虫种群具有一定的控制作用。可见，天敌对鼠李上的越冬蚜虫在春秋两季均有明显的控制作用，这与田间大豆蚜发生初期有翅蚜很少是相吻合的。因此，鼠李上天敌的多少，对大豆田蚜虫点片发生和窝子蜜数量变动有一定影响（表7-1）。

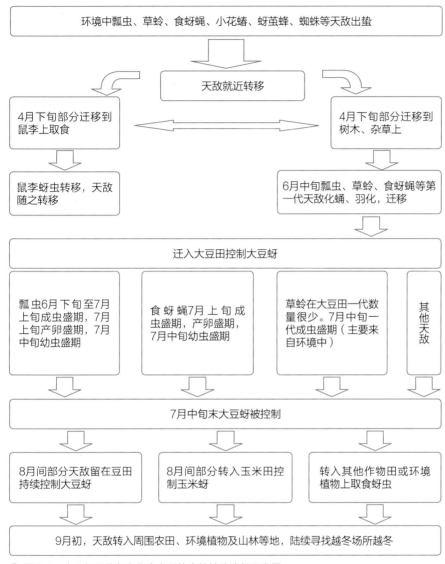

图7-1　大豆蚜天敌在农业生态系统中的转移路径示意图

表7-1　鼠李上蚜虫天敌发生时期（2008-2009年，辽宁）

月份	4			5		6	7	8	9	10
旬	上	中	下	上	中下	上中下	上中下	上中下	上中下	上中
大豆蚜	卵孵化	干雌蚜	繁殖2代左右		侨迁蚜	大豆田孤雌生殖			性蚜迁到鼠李	产卵
瓢虫食蚜蝇草蛉			出蛰	出蛰盛期	蚜虫被控制	迁入大豆田控制蚜虫			转到鼠李捕食	适合场所越冬

1.3.2 天敌在大豆田的发生时期

2008－2009年辽宁省大豆蚜为中等偏轻发生，少数地块发生较重。试验区内大豆蚜始见于5月末，6月上中旬为波动期，6月下旬为窝子蜜期，7月上中旬扩散全田，7月下旬至8月初出现高峰，8月上中旬逐渐下降。天敌跟随紧密，在蚜虫波动和窝子蜜期，主要有瓢虫成虫控制，7月中旬蚜虫发生盛期恰好与瓢虫、草蛉和食蚜蝇的幼虫期吻合，天敌对峰期蚜虫控制明显；7月下旬至8月上旬，蚜虫种群二次回升，此时主要有草蛉幼虫和二代瓢虫成虫及幼虫控制。因此，天敌在田间大豆蚜发生期间，其种类多，数量大，优势天敌突出，对大豆蚜控制作用明显（表7-2）。

表7-2　大豆田主要优势天敌发生时期（2008－2009年，辽宁岫岩）

月份	5		6			7			8			9
旬	中	下	上	中	下	上	中	下	上	中	下	上
大豆蚜		初见	波动		窝子蜜	扩散	始盛	盛期	盛末	下降		零星
异色瓢虫			+	+	+ ·	+，	·盛期	－盛期	⊙，+盛期	+	+ －	零星
七星瓢虫				+	+ ·	+，	·盛期	－盛期	⊙，+盛期	+	+ －	零星
龟纹瓢虫		+			+ ·	+，	·盛期	－ ⊙	+盛期	+	+ －	零星
食蚜蝇				+	+ ·	+，	·盛期	－盛期	+盛期	+ －	⊙ +	零星
草蛉					+	+，	·	－盛期	－盛期	+ －	+ －	零星
蚜茧蜂				+	+	僵蚜多	僵蚜多	僵蚜少	僵蚜少	僵蚜少	僵蚜少	零星

注：+成虫，·卵，－幼虫，⊙蛹

1.4　田间各发生阶段特征

田间系统调查结果表明，各地大豆蚜和天敌发生时期及同一地区各年度间略有差异，但具有一定的规律性。一般大豆蚜从迁入（5月末）至迁出（9月下旬）大豆田，大约120天，其天敌跟随蚜虫也表现同样的规律性。田间天敌数量变化大体表现连续6个阶段，即初见期、波动期、上升期、盛期、下降期和消退期（表7-3和表7-4）。

1.5　田间消长规律

通过对大豆蚜及天敌种群数量田间消长调查，明确大豆蚜与天敌之间在时间和数量上的变动关系，为保护利用天敌提供科学依据。

表7-3　大豆蚜天敌田间各发生阶段特征（2008－2010年，辽宁岫岩）

发生阶段	初见期	波动期	上升期	盛期	下降期	消退期
发生时期（月.日）	6.1～6.6	6.6～6.21	6.21～7.11	7.11～7.16～7.21	7.21～8.1	8.1～8.21
持续时间/天	5	15	20	10	10	20
年平均天敌单位/个	0.1～0.6	0.6～3.6	3.6～101.6	101.6～253～223.4	223.4～82.7	82.7～42.3
大豆生育期	苗期	苗期	分枝期	R1期	R2，R3期	R4，R5期
平均温度/℃	17.79	20.07	22.41	23.40	24.12	23.89
平均相对湿度/%	73.60	80.67	82.78	86.33	87.15	83.87

R1：初花；R2：盛花期；R3：落花，结荚期；R4：豆荚伸长；R5：豆荚长成

表7-4　大豆蚜天敌田间各发生阶段特征（2008－2010年，辽宁建平）

发生阶段	初见期	波动期	上升期	盛期	下降期	消退期
发生时期（月.日）	6.1～6.6	6.6～6.21	6.21～7.6	7.6～7.11～7.16	7.16～8.1	8.1～8.21
持续时间/天	5	15	15	10	15	20
年平均天敌单位/个	0.6～1	1～4.9	4.9～64.6	64.6～247.8～167.4	167.4～71.5	71.5～0.8
大豆生育期	苗期	苗期	分枝期	R1期	R2，R3期	R4，R5期
平均温度/℃	19.26	22.23	24.40	24.32	25.37	25.04
平均相对湿度/%	53.67	57.86	58.76	68.60	71.08	62.83

R1：初花；R2：盛花期；R3：落花，结荚期；R4：豆荚伸长；R5：豆荚长成

1.5.1　不同种植模式大豆蚜天敌田间消长

1.5.1.1　试验方法

2008－2010年，在辽宁东部岫岩县设置不同种植模式（清种大豆、大豆与玉米8：2和8：8带状间作）的大豆田试验区，采用系统调查方法，棋盘法取样10点，每点10株，5日调查1次，记载蚜虫、天敌种类及各虫态的数量。统计分析后可以看出各种天敌的发生时间和消长动态。试验区管理及农事操作按常规方法，不施用任何杀虫剂。

1.5.1.2　试验结果

（1）2008年大豆蚜天敌田间消长

清种大豆　6月1日田间初见大豆蚜，6月5日见到天敌，6月5日至7月6日天敌处于波动期，7月11－21日为盛期，7月16日达到高峰（图7-2A）。

大豆与玉米8：2带状间作　6月1日田间初见大豆蚜，6月5日见到天敌，6月5日至7月1日天敌处于波动期；7月6日至8月1日天敌直线上升，7月26日至8月6日为盛期，8月6日达到高峰（图7-2B）。

大豆与玉米8∶8带状间作　6月1日田间初见大豆蚜，6月5日见到天敌，6月5日至7月6日天敌处于波动期，7月11日至8月1日天敌直线上升，7月26日至8月11日为盛期，8月6日达到高峰（图7-2C）。

（2）2009年大豆蚜天敌田间消长

清种大豆　6月1日田间初见大豆蚜，6月5日至7月1日天敌处于波动期，7月6日至8月1日为天敌盛发期，8月6日天敌种群数量下降（图7-3A）。

大豆与玉米8∶2带状间作　6月1日田间初见大豆蚜，6月11日见到天敌，6月11日至6月26日天敌处于波动期；7月1日至7月26日天敌直线上升，7月16日至8月1日为盛期（图7-3B）。

大豆与玉米8∶8带状间作　6月1日田间初见大豆蚜，6月6日见到天敌，6月6日至7月11日天敌处于波动期；7月16日至8月1日天敌直线上升，7月21日至8月6日为盛期（图7-3C）。

（3）2010年大豆蚜天敌田间消长

清种大豆　6月11日田间初见大豆蚜，6月16日初见天敌，比常年晚10天左右。由于天敌出现晚且少，蚜虫迅速上升，7月6-11日天敌逐步上升，7月16-21日达到高峰期（图7-4A）。

大豆与玉米8∶2带状间作　6月6日田间初见大豆蚜，6月11日见到天敌，6月11日至7月16日天敌随蚜虫处于波动状态；7月21日天敌达到高峰（图7-4B）。

大豆与玉米8∶8带状间作　6月6日田间初见大豆蚜，6月11日见到天敌，直到7月16日天敌处于波动期；7月26日天敌达到高峰（图7-4C）。

三种栽培模式下天敌的控蚜效果的比较详见第八章。

1.5.2　不同地块大豆蚜天敌田间消长

1.5.2.1　试验方法

2008年和2010年，在辽宁西部建平县，选取平地（病虫观测圃）和山坡地（富山，平安地）的大豆田作为试验区，清种大豆，采用系统调查方法，棋盘取样10点，每点10株，5日调查1次，记载蚜虫和天敌种类及各虫态的数量。统计分析后可以看出各种天敌的发生时间和消长动态。试验区管理及农事操作按常规方法，不施用任何杀虫剂。

1.5.2.2　试验结果

（1）2008年天敌田间消长

病虫观测圃　6月6日田间初见大豆蚜，6月21日初见天敌，6月26-31日天敌处于波动期，7月6-16日天敌发生盛期，之后蚜虫迅速下降，天敌随之下降，以后一直维持较低水平（图7-5A）。

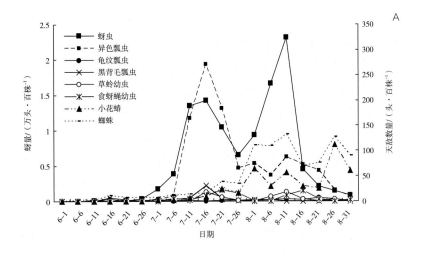

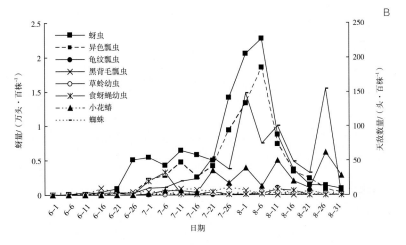

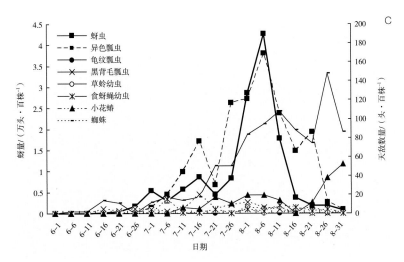

↑ 图7-2 2008年大豆蚜天敌田间消长（辽宁岫岩）

　A. 清种大豆；B. 大豆与玉米8∶2间作；C. 大豆与玉米8∶8间作

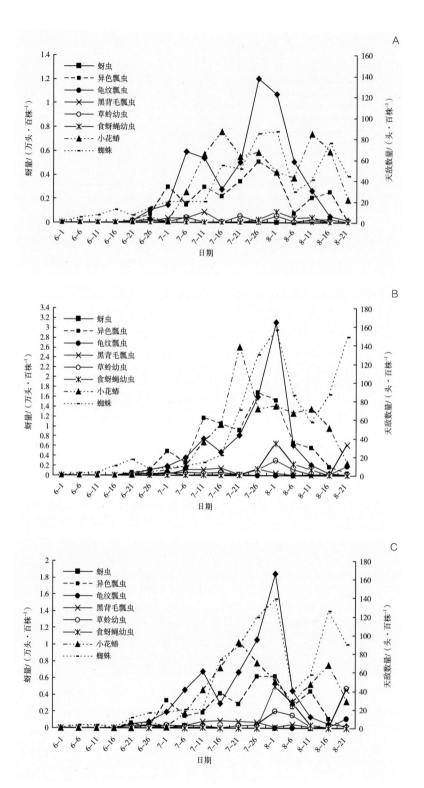

⬆ 图7-3 2009年大豆蚜天敌田间消长（辽宁岫岩）

A. 清种大豆；B. 大豆与玉米8：2间作；C. 大豆与玉米8：8间作

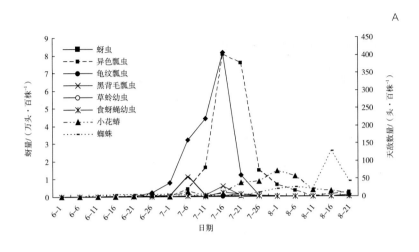

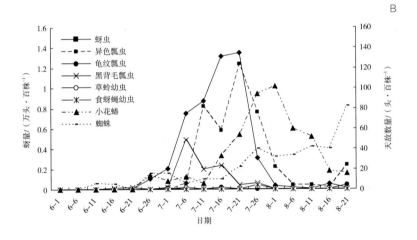

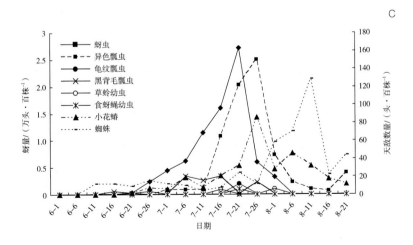

🔼 图7-4 2010年大豆蚜天敌田间消长（辽宁岫岩）

A. 清种大豆；B. 大豆与玉米8：2间作；C. 大豆与玉米8：8间作

　　富山　6月21日田间初见大豆蚜和天敌，天敌跟随较快，天敌控制明显，田间蚜量和天敌一直处在低虫量（图7-5B）。

　　（2）2010年天敌田间消长

　　病虫观测圃　6月1日田间初见大豆蚜，6月21日见到天敌，直到7月11日天敌仍处于波动期，之后迅速上升。天敌高峰日（7月26日）比蚜虫高峰日（7月16日）滞后10天左右，由于天敌出现晚，且数量少，不能有效的控制峰前期的蚜虫而酿成严重危害（图7-6A）。

　　平安地　6月10日田间初见大豆蚜，同时见到天敌，但数量少，7月10日天敌上升快，7月15日达到高峰，天敌控蚜明显，田间蚜量和天敌一直处在低虫量（图7-6B）。

　　不同地块天敌消长调查表明，山坡地天敌出现略早，天敌跟随较快，早期

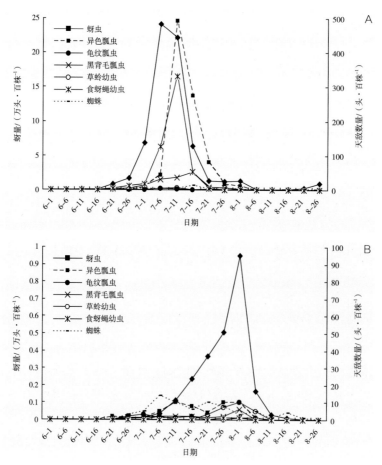

🔼 图7-5　2008年大豆蚜天敌田间消长（辽宁建平）
　A. 病虫观测圃；B. 富山

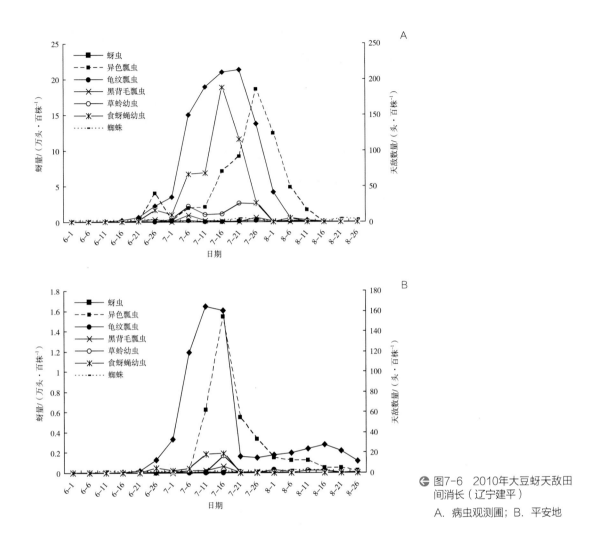

◀ 图7-6 2010年大豆蚜天敌田
间消长（辽宁建平）
A. 病虫观测圃；B. 平安地

控制蚜虫明显；而平地蚜虫繁殖较快，天敌迁入豆田往往滞后，早期控制效果
不明显。

1.6 各年度大豆蚜天敌数量消长比较

大豆蚜的天敌数量与气象因子、生态环境、田间蚜量等密切相关。岫岩试
验区2008—2012年大豆蚜和天敌的系统调查数据统计表明，清种大豆田天敌高峰
期出现在7月11—26日。2008—2010年天敌高峰日与蚜虫高峰日吻合，且重叠，
而2011年天敌高峰日滞后蚜虫高峰日5天。这种现象产生的主要原因是天敌-
蚜虫-环境相互作用的结果。如果环境中的天敌出现早、数量大，两者高峰日
重叠，反之天敌则滞后。但蚜虫与天敌又同时受到气候（温度、湿度、降雨）

的影响。如，2008年5、6月份的月平均气温分别为14.2 ℃和19.4 ℃，降水量为96.4 mm和115.0 mm，此条件对蚜虫的种群增长有一定的抑制作用，相反有利于天敌的活动、取食和繁殖，天敌数量大，作用明显。2009年度春季气温较高，4、5月份的月平均气温分别为10.1 ℃和17.2 ℃，有利于天敌的活动、取食和繁殖，对蚜虫具有持续的控制作用。2010年春季气温偏低，4月份平均气温6.5 ℃，比常年低3.5 ℃，6月份气温偏高，比前两年高2.0 ℃，降雨少，仅为40.3 mm，比前两年少60～70 mm；此条件利于蚜虫而不利于天敌，酿成一定的危害。2011年春季5月份月平均气温15.8 ℃，降水量为56.5 mm，有利于蚜虫而不利于天敌，天敌数量少，蚜虫高峰期天敌滞后5天左右。

　　将天敌系统调查数据折合为天敌单位，做出各年度百株天敌数量变化趋势图（图7-7），可以看出2010年和2011年天敌数量最多，高峰期百株天敌单位分别为412.7和689个；2008年和2009年天敌数量较少，天敌单位分别为293.1和92.8个；2012年天敌数量最少，天敌单位只有34.1个。但从大豆蚜实际发生情况看，2008年、2009年和2012年百株蚜量均未达到防治指标，而2010年和2011年蚜量则远超过防治指标。

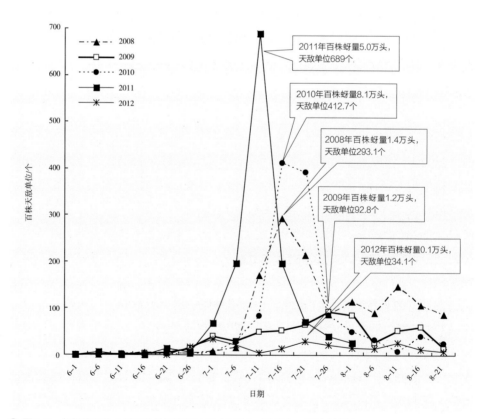

🔺 图7-7　各年度百株大豆天敌数量消长比较（2008－2012年，辽宁岫岩）

2　天敌对大豆蚜的控制作用

2.1　几种天敌捕食大豆蚜能力测定

选择对大豆蚜捕食量尚不明确的优势天敌进行室内测定。2008－2009年主要测定了龟纹瓢虫、黑背毛瓢虫、微小花蝽、草皮逍遥蛛和三突花蛛五种天敌的捕食量。

2.1.1　龟纹瓢虫日捕食量测定

2.1.1.1　试验方法

选取龟纹瓢虫成虫和一至四龄幼虫各1头，挑选三至四龄的大豆蚜若蚜，均放入培养皿（直径9 cm×高1.5 cm）中，将其移入人工气候箱（温度25 ℃，相对湿度65%）中饲喂。根据不同虫态和龄期设置不同猎物密度：一龄和二龄幼虫对应设置猎物密度为5、10、15、20、30和40头，三龄幼虫为5、10、20、30、50和70头，四龄幼虫和成虫为10、25、45、65、95和125头，每个处理重复15次，24小时后统计每个培养皿内的活蚜数，记录24小时的捕食量。

2.1.1.2　试验结果

在设置的大豆蚜6个不同密度梯度下，测定龟纹瓢虫成虫和幼虫的日平均最大捕食量，结果表明，成虫日平均最大捕食量为63.9头，一至四龄幼虫分别为9.7、16.3、38.7和77.8头（图7-8）。

2.1.2　黑背毛瓢虫日捕食量测定

2.1.2.1　试验方法

选取黑背毛瓢虫成虫和一至四龄幼虫各1头，挑选三至四龄的大豆蚜若蚜，均放入培养皿（直径9 cm×高1.5 cm）中，在实验室内自然温度27±3 ℃，相对湿度50%条件下饲喂。根据不同虫态和龄期预实验捕食量设置不同猎物密度：一龄幼虫和成虫对应猎物密度设置为5、10、15、20、25和30头，二龄和三龄幼虫为25、30、35、40、45和50头，四龄幼虫为30、35、40、45、50和55头，每个处理重复15次，24小时后统计每个培养皿内的活蚜数，记录各虫态24小时的捕食量。

2.1.2.2　试验结果

在设置的大豆蚜6个不同密度梯度下，测定黑背毛瓢虫成虫和幼虫的日平均最大捕食量，结果表明，成虫日平均最大捕食量为17.3头，一至四龄幼虫分别为16.3，32.7，34.8和43.7头（图7-9）。

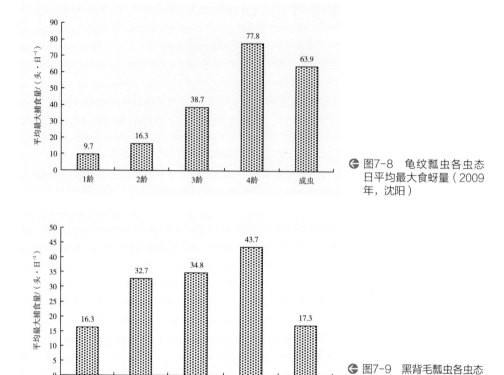

● 图7-8　龟纹瓢虫各虫态日平均最大食蚜量（2009年，沈阳）

● 图7-9　黑背毛瓢虫各虫态日平均最大食蚜量（2009年，沈阳）

2.1.3　微小花蝽日捕食量测定

2.1.3.1　**试验方法**

选取微小花蝽成虫及若虫各1头，挑选三至四龄的大豆蚜若蚜，均放入5 ml离心管中，将其移入人工气候箱（温度25 ℃，相对湿度65%）中饲喂。成虫和若虫对应设置猎物密度为10、15、20、25、30和35头，每个密度重复15次，24小时后统计每个离心管内的活蚜数，记录24小时的捕食量。

2.1.3.2　**试验结果**

在设置的大豆蚜6个不同密度梯度下，测定小花蝽成虫和若虫的日平均最大捕食量分别为21.3头和18.5头（图7-10）。

2.1.4　草皮逍遥蛛日捕食量测定

2.1.4.1　**试验方法**

选取草皮逍遥蛛成蛛1头，大豆蚜采自大豆田中的自然种群，且挑选高龄若蚜，均放入250 mL的烧杯里，烧杯上端加盖滤纸，在室内自然温度条件下饲喂。一个烧杯内放1头草皮逍遥蛛，大豆蚜密度梯度设为20、40、60、80、

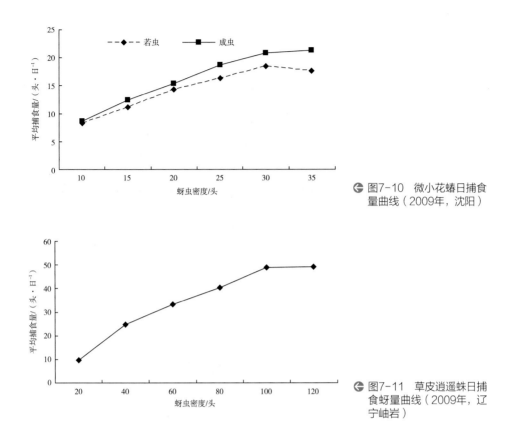

● 图7-10　微小花蝽日捕食量曲线（2009年，沈阳）

● 图7-11　草皮逍遥蛛日捕食蚜量曲线（2009年，辽宁岫岩）

100、120头。每组每个猎物密度6次重复，1个空白对照（无蜘蛛），24小时后统计每个烧杯内的活蚜数，记录24小时的捕食量。

2.1.4.2　试验结果

在设置的大豆蚜6个不同密度梯度下，测定草皮逍遥蛛成蛛日平均最大捕食量为49.2头，6个处理的平均日捕食量为34.3头（图7-11）。

2.1.5　三突花蛛日捕食量测定

2.1.5.1　试验方法

选取三突花蛛二至三龄若蛛1头，大豆蚜采自大豆田中的自然种群，且挑选高龄若蚜，均放入250 mL的烧杯里，烧杯上端加盖滤纸，在室内自然温度条件下饲喂。一个烧杯内放1头三突花蛛，大豆蚜密度梯度设为5、10、15、20、25、30头。每组每个猎物密度6次重复，1个空白对照（无蜘蛛），24小时后统计每个烧杯内的活蚜数，记录24小时的捕食量。

2.1.5.2　试验结果

在设置的大豆蚜6个不同密度梯度下，测定三突花蛛若蛛日平均最大捕食量为5.8头，6个处理的日平均捕食量为4.0头（图7-12）。

2.2　田间罩笼测定天敌的控蚜能力

田间罩笼（图7-13）定量测定异色瓢虫、草蛉、食蚜蝇、龟纹瓢虫、黑背毛瓢虫、蜘蛛等优势天敌的控蚜能力，为保护利用及天敌控蚜指标的确定提供依据。

2.2.1　田间罩笼测定异色瓢虫的控蚜能力
2.2.1.1　试验方法

选择田间有蚜的大豆植株，计数蚜虫量，清理植株上的天敌，按天敌与蚜虫的不同比例接上天敌，用50 cm×50 cm×120 cm（长×宽×高）的尼龙纱网养虫笼罩上，防止外来天敌入内。① 异色瓢虫成虫与蚜虫比例为1∶50、

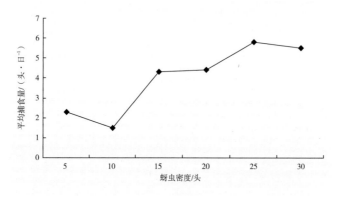

图7-12　三突花蛛幼蛛日捕食蚜量曲线（2009年，辽宁岫岩）

图7-13　田间罩笼测定天敌的控蚜能力试验（辽宁岫岩）
A. 试验区全景；B. 田间笼子的结构和安装

1：100、1：150、1：200、1：250；② 异色瓢虫幼虫与蚜虫比例为1：50、1：100、1：150、1：200、1：250。罩笼后每3天调查1次，调查3～5次，分别记载天敌和蚜虫数，计算蚜变系数、平均控蚜效果和控蚜数量。每处理3次重复，1次对照（无天敌）。

2.2.1.2　试验结果

① 异色瓢虫成虫控蚜效果　2009年7月3日异色瓢虫成虫罩笼试验，每3天调查1次，共调查5次，统计控蚜效果和控蚜量。结果表明，1：50、1：100、1：150、1：200、1：250处理，15日内平均控蚜效果分别75.47%、74.68%、57.08%、48.8%和47.17%；平均每头成虫控蚜量分别为38.47、75.39、87.30、93.94和119.81头（图7-14）。

② 异色瓢虫幼虫控蚜效果　2009年7月3日异色瓢虫幼虫罩笼试验，每3天调查1次，共调查3次，统计控蚜效果和控蚜量。结果表明，1：50、1：100、1：150、1：200、1：250处理，9日内平均控蚜效果分别75.90%、91.71%、79.62%、80.14%和60.77%；平均每头幼虫控蚜量分别为37.95头、96.30头、118.67头、158.68头和144.79头（图7-15）。

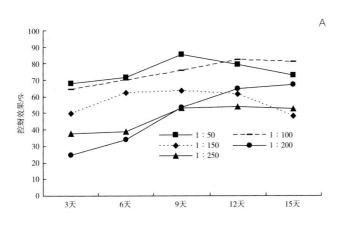

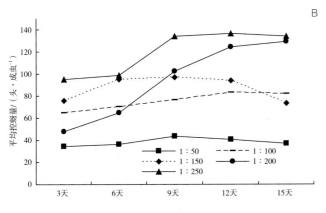

图7-14　异色瓢虫成虫田间罩笼控蚜试验（2009年, 辽宁岫岩）

A. 控蚜效果；

B. 平均每头控蚜量

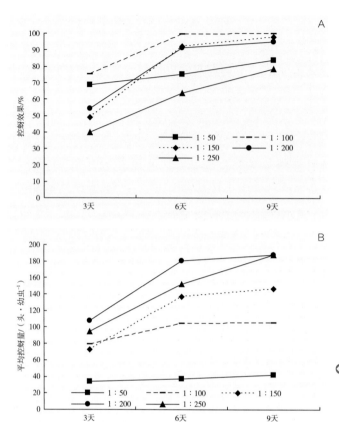

⊖ 图7-15　异色瓢虫幼虫
田间罩笼控蚜试验（2009
年，辽宁岫岩）
A. 控蚜效果；
B. 平均每头控蚜量

2.2.2　田间罩笼测定大草蛉的控蚜能力

2.2.2.1　试验方法

试验方法同2.2.1.1。但试验处理为：大草蛉幼虫与蚜虫比例为1∶30、1∶45、1∶60、1∶75、1∶90。

2.2.2.2　试验结果

2010年7月16日大草蛉幼虫罩笼试验，每3天调查1次，共调查3次，统计控蚜效果和控蚜量。结果表明，1∶30、1∶45、1∶60、1∶75、1∶90处理，9日内平均控蚜效果分别89.31%、87.60%、84.66%、76.68%和63.29%；平均每头幼虫控蚜量分别为26.79头、39.42头、50.79头、57.51头和56.96头（图7-16）。

2.2.3　田间罩笼测定天敌复合种群的控蚜能力

2.2.3.1　试验方法

试验方法同2.2.1.1。试验处理为：天敌复合种群是由异色瓢虫成虫1头、幼虫2头、草蛉幼虫2头、食蚜蝇幼虫2头组成，共折合为5个天敌单位，每个天敌单位与蚜虫比例为1∶50，1∶100，1∶150，1∶200，1∶250。

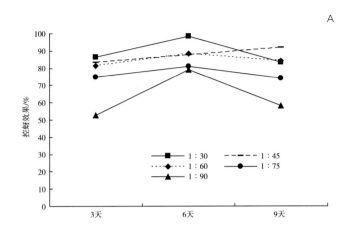

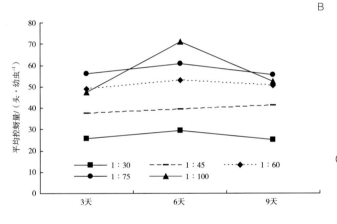

⊕ 图7-16　大草蛉幼虫田间罩笼控蚜试验（2010年，辽宁岫岩）
A. 控蚜效果；
B. 平均每头控蚜量

2.2.3.2　试验结果

2009年7月3日罩笼试验，每3天调查1次，共调查3次，统计控蚜效果和控蚜量。结果表明，每个天敌单位与蚜虫比例为1∶50、1∶100、1∶150、1∶200、1∶250情况下，其控蚜效果分别90.94%、82.04%、57.87%、50.34%和20.17%；平均每个天敌单位控蚜量分别为45.47头、95.71头、86.80头、105.71头和50.41头（图7-17）。

2.2.4　田间罩笼测定龟纹瓢虫控蚜能力

2.2.4.1　试验方法

2009年选择田间有蚜的大豆植株，清理植株上的天敌，用50 cm×50 cm×120 cm（长×宽×高）的尼龙纱网养虫笼罩上，防止外来天敌入内。试验设置瓢蚜比为1∶20、1∶30、1∶40、1∶50、1∶60五个处理，每处理设3次重复，1次对照。处理笼初始蚜量分别为80、120、160、200、240头，分别接入龟纹

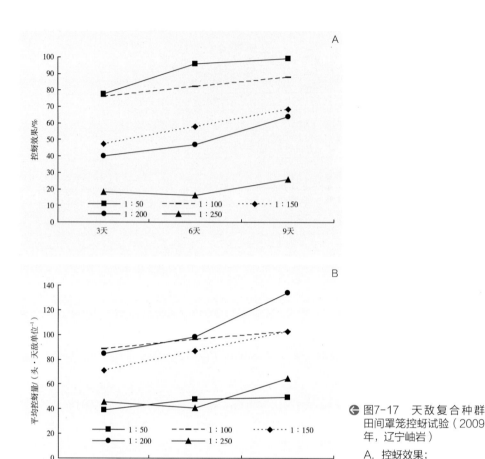

图7-17 天敌复合种群田间罩笼控蚜试验（2009年，辽宁岫岩）
A. 控蚜效果；
B. 平均每个天敌单位控蚜量

瓢虫2对（雌雄）。3天调查1次，调查4次，分别记载瓢虫和蚜虫数，统计控蚜效果。

2.2.4.2　试验结果

田间罩笼试验结果表明，龟纹瓢虫在田间活动迅速，搜索力强，捕食量较大，对大豆蚜具有明显作用。瓢蚜比1∶20、1∶30、1∶40、1∶50、1∶60处理，12日内平均控蚜效果分别78.13%、74.88%、33.90%、31.25%和12.85%，罩笼后3～12天内控蚜效果逐渐提高（图7-18）。

2.2.5　田间罩笼测定黑背毛瓢虫控蚜能力

2.2.5.1　试验方法

在大豆田随机选择适合虫量的大豆植株，罩虫笼，去除天敌，按瓢蚜比为1∶5、1∶10、1∶15、1∶20、1∶25的比例接入黑背毛瓢虫成虫，每笼放3头（2雌1雄）和对应比例的蚜量，每3天调查1次，或接入黑背毛瓢虫一龄幼虫，

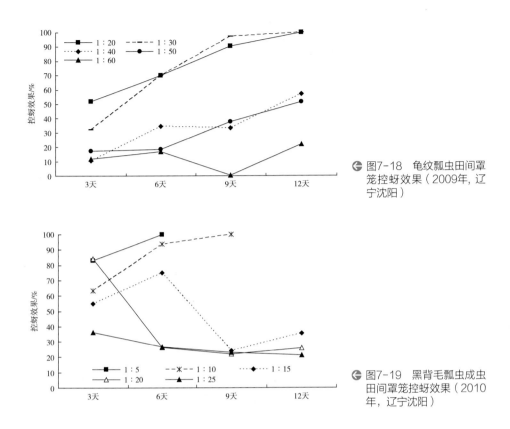

图7-18 龟纹瓢虫田间罩笼控蚜效果（2009年，辽宁沈阳）

图7-19 黑背毛瓢虫成虫田间罩笼控蚜效果（2010年，辽宁沈阳）

每笼放10头和对应比例的蚜量，每天调查1次，分别记载瓢虫数和蚜虫数。每个处理设5次重复，1次对照。

2.2.5.2 试验结果

① 黑背毛瓢虫成虫控蚜效果 田间罩笼试验结果表明，黑背毛瓢虫成虫具有一定的控蚜能力。瓢蚜比1：5，6天后笼内蚜虫全部被捕食，控害效果达100%；瓢蚜比1：10，笼内蚜虫9天后控害效果达100%，说明成虫对蚜虫的控制效果较好。敌蚜比1：15、1：20、1：25处理后，蚜虫数量呈上升趋势，12天内平均控蚜效果分别为47.5%、37.3%和26.4%。罩笼后3～12天内控蚜效果有一定的波动（王冰，2011；图7-19）。

② 黑背毛瓢虫幼虫控蚜效果 黑背毛瓢虫幼虫控蚜试验结果表明，接虫后由于幼虫处在低龄期，食量小，一般3天后，随龄期增大，食量亦增大，控蚜效果逐渐明显。瓢蚜比1：5处理，5天后控害效果已达96.84%；瓢蚜比1：10、1：15、1：20、1：25处理，接入瓢虫3天蚜量上升，3天后蚜量逐渐下降，第6天控害效果分别为87.39%、88.15%、92.64%、92.21%，由此可见幼虫具有明显的田间控蚜效果（王冰，2011；图7-20）。

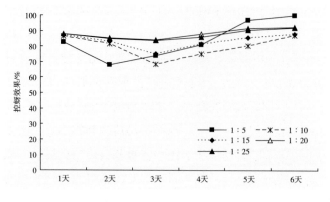

图7-20　黑背毛瓢虫幼虫田间罩笼控蚜效果（2010年，辽宁沈阳）

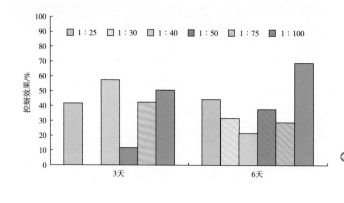

图7-21　草皮逍遥蛛田间罩笼控蚜效果（2009年，辽宁岫岩）

2.2.6　田间罩笼测定草皮逍遥蛛控蚜能力

2.2.6.1　试验方法

在试验田随机选择适合虫量的大豆植株，罩虫笼，去除天敌，按蛛蚜比为1:25、1:30、1:40、1:50、1:75、1:100的比例释放草皮逍遥蛛，每个处理设置4次重复1次对照。每笼内草皮逍遥蛛数量最多不超过3头。

2.2.6.2　试验结果

田间罩笼试验结果表明，草皮逍遥蛛食性较广，对大豆蚜的捕食专化性较低，仅有一定的控制作用，控蚜效果不稳定（图7-21）。在田间罩笼条件下，草皮逍遥蛛每蛛日均最大校正虫口减退数量是84.4头，6个处理的平均日校正虫口减退数量为50.6头。

2.3　自然天敌对大豆蚜的控制作用

2.3.1　试验区生态环境

辽宁东部岫岩试验区：岫岩县地处辽宁省东部山区，属于北温带湿润地区季风气候，年平均气温7.4 ℃，年降水量775～933 mm。境内山峦起伏，河川纵横。全县总面积45万hm²，其中山岭面积33.3万hm²，占总面积的74%；耕地面积5.6万hm²，占12.3%；河流面积1.8万hm²，占4%。总的自然地理概貌为"八山半水一分田，半分道路和庄园"。岫岩县植物资源十分丰富，全县林业用地30.2万hm²，森林覆盖率高达67.1%。据调查境内现存的野生及常见植物就有137科，1500余种，其中木本植物300余种，草本植物1200余种，植被覆盖率高。栽培的作物主要有玉米、花生、大豆、水稻、马铃薯等作物。生物多样丰富，农业生态系统相对稳定。丰富的植物资源为害虫和自然昆虫提供了充足的食物，而这些害虫和自然昆虫又是天敌的食料，当农田害虫种群处于低密度时，天敌可转移到农田周围的野生植物或山林中，取食、栖息和繁殖，以保持种群的数量。岫岩农田害虫主要天敌种类多，数量大。2003－2006年初步调查，岫岩农田中有9目，35科，约150种天敌。

辽宁西部建平试验区：建平县地处辽宁省西部山地丘陵区，属半湿润、半干旱季风型大陆性气候，全年平均气温7.6 ℃，年降水量平均614.7 mm，多集中在6－8月份，春秋两季多风易旱。全县总面积面积约49万hm²，山区面积占30.4%，丘陵面积占43.3%，平川面积占26.3%，耕地面积14.7万hm²，有大小河流12条。境内群山起伏，沟壑纵横，总的自然地理概貌为"六山一水三分田"。建平县森林面积21.3万hm²，森林覆盖率36%，拥有6.7万hm²人工沙棘林。栽培的作物主要有玉米、大豆、向日葵、甜菜、马铃薯、烟叶、小杂粮等作物。由于气候较干旱，植被覆盖率较低，生物多样性不够丰富，天敌资源较少，农业生态系统相对比较脆弱。

2.3.2　试验方法

2008－2010年5月21日至8月21日期间，分别在岫岩和建平试验区，采用系统调查方法，棋盘式样点取样10点，每点10株，做好标记，定点定株调查，5日调查1次，调查时分别记载蚜虫、天敌种类及各虫态的数量。试验区管理及农事操作按常规方法，不施用任何杀虫剂。

将系统调查获得的实验数据进行整理，由于天敌对大豆蚜的控制作用是多种天敌（复合种群）综合作用的结果，且天敌在田间的发生时期、数量、捕食量不同，统计分析时将各种天敌折合为天敌单位（日捕食120头大豆蚜折合为1个天敌单位），按调查日分别统计百株蚜量和百株天敌单位。对各年度的百株蚜量与百株天敌单位进行相关性分析，做出百株蚜量与百株天敌单位和百株蚜量与天敌单位占有蚜量的控蚜作用图。

2.3.3 试验结果

2.3.3.1 辽东地区自然天敌控蚜作用

将辽东地区2008－2010年试验数据分年度进行百株蚜量与百株天敌单位相关分析，结果为r_{2008}= 0.7532（$p < 0.001$），r_{2009}= 0.8077（$p < 0.001$），r_{2010}= 0.6709（$p < 0.01$），各年度百株蚜量与天敌单位相关极显著，说明天敌跟随紧密。

2008年　天敌6月6日迁入豆田后，7月6日前天敌跟随蚜虫波动，7月11日进入发生盛期，百株天敌单位从7月6日的16个增加到7月11日的171个，7月16日达到高峰时为293.1个，蚜虫与天敌单位比仅为48.7：1，迅速将蚜虫种群控制。百株蚜量由7月16日的14285头降至7月26日的6524头，全年蚜虫未达到防治指标（2.5万头/百株）（图7-22A，图7-23A）。

2009年　天敌出现早、数量大，全年各阶段天敌单位占有蚜量均低于100头，即使在蚜虫高峰日（7月26日），田间百株蚜量达到12020头时，蚜虫与天敌单位比也仅为92.8：1，天敌持续控制蚜虫，未达到防治指标（图7-22B，图7-23B）。

2010年　春季4－5月气温持续偏低，严重影响了天敌的生长发育和繁殖，天敌比常年晚10天左右；6月份气温偏高，降雨少，有利于蚜虫繁殖增长。因此，在6月21日至7月11日蚜虫上升期内，天敌单位占有蚜量为117～2001头，不足以控制蚜虫增长，导致蚜虫迅速上升。7月16日蚜虫达到高峰时百株蚜量达到81490头，天敌单位占有蚜量为197.5；5天后百株蚜量降至12148头，天敌单位占有蚜量为31.0，对峰期蚜虫具有明显抑制作用（图7-22C，图7-23C）。

2.3.3.2 辽西地区天敌自然控蚜作用

将辽西地区2008－2010年试验数据分年度进行百株蚜量与百株天敌单位相关分析，结果为r_{2008}= 0.7231（$p < 0.001$），r_{2009}= 0.8542（$p < 0.001$），r_{2010}= 0.7765（$p < 0.001$），相关呈极显著水平，说明天敌跟随紧密。

2008年　建平县豆田天敌出现较晚，蚜虫出现15天后天敌才陆续跟上，因此早期控制力弱，相反蚜虫繁殖速度快，蚜量上升快，7月6日大豆蚜达到高峰，蚜虫与天敌单位比高达2101.6：1；7月11日天敌达到高峰时，蚜虫与天敌单位比降为331.8：1；7月16日为206.1：1，之后蚜虫和天敌迅速下降（图7-24A，图7-25A）。

2009年　大豆田天敌出现较早，但数量很少，至7月21日，百株天敌单位只有20.1个，而百株蚜量已达到41006头，每个天敌单位占蚜量2040头，不能有效控制蚜虫增长，8月1日百株蚜量上升到72472头，酿成严重危害（图7-24B，图7-25B）。

2010年　大豆田天敌出现较早，但数量很少，不足以控制蚜虫。7月11、16、21日百株蚜量分别高达19万、21万、21万头，每个天敌单位占蚜量分别3110、1227和1295头，不能有效抑制蚜虫增长，酿成严重危害（图7-24C，图7-25C）。

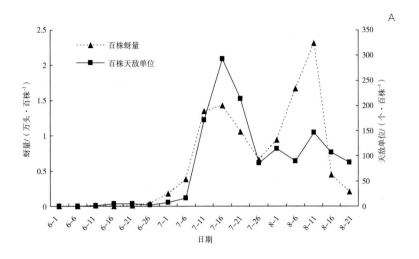

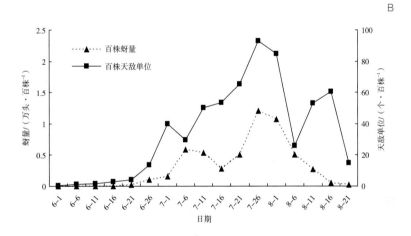

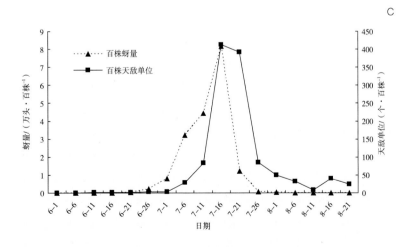

↑ 图7-22　天敌复合种群对大豆蚜的自然控制作用（辽宁岫岩）

A. 2008年；B. 2009年；C. 2010年

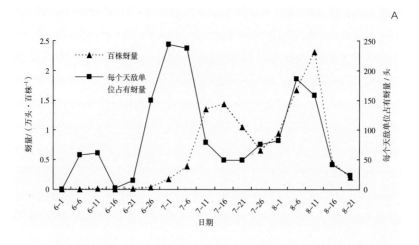

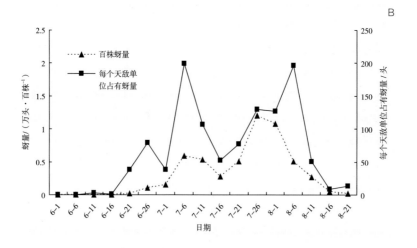

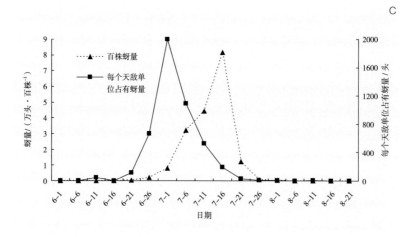

⬆ 图7-23　天敌单位占有蚜量与百株蚜量变化趋势（辽宁岫岩）

　　A. 2008年；B. 2009年；C. 2010年

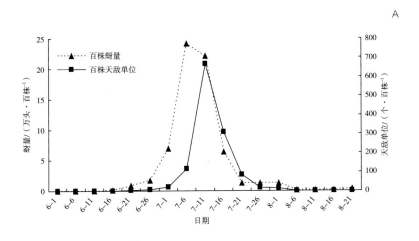

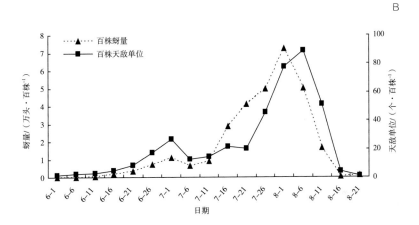

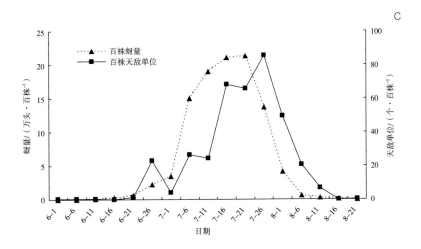

⬆ 图7-24　天敌复合种群对大豆蚜的自然控制作用（辽宁建平）

　　A. 2008年；B. 2009年；C. 2010年

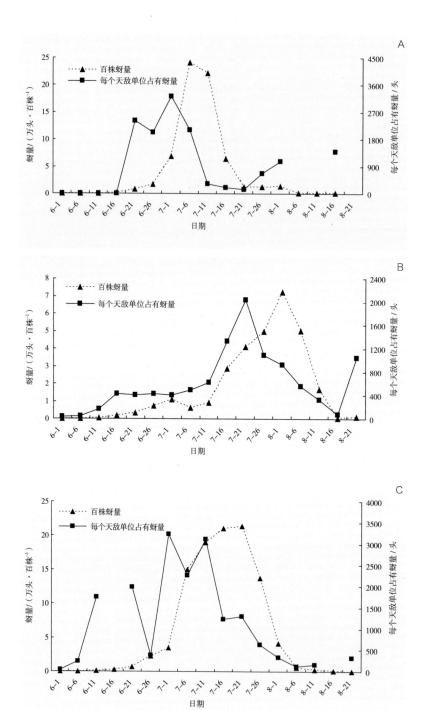

⬆ 图7-25 天敌单位占有蚜量与百株蚜量变化趋势（辽宁建平）
　　A. 2008年；B. 2009年；C. 2010年

综合分析表明：辽宁东部和西部地区，由于生态环境、气候特点不同，大豆蚜天敌种群数量及控蚜作用有明显差异。辽东地区植被覆盖率在80%以上，天敌资源十分丰富，雨量充沛，5－6月份的月平均气温14.2～21.1℃，平均相对湿度67%～85%。2008－2010年大豆蚜高峰期田间百株蚜量分别为1.2万、2.2万和8.1万头，只有2010年超过防治指标。而天敌表现为如下特点。一是迁入豆田早：大豆蚜迁入豆田后5天左右，天敌陆续跟随迁入，对蚜虫早期控制力较强，田间蚜虫数量少，波动期延长，种群上升速度慢；二是天敌数量多：辽东山区环境中的天敌数量多，迁入豆田数量大，尤其是优势天敌异色瓢虫一般在6月中旬就陆续迁入豆田，而且上升快，有效地控制蚜虫的田间扩散。三是天敌跟随蚜虫非常紧密：蚜虫高峰与天敌高峰重叠，天敌对峰前期和峰期蚜虫具有很强的控制作用，一般年份自然天敌可以将蚜虫控制在防治指标以下。与戴长春（2005）研究结果（大豆蚜数量8月7日达到最高点，天敌8月22日达到峰值）明显不同。

辽西地区是半干旱丘陵地区，植被覆盖率低，春季干旱少雨，气温较高。5－6月份月平均气温17.3～23.3℃，平均相对湿度42%～62%。2008－2010年大豆蚜高峰期田间百株蚜量分别为24万、7.2万和21万头，远远超过防治指标。而天敌表现为如下特点。一是田间天敌出现晚：迁入豆田比蚜虫晚10～15天，天敌对蚜虫早期控制力弱。二是天敌数量少：辽西地区环境中的天敌数量少，迁入豆田的异色瓢虫、龟纹瓢虫、黑背毛瓢虫等数量少，造成蚜虫种群急剧上升。三是天敌跟随较慢：天敌高峰滞后蚜虫高峰5天左右，而酿成严重危害。

试验还表明：一年内大豆蚜各种天敌田间出现时间有一定差异。一般6月初龟纹瓢虫、黑背毛瓢虫、蚜茧蜂、小花蝽和蜘蛛出现；6月中下旬异色瓢虫、七星瓢虫、食蚜蝇、草蛉出现，在田间繁殖一代后，大部分迁出豆田；8月上旬小花蝽、蜘蛛较多。值得说明的是辽宁大豆蚜及天敌高峰期一般在7月11－21日，此时大豆处于开花前期或初花期。7月下旬后由于高温、多雨，寄生菌、大豆植株老化、小型蚜出现及天敌的持续控制作用的等因素影响，一般蚜虫种群呈下降趋势，不会构成严重危害。因此，生产上应密切关注6月11日至7月21日期间蚜虫和天敌的种群动态（李学军等，2011）。

第 八 章

大豆蚜生物防治技术研究

1　抗（耐）蚜品种与天敌协同控蚜

2012－2015年选择辽宁地区推广的30个大豆品种，进行不同品种与天敌协同控蚜试验，观察在自然条件下不同品种与天敌协同控蚜效果，旨在筛选出具有一定抗（耐）蚜性大豆品种，同时发挥天敌的控蚜作用，以增强其控蚜效能。

1.1　2012－2013年不同大豆品种与自然天敌协同控蚜试验

1.1.1　试验方法

2012－2013年选择辽宁地区生产上主要推广的11个品种，包括开育13、沈农8号、丹豆11、丹豆13、铁豆36、8157、铁丰29、辽豆21、岫豆9411、东豆339和铁丰31，进行不同品种与天敌协同控蚜试验。试验设3个区组（3次重复），每个区组11个试验小区，每个小区面积36 m²，供式品种在区组内随机排列。试验区5月7－10日播种，田间管理与常规生产田一致。从田间初见蚜虫开始，直到蚜虫减退为止，分别在初见期、波动期、上升期、盛期等调查田间蚜量和天敌的种类和数量（图8-1）。

⬆ 图8-1　大豆抗（耐）蚜品种与天敌协同控蚜试验（辽宁岫岩）
　　A. 试验区；B. 试验小区

1.1.2　试验结果

　　2012年辽宁省大豆蚜属于轻发生年。发生时间比常年晚10天左右，波动期长，种群增长慢，而天敌迁入豆田与常年相同，且数量较大，一般田块发生盛期百株蚜量1万头以下。试验结果表明，在同一自然条件下，不同大豆品种的抗（耐）蚜性有一定差异，百株蚜量具有明显不同。由于天敌跟随蚜虫，在蚜虫比较集中的品种上，天敌数量相对较多。大豆蚜发生波动期（6月11-28日）调查，辽豆21相对感蚜，平均百株蚜量785头，是其他品种的4～40倍。大豆蚜发生上升期（7月6-13日）调查，辽豆21和岫豆9411品种上，尽管百株天敌单位分别为6.1和6.5个，百株蚜量为3452和778头，远低于常年，但蚜量仍是其他品种的几倍或几十倍。而丹豆11、开育13、沈农8号、丹豆13、铁豆36、8157和铁丰29品种百株蚜量明显偏低，表现一定的抗（耐）蚜性。由于蚜虫在这些品种上繁殖较慢、益害比均低于100，百株蚜虫不超过200头，可以看出不同品种与天敌协同控蚜作用明显（图8-2）。

　　2013年辽宁省大豆蚜属于偏轻发生年。田间初见蚜虫时间比常年晚10～15天，波动期长，种群增长慢；而天敌迁入豆田比常年晚5～10天，且数量较大，发生盛期平均百株蚜量不足1000头。

　　在大豆蚜发生波动期（6月18-30日）调查，铁豆36、开育13和沈农8号品种，平均百株蚜量分别为994.6、783.6和246.7头，是其他品种的30～100倍；平均每个天敌单位占有蚜量为344.8、568.7和48.9头，高于其他品种十倍至几十倍。波动期铁豆36、沈农8号和开育13的平均蚜株率分别为9.89%、8.44%和6.89%，平均百株窝子蜜株数分别为2.67、6.33和2.44株，蚜株率和窝子蜜株数均明显高于其他品种。

　　在大豆蚜发生上升期至盛期（7月7-21日）调查，铁丰31、开育13和沈农8号品种，平均百株蚜量分别为457、434和422头，蚜量是其他品种的1～3

倍；平均百株天敌单位升至12.6、19.6和10.2个，每个天敌单位占有蚜量为
37.3、24.2和58头。可以看出，虽然这些品种百株蚜量略高一些，但是天敌的
协同控蚜作用明显。铁丰29、8157、丹豆11、丹豆13和东豆339品种百株蚜量
均在330头以下，天敌数量大，益害比小，天敌协同控蚜作用明显（图8-3）。

　　试验结果分析表明，这两年大豆蚜发生偏轻，蚜虫繁殖慢、百株蚜量明显
偏低，但天敌数量相对较多，且田间移动性大，多集中在蚜虫密集的植株上，
控蚜作用明显，而不同品种的抗（耐）蚜性表现不稳定，其中铁丰29、8157、
丹豆11、丹豆13和东豆339品种田间百株蚜量很低与天敌协同控蚜效果良好。

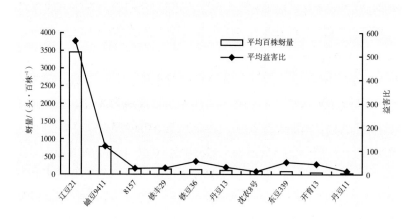

⬆ 图8-2　大豆蚜上升期不同品种与天敌协同控蚜结果（2012年，辽宁岫岩）
　　图中数据为7月6日和7月13日两次调查平均值

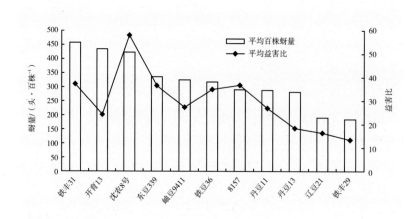

⬆ 图8-3　大豆蚜发生盛期不同品种与天敌协同控蚜结果（2013年，辽宁岫岩）
　　图中数据为7月7日，14日和21日三次调查平均值。

1.2　2014年不同大豆品种与自然天敌协同控蚜试验

1.2.1　试验方法

试验方法同1.1.1。

供试品种为辽豆15、辽豆33、辽豆34、辽豆35、辽豆36、丹豆12、丹豆15、丹豆16、铁丰30、铁丰37、东豆1号、东豆1201、中黄35、开创豆14和岫育豆1号共15个品种。

1.2.2　试验结果

2014年辽宁省大豆蚜属于轻发生。冬季温暖，春季气温回升快，5、6月份气温偏高，月平均温度分别为15.9 ℃和21.4 ℃，田间大豆蚜波动期短，种群增长快，但环境中的天敌出现也早，繁殖快，迁入豆田时间比常年早10天左右，且数量大，对苗期蚜虫具有明显的控制作用。

大豆蚜发生上升期，由于气温偏高，蚜虫快速进入上升期，蚜虫种群在不同品种上抗（耐）蚜性表现不同。6月18-28日两次调查结果表明，中黄35、辽豆36、铁丰30、丹豆15和铁丰37品种，平均百株蚜量分别为6640、5342、4752、4147和3298头，平均每个天敌单位占有蚜量分别为195.9、128.0、115.9、88.2和198.3头，蚜虫和天敌数量均高于其他品种几倍至十几倍。其他参试品种如辽豆33、东豆1号、东豆1201、丹豆12、辽豆34、开创豆14和岫育豆1号等品种，平均百株蚜量分别为342、392、434、769、1412、1781头；平均每个天敌单位占有蚜量分别为13、80.1、58.7、80.3和56.9头；蚜虫增长缓慢，天敌控蚜效果明显（图8-4）。

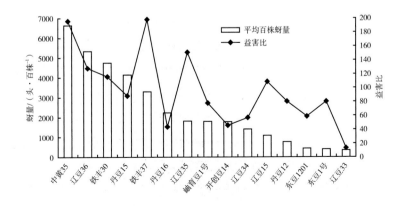

⬆ 图8-4　大豆蚜上升期不同品种与天敌协同控蚜结果（2014年，辽宁岫岩）
图中数据为6月18日和28日二次调查平均值

　　大豆蚜发生盛期，7月9-30日两次调查结果表明，铁丰37、中黄35、丹豆16和辽豆15品种，平均百株蚜量分别为4730、4707、4295和2465头，平均每个天敌单位占有蚜量分别为50.1、50.4、35和36.9头，蚜虫在天敌的可控范围内。但可看出铁丰37和中黄35蚜量仍然较高，丹豆16和辽豆15后期蚜量较高（图8-5）

　　从参试品种田间百株蚜量、益害比、蚜株率和小型蚜数量等综合分析，可以看出辽豆33、东豆1号、东豆1201、丹豆12、辽豆34、开创豆14和岫育豆1号等品种田间蚜量较低，天敌控蚜作用明显。

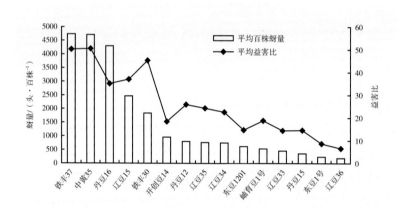

⬆ 图8-5　大豆蚜发生盛期不同品种与天敌协同控蚜结果（2014年, 辽宁岫岩）
　　图中数据为7月9日和30日二次调查平均值

1.3　2015年不同大豆品种与自然天敌协同控蚜试验

1.3.1　试验方法

　　试验方法同1.1.1。

　　供试品种共16个，其中辽豆15、辽豆33、辽豆34、辽豆35、辽豆36、丹豆12、丹豆15、东豆1号、东豆1201、中黄35、开创豆14和岫育豆1号，共12个品种为重复试验；辽豆37、辽豆38、辽豆40和丹豆18，4个品种为新增品种。

1.3.2　试验结果

　　2015年辽宁省大豆蚜属于偏轻发生。6月11日田间见蚜，比常年晚10天左右。5-6月份气温偏高，月平均温度分别为15.7 ℃和19.8 ℃，适合大豆蚜繁殖，但环境中的天敌出现早，繁殖快，对苗期蚜虫具有明显的控制作用，田间蚜虫种群持续低数量波动。

　　大豆蚜发生上升期至盛期，7月8日和7月22日两次调查结果表明，辽豆

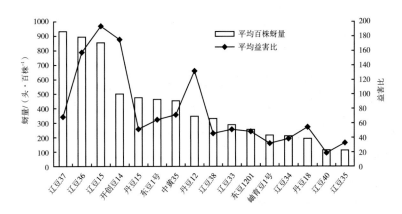

⬆ 图8-6　大豆蚜上升期至盛期不同品种与天敌协同控蚜结果（2015年，辽宁岫岩）
　　图中数据为7月8日和7月22日二次调查平均值

36、辽豆37和辽豆15品种，平均百株蚜量分别为932、895和855头，平均每个天敌单位占有蚜量分别为68.54、157.69和193.95头，蚜虫数量均高于其他品种约一至十倍。其他参试品种平均百株蚜量较低，平均每个天敌单位占有蚜量一般不超过百头，蚜虫增长缓慢（图8-6）。

从参试品种田间百株蚜量、益害比和小型蚜数量等综合分析，辽豆33、辽豆34、辽豆35、辽豆38、辽豆40、岫育豆1号、东豆1201、东豆1号、丹豆15和开创豆14等品种平均百株蚜量较低，天敌控蚜效果好。

综上所述，2012－2015年辽宁地区30个大豆品种，通过小区和年度重复试验，根据田间百株蚜量、蚜株率、窝子蜜、小型蚜和益害比等调查结果，初步分析发现，铁丰29、8157、开创豆14、东豆1号、东豆339、东豆1201、丹豆11、丹豆13、丹豆15、岫育豆1号、辽豆33、辽豆34、辽豆35、辽豆38和辽豆40等品种具有一定的抗（耐）蚜性，与自然天敌协同控蚜作用比较明显，生产上适当选用这些品种，在天敌的协同作用下可以收到较好的控蚜效果。

2　大豆不同栽培模式与天敌协同控蚜

大豆蚜天敌种类多，数量大，若采取有效的生态调控手段，充分发挥天敌的自然控制作用，是保护利用天敌的途径之一。田间大豆蚜发生早，世代短，繁殖快，种群上升快；而天敌跟随蚜虫，世代周期长，繁殖慢，种群增长慢。通过大豆与玉米间作或邻作栽培模式调控蚜虫与天敌的种群数量，探索保护利用天敌方法和提高天敌协同控蚜的效能。

2.1　大豆与玉米间作模式控蚜

2.1.1　试验方法

2008－2010年在辽宁东部岫岩县兴隆镇，选择3.3 hm²面积作为试验区（图8-7）。试验设计三种栽培模式，即清种大豆，大豆与玉米8：2和8：8间作（图8-8），每种模式种植1个小区，每个小区面积为0.6 hm²。播种时间5月8－12日，玉米比大豆提前1周播种。试验区不施用任何农药，田间管理达到当地上等管理水平。

⬆ 图8-7　大豆不同栽培模式对大豆蚜及天敌种群动态的影响试验田（2008－2010年，辽宁岫岩）

每年5月21日至8月21日，在三种栽培模式的试验区内，采用系统调查方法，棋盘取样10点，每点10株，做好标记，定点定株调查，5日调查1次，分别记载大豆蚜、天敌种类及各虫态的数量。

按不同栽培模式和调查日期统计百株蚜量、天敌种类和数量。为了便于比较，将调查所得的各种天敌数量折合为天敌单位（日捕食120头大豆蚜折合为1个天敌单位），对各年度的百株蚜量与百株天敌单位进行相关性分析，做出蚜虫与天敌种群数量（天敌单位）变动趋势图。

⬆ 图8-8　大豆不同栽培模式试验区
A. 清种大豆；B. 大豆与玉米8：2间作；C. 大豆与玉米8：8间作

2.1.2　试验结果

2.1.2.1　不同栽培模式大豆蚜及天敌数量变动趋势

试验结果表明，三种栽培模式（清种大豆、大豆与玉米8：2和8：8间作）大豆蚜及天敌发生时期及数量变动趋势虽有差异，但仍有明显的规律。大豆蚜一般5月末至6月初迁入豆田，天敌跟随迁入，6月中下旬为波动期。7月上旬气温升高，蚜虫迅速上升，瓢虫、草蛉、食蚜蝇等天敌处于产卵阶段。一般在

7月11-21日大蚜虫出现第一次高峰，天敌进入盛期，由于天敌的控制，蚜虫种群下降。此期蚜量的高低，决定大豆的受害程度。多数年份7月26日至8月6日出现第二次高峰，但个别年份延后或不明显。此期大豆植株高、小型蚜比例大（70%）及天敌、寄生菌等因子作用，蚜虫种群迅速下降，以后一直维持较低水平，不会构成危害。

（1）2008年大豆蚜及天敌数量变动趋势

2008年大豆蚜为轻度发生。三种栽培模式的大豆蚜及天敌数量变动有一定差异。将试验数据的百株蚜量与百株天敌单位相关分析，结果为$r_{2008清种}$=0.7532（$p < 0.001$），$r_{2008,8:2}$= 0.9419（$p < 0.001$），$r_{2008,8:8}$= 0.8340（$p < 0.001$），表明三种模式百株蚜量与天敌单位的相关性均达到极显著水平，说明天敌跟随紧密，天敌随蚜虫数量变化波动，并对蚜虫具有明显的控制作用。

三种栽培模式大豆蚜及天敌均出现两次高峰，7月11-21日为第一次高峰期，清种模式高峰日（7月16日）百株蚜量14285头，百株天敌单位高达293.1个；8:8模式高峰日（7月16日）百株蚜量和天敌单位分别为8721头和82.6个；8:2模式高峰日（7月11日）分别为6506头和54.8个。三种模式比较，清种有利于蚜虫迁入、定居和扩散，蚜量最高，吸引天敌数量多；间作模式中玉米对大豆蚜迁入和扩散有一定阻隔作用，田间蚜量较低，天敌数量相对较少。从大豆蚜第一次高峰期为主要危害阶段特点看，其危害程度为清种 > 8:8 > 8:2，表明间作模式有比较明显的控蚜作用。8月6-11日为第二次高峰期，清种模式高峰日（8月11日）百株蚜量和天敌单位分别为23116头和146.7个；8:2模式（8月6日）分别为22694头和209.8个；8:8模式（8月6日）分别为42621头和199.5个。8:8模式虽然蚜量偏高，因小型蚜比例大、天敌和寄生菌等综合因素作用，未构成危害（图8-9）。

（2）2009年大豆蚜及天敌数量变动趋势

2009年大豆蚜为轻度发生，是三年试验中最轻的一年。三种栽培模式大豆蚜及天敌数量差异较小。百株蚜量与百株天敌单位相关分析结果为$r_{2009清种}$=0.8077（$p < 0.001$），$r_{2009,8:2}$= 0.8815（$p < 0.001$），$r_{2009,8:8}$= 0.8027（$p < 0.001$），表明三种模式百株蚜量与天敌单位相关极显著，说明天敌跟随比较紧密，对蚜虫具有明显的控制作用。

2009年春季气温较高，4、5月份的月平均气温分别为10.1 ℃和17.2 ℃，有利于天敌的活动、取食和繁殖，天敌迁入豆田早，数量大，对早期蚜虫控制作用明显。三种栽培模式蚜虫与天敌数量变动趋势，7月21日前蚜虫始终处于波动、缓慢上升，蚜量较低，第一次高峰不明显。随着蚜虫种群不断增长出现第二次高峰，清种模式高峰日（7月26日）百株蚜量和天敌单位分别为12020头和

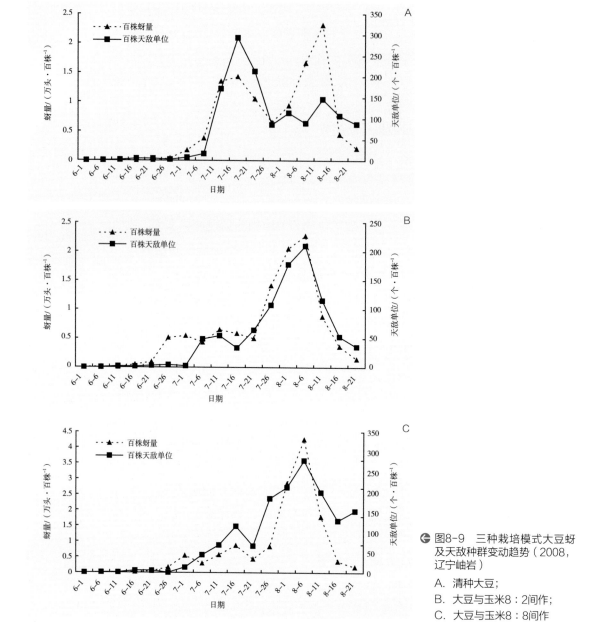

🌀 图8-9 三种栽培模式大豆蚜
及天敌种群变动趋势（2008，
辽宁岫岩）

A. 清种大豆；

B. 大豆与玉米8：2间作；

C. 大豆与玉米8：8间作

92.8个；8：2和8：8模式高峰日（8月1日）百株蚜量分别为31121和18449头，天敌单位分别为157.6和130.6个。试验表明，由于天敌前期控蚜明显，三种模式蚜虫发生程度均偏轻。虽然8：2模式后期蚜量略高，但此时蚜虫处于第二高峰期，未构成危害（图8-10）。

（3）2010年大豆蚜及天敌数量变动趋势

2010年大豆蚜为严重发生。百株蚜量与百株天敌单位相关分析结果为$r_{2010清种}$ = 0.6709（$p < 0.01$），$r_{2010, 8：2} = 0.7186$（$p < 0.01$），$r_{2010, 8：8} = 0.6045$（$p < 0.05$）。

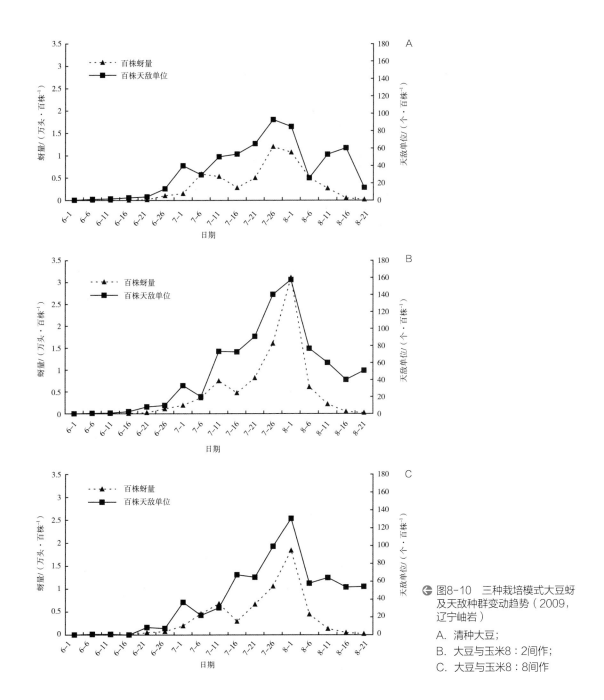

图8-10　三种栽培模式大豆蚜及天敌种群变动趋势（2009，辽宁岫岩）

A. 清种大豆；

B. 大豆与玉米8：2间作；

C. 大豆与玉米8：8间作

表明8：8模式相关显著，清种和8：2模式相关极显著，天敌跟随比较紧密，对蚜虫具有较好的控制作用。

　　2010年春季气温偏低，4月份平均气温6.5 ℃，比常年低3.5 ℃；6月16日田间初见天敌，比常年晚10天左右。6月份高温干旱，利于蚜虫繁殖增长。三种栽培模式大豆蚜及天敌数量变动差异明显。第一次高峰期（7月16-21日）突出，清种模式蚜虫高峰日（7月16日）比间作模式早5天，百株蚜量高达81490

头，天敌单位412.7个；8∶2和8∶8模式高峰日（7月21日）百株蚜量分别为13486和27192头，天敌单位分别为138.7和140.3个；三种模式相比，清种模式高峰日蚜量最高，是8∶2模式蚜量的6.04倍，8∶8模式的3倍；天敌单位数量为清种＞8∶8间作＞8∶2间作。清种田蚜量超过防治指标，而间作田未达到防治指标，表明间作模式与天敌协同控蚜作用明显。由于天敌的持续作用，第二次高峰则未出现（图8-11）。

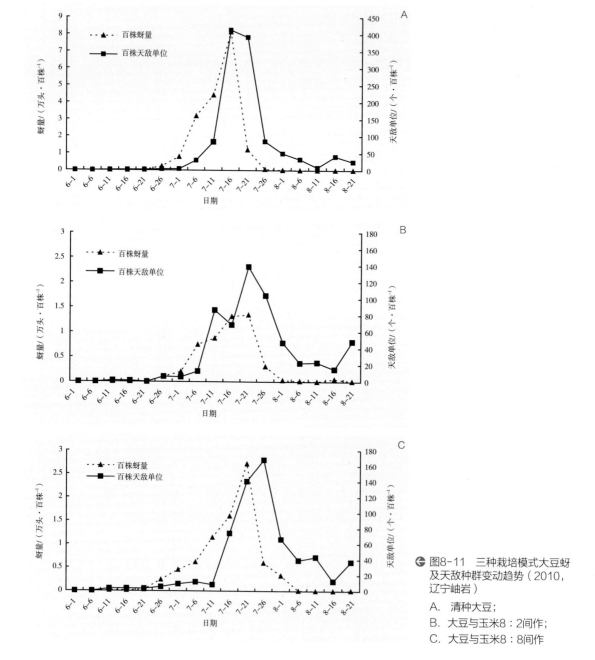

图8-11　三种栽培模式大豆蚜及天敌种群变动趋势（2010，辽宁岫岩）

A. 清种大豆；
B. 大豆与玉米8∶2间作；
C. 大豆与玉米8∶8间作

2.1.2.2 不同栽培模式天敌对峰期蚜虫的控制作用

① 高峰期平均百株蚜量和天敌单位数量比较 分年度在不同栽培模式的两个高峰期内，各取3次调查数据，进行峰期平均百株蚜量和平均天敌单位数量比较（图8-12）。轻发生年份（2008，2009）：第一次高峰期三种模式平均百株蚜量（0.4万头~1.3万头，清种＞间作）低，天敌单位数量（51~226个）相对较多，控蚜作用明显。第二次高峰期平均百株蚜量上升（0.9万头~2.7万头，间作＞清种），天敌单位为67~165个，大豆均未明显受害。重发生年（2010）：第一次高峰期清种模式平均百株蚜量4.6万头，天敌单位数量（296个）相对较少，酿成危害；而8：2和8：8模式蚜量（1.2万和1.8万头）低，天敌单位数量（98和74个）相对多，未构成危害。表明间作模式蚜虫增长缓慢，天敌效能高，间作与天敌协同控蚜效果明显。第二次高峰期：蚜量很低，不足以危害。

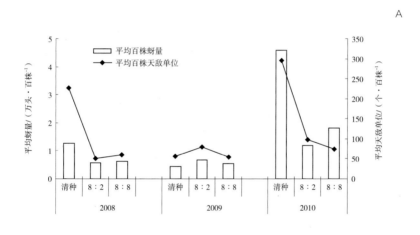

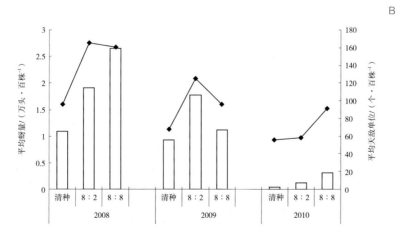

⬆ 图8-12 高峰期平均百株蚜量和平均百株天敌单位比较（2008-2010年，辽宁岫岩）
A. 第一次高峰7月11-21日；B. 第二次高峰7月26日至8月6日
图中数据为高峰期三次调查数据的平均值

　　② 高峰期平均百株蚜量和平均天敌单位占有蚜量比较　分年度在不同栽培模式的两个高峰期内，各取3次调查数据，进行峰期平均百株蚜量和平均每个天敌单位占有蚜量（害益比）比较（图8-13）。轻发生年份（2008，2009）：第一次高峰期平均每个天敌单位占有蚜量较低（56～113头），控蚜效果好，大豆基本不受害；第二次高峰期天敌单位占有蚜量虽有提高（112～164头），但仍在控制范围内。重发生年（2010）：第一次高峰期，清种模式尽管平均天敌单位占有蚜量155头，但因高温干旱，蚜虫种群迅速上升，天敌不足以控制蚜虫的增长，平均百株蚜量高达4.6万头，大豆受害严重；而8:8模式天敌单位占有蚜量较高（245头），但蚜虫增长较慢，百株蚜量仅1.8万头；8:2模式天敌单位占有蚜量低（120头），百株蚜量仅1.2万头，表明间作模式与天敌协同控蚜效果明显。第二次高峰期，由于天敌等因子综合作用，天敌单位占有蚜量仅7～34头。

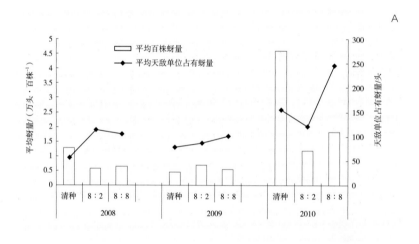

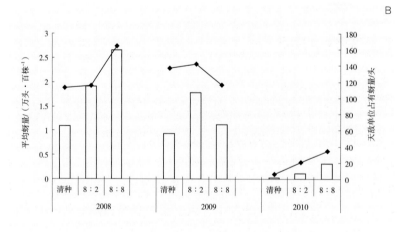

🔼 图8-13　高峰期平均百株蚜量和平均天敌单位占有蚜量比较（2008-2010年，辽宁岫岩）
　　A. 第一次高峰7月11-21日；B. 第二次高峰7月26日至8月6日；
　　图中数据为高峰期三次调查数据的平均值

综合分析表明，大豆蚜第一次高峰期（7月11-21日）为主要危害期，此期大豆苗期至分枝期，植株矮小、幼嫩，蚜量高，表现受害严重。清种模式有利于蚜虫迁入、定居和扩散，蚜量高，危害重；而间作模式玉米植株较高，对蚜虫迁入和扩散有一定阻隔作用，同时玉米植株又是瓢虫等天敌栖息和隐蔽场所，尤其是阴雨天，部分天敌转移到玉米叶心或叶背隐藏，有利于天敌生存。因此，间作田初期蚜量低，波动期长，上升缓慢，蚜量低，大豆受害轻。

第二次高峰期（7月26日至8月6日）是大豆开花和结荚期，此期大豆蚜发生和为害表现四个特点。一是植株生长快、下部叶片逐渐老化，植株抗（耐）蚜性明显提高；二是小型蚜繁殖盛期，其比例一般占总蚜量的70%以上；三是进入雨季，高温高湿有利于寄生菌的侵染、传播蔓延，一般寄生率为10%~30%；四是田间草蛉、食蚜蝇和小花蝽等天敌数量较大，控蚜作用明显。因此尽管第二次高峰期有时蚜量偏高，但在天敌等因素的综合控制作用下，蚜虫种群数量迅速下降。

各年度间大豆蚜的发生程度不同，三种栽培模式对大豆蚜的控制作用也有差异。轻发生年（2008，2009）第一次高峰期三种栽培模式平均百株蚜量低（0.4万~1.3万头，清种＞间作），天敌单位数量较高（51~226个），天敌控蚜作用均比较明显；第二次高峰期平均百株蚜量上升（0.9万~2.7万头，间作＞清种），由于天敌等因素综合作用，大豆均未明显受害。重发生年（2010）第一次高峰期清种模式平均百株蚜量高达4.6万头，分别是8∶2模式的3.8倍和8∶8模式的2.6倍，天敌不足以控制蚜虫的增长，酿成危害；而间作模式蚜虫增长缓慢，蚜量低（1.2万，1.8万头），天敌效能高，表明间作模式与天敌协同控蚜效果明显。

2.2 大豆与其他作物邻作控蚜

2.2.1 与玉米邻作

辽宁全省普查表明，辽宁地区大豆主要是分散种植，一家一户的农民种植大豆面积较小，大豆带宽一般10~30垄不等，这就自然形成了大豆与玉米，大豆与花生，大豆与谷子，大豆与果树等邻作形式。2011年7月在岫岩县大豆与玉米邻作田调查，大豆百株蚜量1.44万头，百株天敌单位97.2个；而清种田大豆百株蚜量2.12万头，百株天敌单位60.3个。康平县大豆与玉米邻作田调查，大豆百株蚜量0.19万头，百株天敌单位36个；而清种田大豆百株蚜量0.25万头，百株天敌单位19.5个。可以看出邻作田百株蚜量低，而天敌数量多，邻作有利于发挥天敌的作用。

2.2.2　大豆与紫花苜蓿邻作

大豆田周边的空闲地种植紫花苜蓿带，紫花苜蓿上天敌出现早，数量大，割除苜蓿，促使天敌转移到大豆田，为大豆田提供一定的天敌数量。据调查，紫花苜蓿一般4月发芽，天敌从越冬场所出蛰后陆续迁入到苜蓿上寻找食物，随着气温的回升，苜蓿蚜虫繁殖加快。6月5日－10日天敌达到高峰期，6月10日调查，百株苜蓿有瓢虫66头，食蚜蝇16头，蚜茧蜂66头，小花蝽2头。天敌在苜蓿完成一代，6月15日后，就近天敌转移到豆田，此时正是大豆蚜发生的波动和上升期。因此，有条件的地方，可在大豆田周围空闲地种植苜蓿吸引蚜虫天敌，可增加豆田的天敌数量。

2.3　其他农业措施与天敌协同控蚜

2.3.1　适时早播种

调查表明，大豆适时早播可以减轻蚜虫的危害。大豆早播种，早出苗，生长健壮，利于天敌隐蔽和栖息；植株老化早，小型蚜出现早，可以提高耐蚜性，减轻危害。

2.3.2　适量施用肥料

大豆是养地作物，但要获得高产，必需适量施用农家肥或少量化肥，才能生长健壮，提高抗蚜力，减轻危害。试验表明，大豆试验区内，每亩施用10 kg NPK复合肥，大豆植株生长健壮，表现一定的田间耐害性。

3　保护和利用天敌的途径和方法

3.1　保护利用枫杨上的蚜虫天敌

3.1.1　枫杨的分布和数量

枫杨Pterocarya stenoptera是落叶乔木类树木，俗名为元宝树、平杨柳、麻柳树、水麻柳、枫柳、蜈蚣柳等。枫杨喜阳光、耐水湿、耐寒、根深、叶茂、生长迅速，适于河床两岸低洼湿地生长，是保护河岸、堤坝、城市绿化的优良树种（图8-14）。

3.1.1.1　枫杨分布

枫杨原产中国，现广泛分布于欧洲、美洲和亚洲地区。国内分布于河南、北京、山东、江苏、浙江、湖北、辽宁等地。

↑ 图8-14 枫杨
A. 枫杨林; B. 枫杨树; C. 树枝和叶片; D. 花序; E. 种子

2008-2011年，分别对辽宁省的沈阳、鞍山、辽阳、大连、营口、丹东、铁岭、朝阳、阜新、锦州、葫芦岛、盘锦、抚顺和本溪14个市进行了枫杨的分布调查。结果表明，辽宁省枫杨主要分布于辽宁东、南部地区，包括大连、丹东、鞍山、营口、本溪、抚顺等地。

辽宁东、南部地区枫杨数量很大。枫杨喜欢比较温暖、湿润的生活环境，大多分布在河流、溪流两岸，是河流护岸固堤的优良树种。辽宁东、南部地区多为山区和丘陵地区，雨量充沛、气候适宜，适于枫杨的生长，因此这些地区的沿河、溪流两岸枫杨较多（表8-1）。

表8-1 辽宁地区枫杨主要分布情况调查（2008-2011年，辽宁）

序号	分布地区	分布市（县）	数量	备注
1	沈阳	东陵	+	
2	大连	庄河	+++	全境
		普兰店	++	
		瓦房店	++	东部
3	鞍山	岫岩	+++	全境
		海城	++	东部
4	丹东	凤城	+++	全境
		宽甸	+++	全境
		东港	++	全境
5	本溪	本溪	++	全境
		桓仁	++	
6	营口	盖州	+	东部

注：+零星，++较多，+++多

3.1.1.2　枫杨树的数量（以岫岩为例）

岫岩县位于北纬40°～40°39′，东经122°52′～123°41′，北温带湿润地区季风气候，年平均气温7.4 ℃，年平均降雨量775.8～933.8 mm。全县总面积45万hm²，其中山岭面积33.3万hm²，占总面积的74%；耕地面积5.6万hm²，占12.3%；河流面积1.8万hm²，占4%。岫岩境内沟谷交错，河流纵横，有500多条溪流交错迂回在大小山岭之间，汇集成13条支流河，这13条支流河又汇成东洋河和哨子河两大干流，再汇合组成大洋河水系出境流入黄海。境内河流总长882 km。

调查表明，枫杨是多年生高大乔木，种子可以靠风力自然传播，落地、自生繁殖，一般不用人工栽植，可以在河岸自然成林。岫岩县非常适合枫杨的生长，现有枫杨树龄多则40～50年，少则1～2年。2012年经普查估算，岫岩县枫杨林总面积约1.47万hm²，近300万株枫杨树。

3.1.2　枫杨刻蚜

枫杨刻蚜 *Kurisakia onigurumii* Shinji是枫杨的"蜜虫"，也是枫杨常发性害虫之一，每年都有不同程度的发生。枫杨刻蚜具有发生早、耐低温、繁殖快、蚜体鲜嫩、吸引瓢虫能力强等特点。观察得知，每年的5月下旬至6月上旬，枫杨树下部每片叶子上有成百至数百头蚜虫，这些蚜虫是天敌取食、繁殖的天然优质食料。

3.1.2.1　形态特征

无翅孤雌蚜　体长卵形，体长2.1 mm，体宽1.0 mm。活体浅绿色，胸部、腹部背板有2条淡色纵带向外分射深绿横带。玻片标本体淡色，无斑纹，除触角末节灰色外，其他附肢淡色。体表光滑，头部、胸部微显褶纹。中胸腹岔淡色有短柄。头顶呈弧形，触角5节，有小刺突横纹，全长0.83 mm，为体长的0.38倍；节Ⅰ～Ⅴ长度比：18∶19∶100∶40∶42+10；喙端部稍超过中足基节，节Ⅳ+Ⅴ尖锥形，长为基宽的2.4倍。足有刺突横瓦纹；后足股节长0.43 mm，为触角节Ⅲ的1.2倍；后足胫节长0.64 mm，为体长的0.31倍。腹管截断状，围绕腹管有刚毛6或7根。尾片末端圆形，有小刺突横纹，有毛10或11根。尾板末端平圆形，有长短刚毛20～23根（姜立云等，2011；图8-15A）。

有翅孤雌蚜　体长椭圆形，体长2.3 mm，体宽0.82 mm。活体头部、胸部黑色，前胸稍淡，有1对黑斑，腹部绿色，有黑斑，缘斑外突。玻片标本头部、胸部、触角、缘瘤、腹管黑色；足和尾片灰黑色；腹部淡色。腹部背片Ⅰ～Ⅳ各有中斑1对，背片Ⅴ、Ⅵ各中斑呈宽横带，背片Ⅴ有小侧斑，背片Ⅶ有1个窄横带，背片Ⅷ有1个窄横带横贯全节。背片Ⅰ～Ⅶ各有小缘斑。触角

5节，全长0.91 mm，为体长的0.40倍；节Ⅲ长0.42 mm，节Ⅰ~Ⅴ长度比例：13∶15∶100∶44∶37+11；节Ⅲ、Ⅳ分别有长宽形次生感觉圈：14~17, 0~2个，节Ⅲ次生感觉圈分布全长。喙端部不达中足基节，节Ⅳ+Ⅴ长尖锥形，长为基宽的2.5倍。后足股节长0.45 mm，与触角节Ⅲ约等长；后足胫节长0.85 mm，为体长的0.37倍。活体翅平覆于背面，前翅中脉1分叉，翅脉镶窄灰黑色边，亚前缘脉有短毛30~42根。腹管截断状，长为基宽的0.5倍，围绕腹管有长毛10或11根。尾片馒形，有微刺突横纹，有毛14或15根。尾板末端圆形，有毛21~27根。生殖板骨化，有毛22~26根（姜立云等，2011；图8-15B）。

夏型蚜　小型越夏蚜均为若虫，被有蜡壳，体长0.63 mm，腹部扁平，分节明显。玻片标本淡青色，前胸两端有2个网状方形黑斑，中胸有1对浅色方型中斑，腹部各节有深色缘斑。身体周缘均匀分布有栉状，其中头部有8个栉状体，触角第Ⅰ节各有1个栉状体，前足、中足各足均有6个栉状体，腹部周缘28个栉状体。蜡片与叶片紧密相贴（李友莲和张利军，2008；图8-15C，D）。

3.1.2.2　生物学特性

危害性　枫杨刻蚜以刺吸口器取食枫杨的嫩芽、嫩叶、嫩枝，春季可使新枝叶片皱缩、背卷，影响其生长发育。枫杨刻蚜一般在4月下旬初见，5月份繁殖最快，6月中旬以前对枫杨幼枝和幼叶为害较重。由于瓢虫、食蚜蝇等天敌的控制作用，6月下旬后蚜虫急剧下降。7月后以夏型蚜为主，枫杨逐渐恢复，

↑ 图8-15　枫杨刻蚜

A. 无翅蚜；B. 有翅蚜；C. 夏型蚜；D. 夏型蚜

⬆ 图8-16 枫杨刻蚜
   A. 为害状； B. 蚜体鲜嫩

一般不会对枫杨构成严重危害（图8-16）。

　　天敌食料　枫杨刻蚜是早春蚜虫天敌的优质食料，其特点：一是枫杨刻蚜春季耐低温，出现早，繁殖快。一般4月下旬就开始繁殖，而此时其他植物上蚜虫很少，越冬出蛰的天敌处于饥饿状态，急需寻找食物，所以很快就找到枫杨了。二是枫杨刻蚜个体大，蚜体鲜嫩，营养丰富，适合瓢虫、食蚜蝇等天敌捕食。取食枫杨刻蚜的瓢虫，产卵多、卵块大。2008年6月5日调查，枫杨树上越冬代瓢虫卵块卵粒最高42粒，最低16粒，平均28.8粒，而杂草如凤苞菊，蒿草上的瓢虫平均每块卵粒只有18粒。枫杨树上瓢虫幼虫营养充足，蛹的个体明显比杂草上的大。

　　生活周期　枫杨刻蚜在一年中的发生过程：枫杨刻蚜在枫杨树上越冬，第二年春季4月中下旬枫杨树萌芽时，越冬蚜虫开始繁殖，产生仔蚜，随着气温的升高，蚜虫种群迅速增长。5月下旬至6月上旬达到高峰，6月中旬下降。7月初气温升高，叶片老化，春型蚜减少，产生夏型蚜，一直到秋季10月上旬后，陆续越冬（图8-17）。

3.1.2.3　发生规律

　　多年观察表明，枫杨刻蚜是枫杨常发性害虫之一，每年都有不同程度的发生，其发生轻重主要受温度、湿度、降水和天敌等因素影响。

　　2013年发生特点　2012年冬季（2012.11－2013.4）气温偏低，是近50年有气象记录以来冬季气温最低的一年。2013年3月下旬至4月中旬，旬平均气温仅0.7～6.3 ℃，比常年低1.5～2 ℃，持续低温对枫杨刻蚜春季解除滞育、取食生长繁殖极为不利。物候期观察，春季山桃开花时间比常年晚20天左右。因此枫杨刻蚜出蛰偏晚，繁殖慢，蚜量少。据调查，4月下旬至5月初，越冬蚜虫开始取食繁殖，产生仔蚜。5月10日调查，枫杨叶片可见到一代仔蚜，枫杨树下部平均每片复叶有蚜虫1.3～2.4头，是越冬蚜虫产仔盛期。随着气温的升高，蚜

冬季枫杨　　　　　　　　春季萌芽　　　　　　　　4月末越冬后蚜虫产仔

越冬态
不明

春季枫杨

夏型蚜　　　　　　夏季枫杨树　　　　　　无翅孤雌蚜　　　　有翅孤雌蚜

⬆ 图8-17　枫杨刻蚜一年发生过程

虫种群迅速增长。5月下旬至6月上旬进入繁殖盛期，5月30日、6月9日调查，枫杨树下部平均每复叶分别有蚜虫47.5头和112头。

　　2014年发生特点　由于2013年冬季（2013.11－2014.3）气温较高，2014年3月21－25日，平均气温达到11.6 ℃，比常年高2.8 ℃；4、5月份平均气温分别为12.1和15.9 ℃。物候期观察，春季山桃开花时间比常年早7天左右。持续升温对枫杨刻蚜解除滞育、取食生长繁殖非常有利，因此枫杨刻蚜出蛰早，繁殖快，蚜量高。据调查，3月31日岫岩县枫杨刻蚜已经出蛰，开始产仔蚜，平均每片复叶0.8头。4月至5月间气候适宜，蚜虫迅速增长，5月8日调查，枫杨树下部平均每片复叶有蚜虫68头，每株树有瓢虫成虫3～5头，并开始产卵。5月27日调查，平均每片复叶有蚜虫141头。随着气温的升高，瓢虫种群迅速增长，5月下旬瓢虫幼虫进入高峰，6月初大批瓢虫幼虫陆续转移到树下杂草、石块等适宜场所化蛹，6月8日进入化蛹高峰，比常年提前12～15天，这对大豆蚜虫早期控制具有重要作用。

　　2015年发生特点　2015年3月下旬，平均气温4.7 ℃，物候观察3月26日山桃开花，与常年大体相同。据调查4月3日岫岩县枫杨刻蚜尚未出蛰，比2014

年晚约10天。4月下旬至5月间气候适宜，蚜虫迅速增长，5月14日调查，岫岩仙人咀、老爷庙、前营子镇枫杨树下部平均每片复叶有蚜虫分别为33.02、29.74、56头，50片复叶有瓢虫成虫1~7头，正在交尾，待产卵。随着气温的升高，6月上旬瓢虫幼虫进入高峰，6月中旬大批瓢虫幼虫陆续转移到树下杂草、石块等适宜场所化蛹，6月20日进入化蛹高峰，与常年大体一致。

3.1.3　枫杨上的蚜虫天敌种类和数量

枫杨上的蚜虫天敌主要有异色瓢虫、七星瓢虫、黑带食蚜蝇、印度细腹食蚜蝇、大灰优食蚜蝇、大草蛉、蚜茧蜂、蜘蛛等十几种，其中约90%是异色瓢虫（图8-18，图8-19）。

← 图8-18　枫杨树上的异色瓢虫
　A. 成虫；B. 成虫交尾和产卵；
　C. 幼虫；D. 蛹

↑ 图8-19　枫杨树上的黑带食蚜蝇
　A. 成虫；B. 幼虫；C. 蛹

枫杨培育的蚜虫天敌不但种类多，数量也很大，是大豆蚜的重要天敌资源库。调查表明越冬出蛰后的蚜虫天敌首先迁移到枫杨树上，以枫杨刻蚜为食，取食后产卵、繁殖大量的瓢虫、食蚜蝇等天敌。枫杨树上少部分瓢虫幼虫在叶片或树干上化蛹，大部分老熟幼虫在枫杨树下的杂草、石块上等处化蛹。据抽样调查估算，一般每年每棵枫杨可繁殖瓢虫少则十几头、几十头，多则几百头、上千头（详见枫杨林天敌繁殖基地调查结果；图8-20）。

3.1.4 枫杨上的天敌对农田蚜虫的控制作用

通过10年的观察和试验，明确了枫杨培育的天敌可以转移到农田里，且枫杨林的天敌迁飞时间与大豆蚜、蔬菜蚜、果树蚜虫发生时间吻合，枫杨林的天敌数量与农田天敌数量密切相关，对大豆蚜具有明显的控制作用。

3.1.4.1 枫杨上的瓢虫与大豆蚜发生时空吻合

枫杨培育的天敌与田间大豆蚜发生时空吻合，相关密切，是田间大豆蚜天敌的主要来源。调查表明，越冬瓢虫4月上中旬陆续出蛰，转移到山林、树木（枫杨、榆树等）、果树和杂草等有蚜虫的植物上，5月下旬至6月上旬为瓢虫产卵盛期，6月中旬为瓢虫化蛹盛期，中下旬为羽化盛期，羽化的瓢虫成虫陆续迁入大豆田，此时恰好是大豆蚜发生初期和窝子蜜形成期。枫杨上的瓢虫羽化高峰后推5~10天，也是大豆田瓢虫迁入最快的时期。6月下旬是枫杨瓢虫迁飞期，岫岩县约80%以上的耕作面积种植玉米，此时玉米处于苗期，没有蚜虫发生，而果树和蔬菜田面积很小，所以瓢虫优先迁入大豆，大豆田瓢虫的数量较大。

3.1.4.2 枫杨上瓢虫对大豆田瓢虫数量的影响

通过对辽宁东部岫岩县和西部建平县观测数据统计结果表明，环境中天敌数量与迁入大豆田的天敌数量关系密切。岫岩县生态环境好，枫杨树面积大，

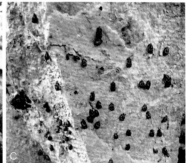

↑ 图8-20 枫杨上的瓢虫化蛹场所
A. 树干上化蛹；B. 树下杂草上化蛹；C. 树下石块上化蛹

自然天敌丰富，天敌转移速度快，在大豆蚜发生波动期，迁入豆田的数量多，迁入时间与大豆蚜发生初期延后3～5天；而建平县生态环境较脆弱，植被少，无枫杨树，自然天敌少，天敌迁入豆田数量少，且滞后10～15天。

研究表明，早春枫杨刻蚜数量直接影响瓢虫数量，从而影响豆田天敌数量。早春（4–5月）气温较低的年份，枫杨刻蚜繁殖较慢，瓢虫等天敌出蛰后，由于食料不足，部分瓢虫因缺乏食料未完成一代，导致6月中下旬环境中瓢虫减少，迁入豆田的数量减少。早春气温较高，有利于枫杨刻蚜繁殖，瓢虫食料比较充足，产卵多，数量大，迁入豆田明显多。如果春季气温回升快，3月下旬平均气温升至5 ℃以上，4月份平均气温达到10～12 ℃时，利于枫杨树上的越冬蚜繁殖，越冬瓢虫出蛰后，很快搜索到食物而减少因饥饿死亡，瓢虫等天敌繁殖数量大，迁入大豆田的瓢虫早，数量多。

调查分析表明，枫杨林天敌数量与大豆田天敌的数量相关显著。事实上，瓢虫并非均等迁入农田，瓢虫迁入的数量取决于农田蚜虫的发生时期和发生数量。如果大豆田蚜虫发生重，瓢虫优先选择大豆田，则大豆田的瓢虫数量就多（表8-2）。

表8-2　枫杨林培育的瓢虫与大豆田和玉米田瓢虫成虫数量调查（2012–2015年，辽宁岫岩）

调查日期	枫杨林培育瓢虫总数/亿头	大豆田瓢虫/（头·亩$^{-1}$）	玉米田瓢虫/（头·亩$^{-1}$）
2012.7.10	0.6	117.3	129
2013.7.14	0.3	84	77
2014.6.28	2.0	384	—
2015.7.21	1.0	77	—

3.1.4.3　天敌对大豆蚜的控制效果

试验结果表明，辽宁东部地区大豆田天敌出现早，早期控蚜明显，田间大豆蚜种群基数减少，波动期延长。由于天敌紧密跟随，蚜量上升缓慢，高峰期蚜量不高，且大豆蚜与天敌高峰期重叠，对大豆蚜控制明显，一般年份不会酿成严重为害。

2014年控蚜效果　6月1日田间始见大豆蚜，与常年相同，6月11日后蚜量迅速上升，6月21日百株蚜量达到1556头。由于瓢虫等天敌出现早，繁殖快，迁入豆田早，对上升期的大豆蚜控制作用明显，导致6月26日蚜虫开始下降，7月11日大豆田百株春型蚜仅有33头，且以后未继续回升。分析表明，起到关键作用的是枫杨林瓢虫提早迁入大豆田，比常年早10天以上，蚜虫在上升期就被控制，使得蚜虫未出现明显的高峰。7月8~9日对大豆、玉米、花生、蔬菜及杂草上的蚜虫和天敌进行全面普查，结果表明，由于天敌出现早、数量大，对这些植物蚜虫控制效果明显，各类作物蚜虫7月8日已全面消退，只能见到零星蚜虫。

2015年控蚜效果 6月11日田间始见大豆蚜，比常年晚10天，7月1日百株蚜量1678头。由于瓢虫等天敌迁入豆田相对早，对波动期的大豆蚜控制作用明显，导致7月21日蚜虫高峰期百株蚜量仅1166头。分析表明，起到关键作用的仍是枫杨林天敌迁入大豆田时，恰好是大豆蚜发生初期，蚜虫被控制在迁入、定居期，后期蚜虫一直处于波动状态。8月4日对大豆、玉米、蔬菜及杂草上的蚜虫和天敌进行全面普查，结果表明，由于天敌数量大，对这些植物蚜虫控制作用明显，各类作物蚜虫8月4日已全面消退，只能见到少量蚜虫。

3.1.5 枫杨-枫杨刻蚜-天敌载体植物系统控制大豆蚜技术

① 载体植物系统控蚜原理 枫杨-枫杨刻蚜-天敌系统具备了载体植物系统三要素，即枫杨为载体植物（提供枫杨刻蚜和天敌繁殖场所），枫杨刻蚜为繁殖天敌的替代食物，天敌主要包括异色瓢虫、七星瓢虫、黑带食蚜蝇、大灰优食蚜蝇、大草蛉等大豆蚜天敌。因此，该系统是一个完全开放的天敌饲养系统，其控蚜原理如图8-21。

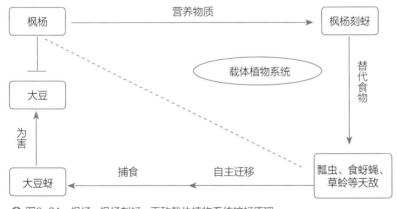

⬆ 图8-21 枫杨-枫杨刻蚜-天敌载体植物系统控蚜原理

② 载体植物系统控蚜的优势 一是枫杨树在辽宁东南部地区广泛分布，数量多，仅岫岩县约300万株；二是枫杨刻蚜年年发生，出蛰早、耐低温、繁殖快、数量大、蚜体鲜嫩，是蚜虫天敌的优质食料；三是越冬瓢虫、食蚜蝇等天敌首选枫杨作为繁殖场所，堪称越冬天敌的"食物桥梁"寄主，枫杨刻蚜是该地区农业生态系统中繁殖最早的蚜虫之一。四是枫杨培育的天敌数量大，可

主动迁移到农田；五是天敌与大豆蚜发生初期时间吻合，对大豆蚜控制作用明显。

③ 载体植物系统控蚜技术特点   一是开放性：枫杨－枫杨刻蚜－天敌载体植物系统是农田外蚜虫天敌繁殖系统。二是集约性：集传统的保护利用本地天敌、人工繁殖释放天敌、人工助迁天敌于一体的技术集成。三是多功能性：除了对大豆蚜具有理想的控制作用外，对该区域生态系统中的多种作物蚜虫（玉米、花生、蔬菜、苹果蚜虫等）均具有明显控制作用。四是持久性：枫杨是多年生野生木本植物，树龄大小与繁殖天敌数量呈正相关，一次栽植，持续培育天敌，控制蚜虫具有持久性。五是推广价值：枫杨适应广，抗逆性强，是河堤护岸、防风固沙、绿化的优良树种。

3.1.6   加强枫杨林天敌繁殖基地保护

依据枫杨的分布、数量、枫杨刻蚜的发生规律、枫杨刻蚜繁殖瓢虫数量、枫杨瓢虫与大豆蚜的关系及控蚜作用等综合分析，加强保护枫杨林对科学防治农田蚜虫具有特殊意义，十分必要。开展枫杨树资源调查，加强科普宣传教育，采取封林育树、禁止放牧、扩大栽植面积、不施用化学药剂等保护措施，是枫杨林天敌繁殖基地保护的重要任务。

① 加强枫杨林的保护宣传   通过宣传材料、会议和培训班等多种形式，广泛宣传保护枫杨林的意义和作用，提高人们对保护枫杨林可以培育农田蚜虫天敌的认识，以便自觉的保护枫杨林（图8-22）。

② 实施枫杨林的保护措施   一是采取封林育树、禁止砍伐。自然界的枫杨每年产生大量的种子，借助风力自然传播，落地，萌发长出新的植株，在河岸自然成林，一般不用人工栽植。二是要扩大栽植面积。在比较湿润的地区，利用空闲地，栽植枫杨树，扩大栽植面积。特别是沿河流域的公路两侧，适合栽植枫杨。三是禁止使用杀虫剂。枫杨刻蚜每年均有发生，一般在6月中旬后，由于瓢虫、食蚜蝇等天敌的控制，蚜虫逐渐消退，对枫杨不会构成严重危害，因此不需施用杀虫剂防治枫杨蚜虫。四是控制除草剂药害。农田大量使用除草剂，对其周围的树木药害严重，尤其是枫杨药害更重。据调查，靠近玉米田的枫杨树除草剂药害严重，致使枫杨树的幼芽和叶片大部分枯死，严重影响枫杨的生长和枫杨刻蚜的繁殖，而影响天敌的繁殖数量。因此，要严格控制除草剂的用量，推广科学施药方法，如喷雾器的喷头加防护罩，可以减少农药的扩散和漂移，减轻对枫杨的药害（图8-23）。

③ 枫杨林天敌繁殖基地保护效果   枫杨林为天敌提供了丰富的食物资源，每年可培育出大量的瓢虫和食蚜蝇等蚜虫天敌。以岫岩县为例，2011－

↑ 图8-22　保护枫杨林宣传材料（2012年，辽宁）　　↑ 图8-23　枫杨除草剂药害状（2012年，辽宁岫岩）

2015年，枫杨林天敌繁殖基地五年累计培育瓢虫约4.76亿头，对岫岩地区大豆蚜、玉米蚜、蔬菜蚜和果树蚜虫等均具有显著的控制作用，是保护利用蚜虫天敌的成功范例。

2011年枫杨刻蚜发生较重，蚜虫数量大，天敌生产量较大。2011年6月14－25日对枫杨林瓢虫生产量进行抽样估算，按平均每株培育30头瓢虫计算，生产的瓢虫数量约0.9亿头。

2012年6月19－22日抽样估算，按每株繁殖20头瓢虫计算，生产的瓢虫数量约0.6亿头。

2013年春季气温偏低，枫杨刻蚜发生较轻，蚜虫数量较少，部分越冬瓢虫出蛰后因食料缺乏而死亡，因此蚜虫天敌产量比常年少。2013年6月23－29日抽样估算，按每株繁殖10头瓢虫计算，生产的瓢虫数量约0.3亿头。

2014年春季气温偏高，枫杨刻蚜发生较重，蚜虫数量多，越冬瓢虫和食蚜蝇等天敌出蛰后有充足的食料，且繁殖快，数量大。2014年6月12－18日抽样调查和估算。调查方法：把枫杨分成大树（10年生以上）和小树（10年生以下）两组调查，各取样50株树。在每株树冠下，沿半径1～5 m处，分别取样方1～5 m²，计数样方内杂草、石块上的瓢虫幼虫、蛹和成虫数量。统计结果表明：大树瓢虫生产量高，单株树瓢虫产量最高可达1409头，平均每株树生产瓢虫188.6头，按100万株大树计算，生产瓢虫1.89亿头；小树瓢虫生产量低，平均每株有瓢虫9.7头，按100万株小树计算，生产瓢虫0.1亿头；枫杨林生产瓢虫总量约2亿头。

2015春季气温正常，枫杨刻蚜数量较多，越冬天敌出蛰后食料比较充足，繁殖数量接近常年。2015年6月14－24日抽样调查和估算（方法同2014年），大树平均每株树生产瓢虫83.3头，按100万株大树计算，生产瓢虫0.83亿头；小树平均每株有瓢虫13.1头，按100万株小树计算，生产瓢虫0.13亿头；枫杨林生产瓢虫总量约1亿头。

3.2 保护利用其他植被上的蚜虫天敌

研究表明，辽宁地区大豆蚜天敌绝大多数是在山林或环境中植被丰富的场所越冬，翌年4-5月间由越冬场所迁入环境植物上，一般繁殖一代后迁往大豆田。当大豆田蚜虫下降时，天敌可以就近转移到环境植物上，把天敌储备起来。因此，保留大豆田周边环境中的植被，如凤苞菊、艾蒿、榆树、柳树等植物，增加天敌的栖息场所和生存空间，可以有效发挥天敌的自然控蚜作用（图8-24，图8-25）。

3.3 协调生物防治与化学防治的矛盾

3.3.1 天敌控蚜指标的确定

科学利用天敌控蚜指标（益害比）可以避免过早施药、盲目用药，是保护天敌的重要措施。大豆蚜发生的一般年份，7月11日以后是田间蚜虫种群上升最快时期，也是天敌发挥控制作用的关键时期。田间自然天敌能否将蚜虫控制在经济允许水平以下，是否需要药剂防治？是大豆蚜科学防治的关键技术问

🔙 图8-24 榆树上的异色瓢虫
A. 成虫；B. 初孵幼虫；
C. 老熟幼虫；D. 蛹

⬆ 图8-25　杂草上的瓢虫

题。依据天敌日捕食量、田间罩笼控蚜试验、益害比与百株蚜量的关系等试验基础上，综合分析确定天敌控蚜指标。

（1）**田间罩笼天敌的控蚜量**　在田间罩笼和5种蚜虫密度条件下，异色瓢虫成虫、幼虫及三种天敌复合种群控蚜的数量试验结果表明，异色瓢虫幼虫控蚜能力最强，平均每头控蚜量为111.28头；异色瓢虫成虫控蚜有一定波动，平均每头控蚜量为76.01头；由异色瓢虫成虫（1头）、幼虫（2头）、草蛉幼虫（2头）、食蚜蝇幼虫（2头）组成的天敌复合种群，共折合为5个天敌单位，平均每个天敌单位控制蚜量为76.82头。综合上述实验结果，平均每个天敌单位控蚜量为88.04头（表8-3，图8-26～图8-28）。

表8-3　田间罩笼不同蚜虫密度条件下优势天敌控蚜数量（2009年，辽宁岫岩）

天敌：大豆蚜	控蚜量/头					平均控蚜/头
	1：50	1：100	1：150	1：200	1：250	
异色瓢虫成虫	38.24	70.71	89.67	71.9	109.53	76.01
异色瓢虫幼虫	37.95	96.3	118.67	158.68	144.79	111.28
天敌复合种群	45.47	95.71	86.8	105.71	50.41	76.82

注：1. 表中为一个天敌单位平均控蚜数量；2. 天敌复合种群由异色瓢虫成虫、幼虫、草蛉幼虫、食蚜蝇幼虫组成；3. 罩笼试验每3天调查一次，共调查3次，取平均值。

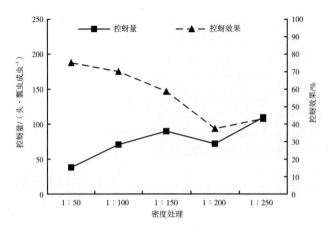

⬅ 图8-26　异色瓢虫成虫对不同密度大豆蚜的控蚜量（2009年，辽宁岫岩）

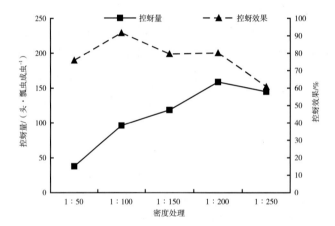

⬅ 图8-27　异色瓢虫幼虫对不同大豆蚜密度的控蚜量（2009年，辽宁岫岩）

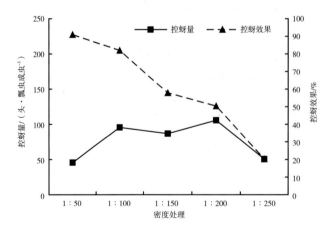

⬅ 图8-28　天敌复合种群对不同大豆蚜密度的控蚜量（2009年，辽宁岫岩）

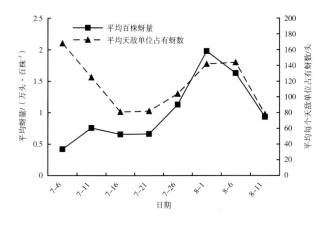

🌀 图8-29　田间天敌单位占有蚜量与百株蚜量的关系（2008-2009年，辽宁岫岩）

（2）**田间益害比与百株蚜量的关系**　2008年和2009年对三种不同种植形式的大豆田进行系统调查，共获得6组数据，按调查日统计平均百株蚜量和平均每个天敌单位占有的蚜量，可以看出二者之间的动态关系（图8-29）。在7月11-21日期间，田间平均百株蚜量6500～7500头，平均每个天敌单位占有蚜量81～125头时，可以有效地控制蚜虫种群的增长，使高峰期的百株蚜量控制在防治指标（2.5万头/百株）以下，不需药剂防治。

（3）**天敌控蚜指标确定**　依据田间天敌罩笼在不同大豆蚜密度下的控蚜试验结果为每个天敌单位平均控蚜量为88.04头，平均控蚜效果为64.91%。田间系统调查分析结果，在7月11-21日期间，田间百株蚜量6500～7500头，平均每个天敌单位占有蚜量81～125头时，可以有效控制蚜虫种群的增长，使高峰期的百株蚜量控制在防治指标以下。综合分析初步确定天敌控蚜指标：即，大豆蚜发生一般年份，在7月11-21日期间，田间百株蚜量6000～8000头，平均每个天敌单位占有蚜量80～120头时，一般不需防治。

（4）**天敌控蚜指标的应用**　2010年在生产中应用天敌控蚜指标，对大豆蚜是否需要进行药剂防治做出比较准确的判断。如岫岩兴隆镇7月11日调查，田间百株蚜量8750头，百株天敌单位86.5个，每个天敌单位占有蚜量101.16头。依据控蚜指标，该大豆田天敌可以控制蚜虫种群，不会超过防治指标。检验结果，在大豆蚜高峰期（7月21日）调查，百株蚜量13486头，未达到防治指标，不需防治。

3.3.2　选用绿色环保型制剂

选用对天敌杀伤小的微生物制剂，如球孢白僵菌、碧拓等生物制剂，或使用选择性植物源农药，可减少对天敌的伤害。

4　补充释放瓢虫防治大豆蚜

在大豆蚜发生初期，从环境中采集瓢虫蛹，释放到大豆田中，是有效防治大豆蚜的一种经济、简便、农民易于掌握的方法。释放瓢虫防治大豆蚜技术包括：瓢虫的采集与保藏，释放时间，释放数量，释放方法，控蚜效果等。研究结果表明，大豆田补充释放异色瓢虫蛹和成虫，对大豆蚜控制效果明显。

4.1　人工助迁瓢虫方法

4.1.1　蛹的收集、保藏与释放

（1）**蛹的收集**　大豆蚜天敌群落中，异色瓢虫和七星瓢虫是优势种群，在环境中易于采集。一般年份，6月中旬左右在野生植物如枫杨树下的杂草，榆树、柳树、凤苞菊、蒿草等植物上容易采到。采集时连同植物的叶片一起采下，放在纸箱内（图8-30，图8-31）。

（2）**蛹的保藏**　试验结果表明，将盛有异色瓢虫蛹的纸箱放入冷藏库内，在温度6～8 ℃，相对湿度80%条件下，保存12天羽化率仍在90%以上。

（3）**释放瓢虫蛹**　根据田间大豆蚜发生情况，确定释放瓢虫蛹的时间。在释放瓢虫蛹的前2天，将瓢虫蛹（纸箱）从冷库取出，用胶带封闭，放在自然温度下进行"暖蛹"。一般年份6月下旬室内自然温度26～28 ℃，相对湿度70%～80%。当瓢虫蛹的羽化率达到60%～70%时进行田间释放。一般在下午

→ 图8-30　环境植物上的瓢虫蛹
A. 枫杨树；B. 榆树；
C、D、E. 不同杂草

至傍晚前，用"手捏法"（每一捏10头左右），将瓢虫散放到大豆植株的叶片上。此方法省工省时，又可避免瓢虫蛹被蚂蚁和步甲捕食（图8-32）。

4.2　释放瓢虫数量与控蚜效果

4.2.1　2011年

（1）**试验方法**　试验时间为2011年6月24日开始。试验设5个处理，按每亩

⬆ 图8-31　采集瓢虫蛹
　A. 在枫杨树上或树下杂草上采集；B. 在杂草上采集；C. 瓢虫蛹放在纸箱内；D. 纸箱内的瓢虫蛹

⬆ 图8-32　田间释放瓢虫蛹
　A. 田间释放；B. 将蛹散放在大豆植株顶部

释放瓢虫数量50（Ⅰ）、75（Ⅱ）、100（Ⅲ）、125（Ⅳ）、150头（Ⅴ）的比例，
1个对照（CK），共6个试验小区，每小区面积1.84亩，共11亩，释放前平均每
亩有瓢虫80头。小区之间用1.5 m高的尼龙纱网（防虫网）间隔，比较释放不同
数量瓢虫的控蚜效果。

　　（2）**控蚜效果**　田间小区试验结果表明，6月24日释放瓢虫蛹和初羽化
成虫，3日后羽化完，成虫开始捕食，对蚜虫种群具有一定的控制作用。
7月7日调查，释放瓢虫蛹的Ⅰ和Ⅱ处理，百株蚜量4.3万～5.8万头，控蚜
效果54%～61%；Ⅲ、Ⅳ、Ⅴ处理，百株蚜量2万～2.3万头，控蚜效果
84%～86%；而对照区百株蚜量高达8.2万头。处理Ⅰ和Ⅱ及对照区百株蚜量
均超过防治指标。7月20日调查，释放区百株蚜量228～364头，防治效果为
74.93%～86.27%，控蚜效果明显（图8-33）。

　　2011年5-6月份的月平均气温15.8～19 ℃，平均相对湿度60%～84%，
蚜虫发生早，种群上升快。试验时自然迁入及释放的瓢虫处于成虫期，捕食波
动大，瓢虫数量少，难以控制种群增长，如处理Ⅰ、Ⅱ小区蚜量增长快，超过
防治指标，构成危害（图8-34）。

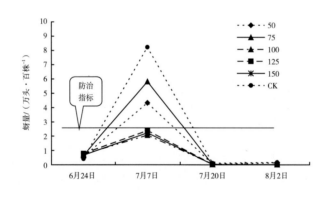

　图8-33　田间释放瓢虫百
株蚜量变化（2011年，辽
宁岫岩）

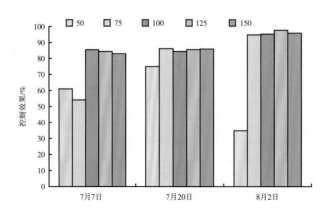

　图8-34　田间释放瓢虫
控蚜效果（2011年，辽宁
岫岩）

4.2.2　2012年

（1）**试验方法**　试验时间为2012年7月10日开始。试验设计：5个处理，按每亩释放瓢虫数量50（Ⅰ）、75（Ⅱ）、100（Ⅲ）、125（Ⅳ）、150头（Ⅴ）的比例，1个对照（CK），共6个试验小区，每小区面积1.68亩，共10.08亩，释放前平均每亩有瓢虫117.3头。试验小区之间用1.5 m高的尼龙纱网（防虫网）间隔，比较释放不同数量瓢虫的控蚜效果。

（2）**控蚜效果**　试验结果表明，7月10日释放瓢虫，7月15日调查，释放瓢虫Ⅰ处理百株蚜量1639头，基本无效果；Ⅱ、Ⅲ、Ⅳ、Ⅴ处理百株蚜量分别为2111、928、895和1535头，控蚜效果分别为12.40%、37.65%、59.18%和45.48%。7月20日调查，释放瓢虫Ⅰ处理百株蚜量2304，无效果；Ⅱ、Ⅲ、Ⅳ、Ⅴ处理百株蚜量分别为1186、347、445和1106头，控蚜效果分别为25.32%、64.62%、69.20%和40.39%。7月26日调查，五个处理百株蚜量分别为1425、809、406、408和547头，控蚜效果分别为19.6%、71.67%、76.98%、84.3%和83.61%。可以看出，按每亩100、125、150头比例释放瓢虫，其控蚜效果70%～80%（图8-35）。

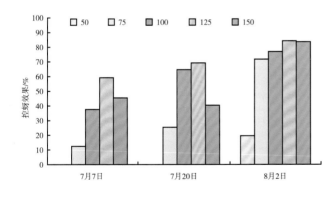

⊙ 图8-35　田间释放瓢虫控蚜效果（2012年，辽宁岫岩）

试验分析表明，释放不同数量瓢虫控蚜效果有一定的波动，其主要原因：一是当年蚜虫发生偏晚偏轻，比常年推迟10天左右，蚜虫种群上升慢，田间蚜虫种群波动时间长，百株蚜量低；二是由于环境中（枫杨树）天敌数量大，迁入大豆田数量也多，试验时（7月10日）平均每亩瓢虫数量已达117头，而初始蚜量比较少，不利于瓢虫的搜索取食；三是蚂蚁因蚜量低而多集中到有蚜株上，对蚜虫的保护增强而导致瓢虫取食不稳定。

2011和2012两年小区释放瓢虫试验结果综合分析，在大豆蚜发生的一般年份，每亩补充释放瓢虫数量100～150头，控蚜效果较好。

4.3 释放瓢虫时间与控蚜效果

（1）**试验方法**　2011年在岫岩县选择三块大豆试验田，释放时间处理分别为6月17日、6月24日和6月30日，按每亩150头瓢虫蛹的比例释放，对照田不释放瓢虫。

（2）**试验结果**　6月17日释放瓢虫区百株蚜量662头，每亩释放150头瓢虫蛹；对照区百株蚜量821头，不释放瓢虫。7月11日调查，释放区百株蚜量1425头，控蚜效果为83.42%，对照区百株蚜量10660头。释放区及对照区百株蚜量均未超过防治指标。

6月24日释放瓢虫前田间百株蚜量6655头，每亩释放150头瓢虫蛹；对照区百株蚜量4168头，不释放瓢虫。7月7日和20日调查，释放区百株蚜量分别为2.2万头和240头，控蚜效果分别为83.05%和86.03%，释放田未超过防治指标；而对照区蚜量分别8.2万头和1076头，远超过防治指标。

6月30日释放瓢虫前田间百株蚜量2190头，每亩释放150头瓢虫蛹；对照区百株蚜量2016头，不释放瓢虫。7月11日和7月22日调查，释放区百株蚜量分别为1502和1513头，控蚜效果为89.34%和54.13%；对照区百株蚜量分别为1.3万头和3036头；对照区蚜量明显高于释放区，但百株蚜量均未超过防治指标。

上述三个时间释放瓢虫试验初步结果显示，6月17日和6月30日释放前百株蚜量较低，控蚜效果较好；而6月24日释放前百株蚜量较高，虽然控蚜效果达到83%，但百株蚜量偏高，达到2.2万头。因此，适宜释放瓢虫的时间取决于释放前的田间基础蚜量，综合本次试验和前期研究结果，比较适宜的释放瓢虫时间应为田间百株蚜量1000头左右时释放，可以获得比较好的控蚜效果。

5　白僵菌防治大豆蚜窝子蜜

窝子蜜是大豆蚜防治的关键时期，通过对窝子蜜的形成时间、形成过程、窝子蜜蚜虫消长规律、天敌与蚂蚁的竞争、天敌对窝子蜜的控制作用等研究表明，天敌（捕食性、寄生性）对大豆蚜窝子蜜初期控制作用不明显，控蚜效果低。生产上通过自然天敌或释放天敌均不能有效解决窝子蜜蚜虫防治问题，因此，探索利用白僵菌防治窝子蜜技术。

（1）**试验方法**　试验在岫岩县试验区，2012－2013年7月在田间大豆蚜上升期进行。试验设4个处理，每处理3次重复，1次对照。处理Ⅰ和Ⅱ（分别为白僵菌NS2和白僵菌MBD5，黑龙江省农科院植保所提供），Ⅲ（球孢白僵菌，吉林省农科院植保所提供），Ⅳ（白僵菌，辽宁省昌图县植保站提供），将白

▶ 图8-36　白僵菌防治大豆蚜试验区

▶ 图8-37　白僵菌寄生大豆蚜情况

僵菌配置为每毫升含2000万个孢子浓度的悬浮液，清水作对照（CK）。在试验区内划分为4个小区，每个小区面积200 m²，在小区内随机选取有蚜的大豆植株，定点定株调查防治前后的活蚜数，统计虫口减退率和防治效果（图8-36，图8-37）。

（2）**试验结果**　两年试验结果表明，不同白僵菌菌株防治大豆蚜效果波动较大，田间防效表现不稳定。其主要原因是大豆蚜虫发生偏轻，百株蚜量低，天敌相对较多等影响控蚜效果。其中球孢白僵菌试验后10～12天调查，田间控蚜效果22%～95%，对大豆蚜窝子蜜有一定的防治效果。有关不同白僵菌菌株防治大豆蚜的田间试验效果仍需进一步验证。

6　大豆蚜及其天敌的预测预报办法（试行）

6.1　大豆蚜的预测预报办法

大豆蚜具有发生早，繁殖力强，种群数量增长快等特点。蚜虫聚集在嫩叶、嫩茎和生长点部位刺吸为害，受害豆株叶片卷缩、植株矮小，若防治不及时，就会造成严重减产。准确地预测大豆蚜的发生时期和发生数量，对有效控制大豆蚜具有指导意义。

6.1.1　主要影响因子

大豆蚜的发生轻重主要受气候条件、越冬寄主、食料和天敌等因素影响。

（1）**温湿度**　大豆蚜繁殖的适宜温度为20~24 ℃，适宜相对湿度78%以下。辽宁地区6月中旬至7月上旬，旬平均温度22 ℃以上，相对湿度不超过78%，天敌出现晚，数量少，则有利蚜虫繁殖，种群增长迅速，7月中下旬发生严重。当五日平均温度25 ℃以上，相对湿度80%以上，蚜虫数量则迅速下降，因此高温高湿不利于蚜虫的发生。

（2）**越冬寄主**　大豆蚜以卵在鼠李上越冬，若前一年秋季气温高，早霜晚（一般在10月初），有利于越冬蚜虫产卵。据吉林省公主岭研究表明，越冬卵量的多少与苗期大豆蚜（6月中旬）为害的轻重有密切关系，可根据越冬卵量预测大豆蚜苗期发生程度。一般越冬卵量多，苗期的被害株率高，蚜量也多。

当地鼠李的多少和距离大豆田远近与蚜虫发生的早晚和为害程度均有密切关系。据吉林省1969~1972年调查，在永吉和延边等东部半山区鼠李分布广、数量多，蚜虫发生一般较早，为害期较长；而西部白城地区，鼠李分布数量很少，蚜虫初发期比东部地区偏晚约2周左右。据辽宁省2008－2015年调查，在辽东山区的岫岩、凤城和宽甸等鼠李分布广泛，数量大，蚜虫发生较早，危害重；而辽北平原的昌图鼠李数量少，蚜虫发生比辽东地区晚10天左右。

（3）**食料**　大豆种植面积大，食料丰富有利于大豆蚜的发生。大豆不同品种间抗（耐）蚜性有一定的差异。在比较抗蚜品种上，大豆蚜繁殖速度较慢，田间波动期长，蚜量低，大豆受害轻。大豆不同栽培模式与大豆蚜的发生轻重有密切关系。据李新民等（2014）报道，黑龙江省大豆蚜发生与多种作物间邻作种植有密切关系。如佳木斯大豆与早熟马铃薯间作，间作田大豆蚜种群数量比清种田降低了51.3%；牡丹江黄瓜–大豆–玉米、甜葫芦–大豆–玉米、烟草–大豆–香瓜、甜菜–大豆–玉米等多作物带状穿插种植模式，其大豆蚜种群数量比清种田降低40.7%~83.5%。李学军等（2014）报道，辽宁岫岩县大豆与玉米8：2和8：8间作，田间初期蚜量低，波动期长，上升缓慢，大豆受害轻。

（4）**天敌**　天敌出现的早晚和数量多少与大豆蚜发生轻重密切相关。主要天敌种类有异色瓢虫、七星瓢虫、龟纹瓢虫、黑背毛瓢虫、大草蛉、中华草蛉、黑带食蚜蝇、大灰优食蚜蝇、印度细腹食蚜蝇、小花蝽、黑食蚜盲蝽、豆柄瘤蚜茧蜂、蜘蛛类、寄生菌等，天敌对大豆蚜种群的控制是多种天敌综合作用的结果。当田间每个天敌单位占有蚜虫120头以下时，蚜虫种群数量受到明显抑制。

6.1.2　调查内容和方法

（1）**吸虫塔监测有翅蚜**　2009年起，我国在黑龙江、吉林、辽宁、北京、河北、河南、陕西、江苏等省安装了吸虫塔（suction trap，ST-1A型昆虫吸捕器）网络系统，已覆盖了我国大豆主产区，用于大豆蚜有翅蚜迁飞路径、迁飞时间和数量监测，为大豆蚜的中期预测和有效防控奠定了基础。

（2）**越冬蚜虫卵基数调查**

① 调查时间　3月15日~3月30日，每5天调查1次。

② 调查对象　选择当地生长较好、背风向阳的鼠李树2~3块地作为观测点。

③ 调查方法　选择有代表性的鼠李10株，每株选取10个枝条（20 cm长），共取样100枝。用放大镜观察枝条上的蚜虫卵，调查结果记入早春鼠李上蚜虫卵量调查表（表8-4）。

表8-4　早春鼠李蚜虫卵量调查表

单位_____　地点_____　年度_____　调查人_____

调查日期	调查地点	取样枝数	蚜虫卵量/粒	平均卵量/（粒·枝$^{-1}$）

（3）**田间系统调查**

① 调查时间　6月1日~8月1日，逢1，6日进行调查。

② 调查方法　选择有代表性的大豆田2块，采用棋盘式10点取样，每点10株，共调查100株，做好标记，定点定株调查。分别记载蚜虫、天敌种类及数量，结果记入大豆蚜田间数量调查表（表8-5）。

表8-5　大豆蚜田间数量调查表

单位_____　地点_____　年度_____　调查人_____

调查日期	调查株数/株	有蚜株数/株	蚜株率/%	窝子蜜株率/%	蚜量/头				天敌种类和数量/头				益害比	备注
					有翅蚜	无翅蚜	合计	百株蚜量	瓢虫	草蛉	食蚜蝇			

（4）大豆蚜田间普查

① 普查时间　6月下旬，7月上、中旬。

② 普查方法　选择不同种植类型的大豆田3～5块，随机选取100株，统计记录蚜株率、窝子蜜株率、百株蚜量、天敌数量、益害比等，记入大豆蚜田间普查表（表8-6）

表8-6　大豆蚜田间普查表

单位＿＿＿＿＿　地点＿＿＿＿＿　年度＿＿＿＿＿　调查人＿＿＿＿＿

调查日期	类型田	调查株数/株	有蚜株数/株	蚜株率/%	窝子蜜株率/%	蚜量/头	百株蚜量/头	天敌种类和数量/头				益害比	备注
								瓢虫	草蛉	食蚜蝇			

6.1.3　预测预报方法

（1）发生趋势预报　主要采取综合分析预测方法。大豆蚜的种群数量变动受气候、越冬寄主、栽培模式和天敌等多种因子影响。通常越冬寄主多，越冬卵量大，春季气温回升快，6月份气温偏高，旬平均温度22 ℃以上，相对湿度78%以下，天敌数量少，大豆播种面积大，且大豆与其他作物间作面积小，则适合蚜虫种群增长，可以发出发生重的趋势预报。

（2）发生程度预报　主要根据当地时间蚜量上升趋势，结合天敌数量和天气预报等综合分析，在防治前10天左右发报。可能酿成严重发生的条件如下：

① 温湿度　6月中旬至7月上旬，旬平均温度22 ℃以上，相对湿度不超过78%。

② 田间蚜量增长迅速　6月下旬后，百株蚜量每5天增长2～3倍。

③ 田间蚜量　6月下旬百株蚜量2000头以上。

④ 天敌数量　每个天敌单位占有蚜量超过120头。

6.1.4　防治指标

由于各地气候特点、天敌数量、种植形式及品种等不同，大豆蚜发生情况有一定差异，因此，防治指标也不相同。依据大豆蚜发生规律特点，田间点片发生和全田发生阶段是大豆蚜防治的关键时期，所以，通常将防治指标分为挑治指标和普治指标。

① 挑治指标　6月下旬，田间有蚜株率50%，5%单株蚜量超过100头，个

别株顶部叶片有卷缩现象。

② 普治指标　7月上、中旬，田间百株蚜量达到2.5万头（供参考），每个天敌单位占有蚜量低于120头，气候干旱少雨，植株长势矮小。

6.1.5　测报调查参考资料

天敌单位折合方法（表8-7）

表8-7　各种天敌折合为一个蚜虫天敌单位的数量

种　类	虫　态	天敌数量/头
异色瓢虫、七星瓢虫等食量大的大型瓢虫	成虫或幼虫	1
龟纹瓢虫、多异瓢虫	成虫或幼虫	3
黑背毛瓢虫	成虫或幼虫	6
大草蛉、中华草蛉	幼虫	2
黑带食蚜蝇、大灰优食蚜蝇、细腹食蚜蝇	幼虫	2
食蚜瘿蚊	幼虫	50
小花蝽	成虫或若虫	6
被寄生蜂寄生的蚜虫	僵蚜	120
蜘蛛（食蚜）	成蛛或幼蛛	4

6.2　大豆蚜天敌的预测预报办法

大豆蚜天敌主要有瓢虫、草蛉、食蚜蝇、食蚜蝽、蚜茧蜂、蜘蛛等多种。大豆蚜的发生程度与天敌出现的时间和数量有密切关系。准确地预测天敌的发生时期、发生数量和控蚜程度，对科学控制大豆蚜具有指导意义。

6.2.1　主要影响因子

大豆蚜天敌的发生消长主要受气候条件、越冬数量、食料、天敌载体植物等因素影响。

① 气候条件　天敌种类不同，其生长发育对温、湿度要求各异。通常暖冬、春季气温回升快，雨水调和的年份，瓢虫、食蚜蝇等天敌出蛰早、繁殖快、数量大。

② 越冬数量　瓢虫等天敌越冬数量大，死亡率低，虫源基数大，则有利于发生。

③ 天敌食料　表现在两个方面：一是环境中天敌载体植物面积大、长势茂盛，早春载体植物上的蚜虫发生早、繁殖快、数量大，天敌食料充足，利于其繁殖。二是田间大豆蚜发生早，上升快，则利于吸引天敌。

6.2.2 调查项目和方法

（1）载体植物蚜虫及天敌调查

① 调查时间　4月10日～6月30日，每5天调查1次。

② 调查对象　选择当地生长较好、萌发早、蚜虫发生早、数量较大的天敌载体植物，如树木（枫杨、锤榆、鼠李等）和杂草（凤苞菊、艾蒿等）2～3块地作为观测点。

③ 调查方法　选择有代表性的树木10株，按方位（东西南北中）取样，每方位取2个枝条（20 cm长）及叶片，每株共取10个枝条，共取样100枝。选择有代表性的杂草地（蚜虫多的杂草或枫杨等树下的杂草）10点，每点1 m²，共取样方10 m²。调查记录载体植物上的蚜虫和天敌数量，结果记入环境载体植物蚜虫和天敌调查表（表8-8）。

表8-8　环境载体植物蚜虫和天敌调查表

单位_____　地点_____　年度_____　调查人_____

调查日期	调查地点	载体植物	取样单位	蚜虫数量/头	天敌数量/头					备注
					异色瓢虫	七星瓢虫	龟纹瓢虫	食蚜蝇幼虫	其他	

（2）田间大豆蚜及天敌数量调查

① 调查时间　6月10日～7月20日，与大豆蚜田间系统调查同步进行。

② 调查方法　选择有代表性的大豆田2块，采用棋盘式10点取样，每点10株，共调查100株，做好标记，定点定株调查。分别记载蚜虫、天敌种类及数量，结果记入田间大豆蚜及天敌数量调查表（表8-9）。

表8-9　田间大豆蚜及天敌数量调查表

单位_____　地点_____　年度_____　调查人_____

调查日期	调查株数/株	蚜虫数量/头	天敌数量/头										备注
			异色瓢虫	七星瓢虫	龟纹瓢虫	黑背毛瓢虫	草蛉幼虫	食蚜蝇幼虫	小花蝽	食蚜蜘蛛	寄生蜂（僵蚜）	其他	

6.2.3　预测预报方法

（1）**发生时期预测**　环境中天敌载体植物培育的瓢虫、食蚜蝇等天敌出现早晚，直接影响迁入大豆田的时间。通常春季3月下旬平均气温3.2 ℃以上，4月初越冬瓢虫陆续出蛰，迁移到枫杨树等植物上搜索食物。当4月份月平均气温8～10 ℃，5月上中旬平均气温14～15 ℃时，5月下旬至6月初为瓢虫产卵盛期，6月上旬进入幼虫高峰期。当6月中旬化蛹率达到50%左右，后推7～10天，为羽化盛期（6月下旬），再后推5～10天，即6月末至7月初是瓢虫成虫迁入大豆田的盛期。

（2）**发生量趋势预测**

①　**依据载体植物上的天敌数量**　载体植物培育的瓢虫等天敌的数量与早春的温度密切相关。如果春季气温回升快，3月下旬平均气温升至5 ℃以上，4月份平均气温达到10～12 ℃时，利于载体植物上的越冬蚜虫卵孵化和繁殖，越冬瓢虫出蛰后，很快搜索到食物而减少因饥饿死亡，天敌繁殖数量大，迁入大豆田的瓢虫早，数量多。

②　**依据大豆田蚜虫及天敌数量**　一般年份，大豆蚜田间发生早，6月初见蚜，6月中旬蚜虫处于波动期，此阶段瓢虫等天敌少量陆续迁入豆田，表明天敌迁入较早。若田间蚜虫数量增长较快，既能满足天敌取食，也能吸引更多的环境天敌迁入，则后期天敌数量就多。

③　**天敌控蚜程度预测**　依据天敌单位与蚜虫比（益害比）预测控蚜程度。大豆蚜发生一般年份，在7月11-21日期间，田间百株蚜量6000～8000头，平均每个天敌单位占有蚜量80～120头时（益害比），一般不会超过蚜虫防治指标（2.5万头/百株）。

7　大豆蚜生物防治技术集成

大豆蚜生物防治是一项系统工程，涉及作物布局、栽培、育种、天敌保护和增殖、预测预报和技术推广等多学科交叉融合，多部门协作，才能做好生物防治工作。大豆蚜生物防治技术，经过八年的研究，在蚜虫和天敌的应用基础和应用技术方面取得明显进展。

通过大豆蚜天敌资源调查，明确了天敌种类、分布、优势天敌、发生时期和转移路径，为进一步保护利用和开发天敌资源提供了基本依据。通过系统调查和普查，基本明确了大豆蚜和天敌的田间消长规律，天敌对大豆蚜的自然控制作用，为保护利用天敌提供科学依据。通过对农田生态系统的全面调查研究，提出保护大豆田周围环境中的植被，尤其是枫杨树和杂草等天敌载体植物，是增加大豆蚜天敌数量和增强效能的有效途径和方法。通过捕食量测定、罩笼控蚜和田间消长等试验，基本摸清了优势天敌及其天敌复合种群的控蚜量和控蚜效果，综合分析确定出天敌控蚜指标。通过田间释放瓢虫蛹和成虫试验，明确了补充释放瓢虫蛹和成虫是一项防治大豆蚜的有效技术。通过不同大豆品种的抗（耐）蚜性田间筛选试验，初步筛选出比较适合生产推广的大豆品种。通过大豆与玉米，大豆与苜蓿间作或带状邻作等不同栽培模式试验，基本明确了大豆可与多种作物间作或邻作，对大豆蚜种群具有一定控制作用。通过对微生物制剂的田间筛选试验，表明有少数的白僵菌菌株对大豆蚜有一定的控制作用。总结多年的观察实验结果，综合分析，提出了大豆蚜及其天敌的预测预报办法（试行），为科学防治大豆蚜提供依据。

　　大豆蚜生物防治技术可以概括为一个体系、二种模式、三套技术规程。一个体系：大豆蚜生物防治技术体系；二种模式：大豆蚜半自然防治（生态调控）技术模式，大豆蚜生物综合防治技术模式；三套技术规程：大豆蚜半自然防治（生态调控）轻简化技术操作规程，释放瓢虫防治大豆蚜轻简化技术操作规程，微生物及其制剂防治大豆蚜轻简化技术操作规程（试行）。

7.1　构建大豆蚜生物防治技术体系

　　在科学试验的基础上，形成了种植抗（耐）蚜品种，大豆与玉米等作物间作或邻作，天敌载体植物系统控蚜，释放瓢虫蛹和成虫，微生物及其制剂防治等单项技术，在此基础上进行技术集成，构建了以保护利用天敌、自然控制为核心的大豆蚜生物防治技术体系，该体系对不同地区大豆蚜的生物防治具有普遍的借鉴意义。

　　生物防治技术体系的基本组成为半自然防治（生态调控）技术、释放瓢虫技术、微生物及其制剂防治技术（图8-38）。体系基本内涵说明如下。

7.1.1　半自然防治（生态调控）技术

　　选择天敌资源丰富的地块种植大豆，保留大豆田周边植被，种植抗（耐）蚜品种，大豆与玉米带状间作或邻作，适量施肥，适时早播，利用天敌控蚜指标（益害比）保护天敌等措施与自然天敌协调，增加天敌数量和增强天敌的控蚜效能。加强枫杨林蚜虫天敌的保育，构建枫杨天敌载体植物系统，在农田外培育大量瓢虫、食蚜蝇等蚜虫天敌，这些天敌与大豆蚜发生初期时空吻合，自然迁入大豆田，是增加大豆田天敌数量的主要措施。该项技术安全、简便、有效、经济，一般年份可实现大豆蚜的自然防治。

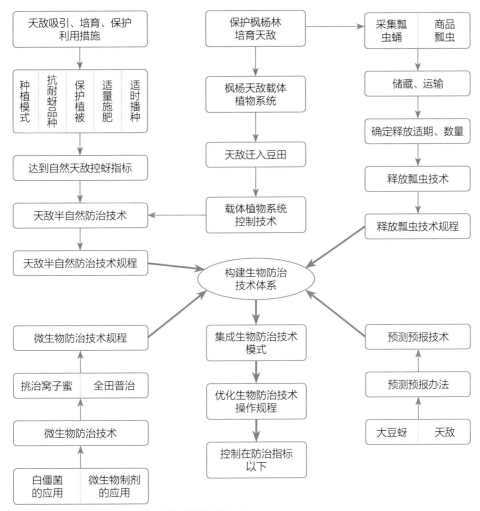

↑ 图8-38　大豆蚜生物防治技术体系框架（辽宁）

7.1.2　释放瓢虫控蚜技术

田间释放瓢虫蛹或成虫是一项防治大豆蚜的有效实用技术。通过采集瓢虫蛹或购买商品瓢虫，在大豆蚜发生初期释放，对大豆蚜早期控制作用明显。已基本明确了瓢虫的释放时间、释放数量及防治效果。

7.1.3　微生物及其制剂防治技术

利用微生物及其制剂控制窝子蜜　业已证明，利用捕食性和寄生性天敌防治大豆蚜窝子蜜，由于蚂蚁的保护作用，不能获得理想效果。利用微生物及其制剂挑治窝子蜜，对压低虫源基数、控制扩散，保护天敌，充分发挥天敌的自然控制作用十分必要。

利用微生物及其制剂普治　研究表明，大豆蚜各年度间发生轻重不同，在大豆蚜发生严重的年份，当天敌不足以控制蚜虫时，可以选用微生物及其制剂进行防治，既能压低蚜虫种群数量，又可以有效地保护天敌。

7.2　组建大豆蚜生物防治技术模式

依据辽宁区域生态特点、大豆蚜及天敌的发生规律和单项防治措施的特点等，组建了大豆蚜生物防治技术模式。

7.2.1　半自然防治（生态调控）技术模式
农业措施与天敌协调控蚜：包括选用抗（耐）蚜品种，采取间、邻作种植模式，适时播种，少量施肥等措施，调控大豆蚜种群数量，提高天敌的控蚜效能。

保护利用天敌控蚜：包括保护大豆蚜天敌载体植物（豆田周围植被，枫杨、榆树、柳树及杂草等），利用天敌控蚜指标，判断是否采用其他防治措施，避免盲目用药。

7.2.2　生物综合防治技术模式
在应用半自然防治（生态调控）技术基础上，根据蚜虫种群增长情况，可选用以下措施。
① 释放瓢虫防治：补充释放瓢虫蛹或成虫。
② 微生物及其制剂防治：采用球孢白僵菌，碧拓等微生物及其制剂，进行窝子蜜蚜虫防治或全田喷洒防治。

7.3　集成大豆蚜生物防治实用技术

在小区试验和大面积示范的基础上，总结、细化单项防治技术措施，集成实用、可操作、能推广的生物防治轻简化技术操作规程。包括半自然防治（生态调控）技术操作规程，释放瓢虫技术操作规程，微生物及其制剂防治技术操作规程。

7.3.1　大豆蚜半自然防治（生态调控）轻简化技术操作规程
（1）**技术名称**　大豆蚜半自然防治（生态调控）轻简化技术
（2）**技术要点**　一般在大豆蚜中等发生年份，利用农业措施与天敌协调、保护天敌和控蚜指标的应用等技术，将大豆蚜控制在经济危害允许水平（防治指标：2.5万头/百株）以下，实现大豆蚜的半自然防治。

① 合理布局大豆田。选择植被较好、天敌资源丰富的地块种植大豆，比如靠近村庄、山坡、树林等地块种植大豆，有利于环境中的天敌就近迁入大豆田。

② 保护大豆田周围环境植被，增加天敌的数量。保留大豆田周边的杂草和树木等植物，有利于天敌栖息和繁殖，可以增加大豆田的天敌数量。如大豆田周边有枫杨树、榆树、柳树、刺玫等树木和凤苞菊、夜来香、艾蒿、藜科等杂草，都是大豆蚜天敌的载体植物，加强保护可为农田提供大量天敌。此外如果有空闲地，种植紫花苜蓿和食蚜蝇访花植物可吸引天敌。

枫杨载体植物系统控蚜：在有枫杨树分布且数量较大的辽宁东部地区，可以加强枫杨林的保护，利用枫杨天敌载体植物系统控制大豆蚜，可以收到事半功倍的效果。

③ 选用抗（耐）蚜品种与自然天敌协同控蚜。大豆品种具有不同程度的抗（耐）蚜性，这些品种与天敌协调，可表现出较好的控蚜效果。试验表明，生产上选用铁丰29、8157、开创豆14、东豆1号、东豆339、东豆1201、丹豆11、丹豆13、丹豆15、岫育豆1号、辽豆33、辽豆34、辽豆35、辽豆38、辽豆40等品种具有一定的抗（耐）蚜性，与天敌协同控蚜效果较好，各地可根据不同地区特点选用。

④ 利用栽培形式与自然天敌协同控蚜。采用大豆（垄）与玉米（垄）8：2，8：4，8：8带状间作形式，可收到较好的控蚜效果；大豆与花卉、马铃薯、果树等间作或邻作等形式，或采用大豆与紫花苜蓿间作或邻作，也可收到一定的防治效果。

⑤ 适时早播或晚播控蚜。适时早播，一般在5月1日前播种，大豆出苗早，植株健壮，植株生理成熟度高，夏型蚜出现早，可提高植株的耐害性。适时晚播，一般年份在5月10日至15日播种，出苗晚，植株小，迁入豆田的蚜虫少，窝子蜜数量少，在一定程度上可以减轻危害。

⑥ 适量施用农家肥。土壤瘠薄的地块增施农家肥，促进大豆植株生长高大、健壮，提高植株耐害力，也有利于天敌栖息和生存。

⑦ 利用自然天敌控蚜指标（益害比），减少盲目施药，保护天敌。依据自然天敌控蚜指标（益害比）确定是否采用其他防治措施，可以避免过早用药、盲目施药、是保护天敌的重要措施。在大豆蚜发生一般年份，7月11-21日期间，田间百株蚜量6000～8000头，平均每个天敌单位占有蚜量80～120头时（益害比），一般不需防治。

（3）**适用范围** 适用于辽宁东部地区及其他生态环境类似的区域，大豆蚜轻发生至中等发生程度的年份。

（4）**注意事项**　加强大豆蚜及天敌的田间调查，及时做出发生时期和发生程度的预测。

7.3.2　释放瓢虫防治大豆蚜轻简化技术操作规程

（1）**技术名称**　释放瓢虫防治大豆蚜轻简化技术

（2）**技术要点**　大豆蚜发生一般年份，依据大豆蚜田间的发生数量及瓢虫基数，补充释放瓢虫蛹或成虫，提高天敌早期控蚜能力，可以将大豆蚜控制在经济危害水平以下，是大豆蚜生物防治的有效技术之一。

① 瓢虫来源　从环境中收集瓢虫蛹：6月中下旬，在野生植物如枫杨、榆树、柳树、凤苞菊、夜来香、艾蒿、藜科等植物上采集瓢虫蛹，采蛹时将蛹连同叶片摘下放入纸箱内。将盛有蛹的纸箱放入冷藏库内备用。保存条件：温度控制在7～7.5 ℃，相对湿度80%左右，保存时间一般不超过20天为宜。

直接购买商品瓢虫成虫，同样放入上述条件下临时保存备用，最好是现买现释放。

② 释放时间　6月中旬至下旬初，当田间百株蚜量1000头以下，蚜株率20%以内，即窝子蜜形成期释放。

③ 释放数量　由于各地生态环境不同，大豆田瓢虫数量不同，释放瓢虫数量依田间瓢虫基数而定，释放后每亩（667 m^2）瓢虫成虫总数为200头左右为宜。

④ 释放方法

释放瓢虫蛹　在释放瓢虫蛹的前2天，将瓢虫蛹（纸箱）从冷库取出，用胶带封闭，放在自然温度下进行"暖蛹"，（一般年份6月中下旬室内自然温度26～28 ℃，相对湿度70%～80%）当瓢虫蛹的羽化率达到60%～70%时，在下午至傍晚前，用"手捏法"（每一捏10头左右），将瓢虫散放到大豆植株的叶片上。

释放瓢虫成虫　将瓢虫从冷库取出，放在自然温度下2～3小时复苏和适应，直接散放到大豆叶片上即可。

（3）**适用范围**　适用于辽宁东部和北部地区及其他生态环境类似的区域，大豆蚜轻发生至中等发生程度的年份。

（4）**注意事项**　瓢虫从冷库取出后，先放在阴凉处，逐渐适应高温环境，减少死亡。

7.3.3　微生物及其制剂防治大豆蚜轻简化技术操作规程（试行）

（1）**技术名称**　微生物及其制剂防治大豆蚜轻简化技术

（2）**技术要点**　大豆蚜发生较重的年份，在实施半自然防治（生态调控）的基础上，采用微生物及其制剂挑治窝子蜜或全田喷洒防治，可以有效地抑制大豆蚜的种群增长和保护天敌，将大豆蚜控制在经济危害允许水平以下，收到较好的效果。

① 半自然防治　方法同7.3.1。

② 窝子蜜防治

防治适期　一般在6月中下旬，大豆蚜窝子蜜形成初期，田间3%～4%的大豆植株，窝子蜜单株蚜量超过100头时，进行田间挑治。

防治方法　碧拓（BIO）菌液防治：使用韩国生物株式会社，北京康禾生物技术有限公司生产的碧拓（BIO）菌液，原液有效活菌≥2亿/mL，稀释1000倍液，喷洒防治窝子蜜蚜虫，喷洒后1天防效88%，3天防效99%。球孢白僵菌悬浮液防治：用每毫升2000万个孢子（万个/mL）浓度的球孢白僵菌悬浮液，每亩喷洒药液量50 kg左右，进行淋洗式喷洒，防治后一周，一般控蚜效果40%～50%。

③ 全田防治　在大豆蚜发生严重的年份，天敌不足以控制蚜虫，达到全田防治指标时（2.5万头/百株），可选用微生物制剂全田喷洒防治，既能保护天敌，又可压低蚜虫种群数量。防治方法同窝子蜜防治。

（3）**适用范围**　适用于辽宁地区各地，大豆蚜发生比较严重的年份。

（4）**注意事项**　干旱年份或地区，白僵菌不宜选用。

7.4　生物防治技术示范应用

大豆蚜生物综合防治技术是公益性行业（农业）科研专项"作物蚜虫综合防控技术研究与示范推广"项目，"生物防治技术研究"专题组，经过八年潜心研究的成果。这项技术是从区域生态系统总体出发，利用农业生态系统中业已存在的大豆蚜自然控制机制，充分发挥自然天敌的控蚜作用，提高天敌的控蚜效能。把大豆合理布局、抗（耐）蚜品种、间作邻作模式、天敌载体植物等生态调控措施，及补充释放瓢虫蛹或成虫，微生物及其制剂辅助控蚜等单项技术有机结合，集成了以半自然防治（生态调控）为核心的大豆蚜生物综合防治技术。项目研究本着边研究、边试验、边示范的原则，将大豆蚜生物防治技术在辽宁省的部分地区进行示范应用，该项技术安全、有效、简便、经济，便于推广应用。

（1）**示范技术**　大豆蚜半自然防治（生态调控）轻简化技术；释放瓢虫防治大豆蚜轻简化技术；微生物及其制剂防治大豆蚜轻简化技术辅助。

（2）**示范面积**　2011－2015年分别在辽宁岫岩县和昌图县进行示范应用，累计示范应用面积6670 hm²，其中释放瓢虫面积117 hm²，控蚜效果良好。

（3）**大豆质量检测结果**　2011－2015年10月分别在岫岩和昌图的示范应用区，随机抽取大豆样品5个，送检"中国科学院沈阳应用生态研究所农产品安全与环境质量检测中心"，按照2012年12月国家新颁布的绿色食品A级NY/T285-2012《绿色食品 豆类》现行标准进行检测，对5个大豆样品的营养（5种）、化学农药及毒素（20种）、重金属（2种）等27项指标进行检测，检测结果均符合绿色食品A级标准规定。

（4）**生态及社会效益**　由于采用了大豆蚜生物防治技术，示范区不使用化学农药，不污染环境，生产的大豆是绿色的、无污染的，保护了大豆蚜天敌和豆田的生物多样性，自然天敌种群基本恢复到自然平衡状态，实现了大豆生产及生态环境的良性循环，取得良好生态效益。项目技术的示范和应用，提高了大豆产品的产量和品质，符合绿色食品A级标准，有利于人们的身体健康与安全。

第九章
大豆蚜综合防控技术简介

大豆蚜分布广泛，危害严重。几十年来许多学者对大豆蚜的生物学特性、发生规律、预测预报和防治技术等做了大量的研究和探索，尤其是近十年来，在公益性行业（农业）科研专项经费资助，全国多个研究单位协作下，大豆蚜及其天敌的基础和应用技术研究取得了很大进展，对大豆蚜的有效防控提供了技术支持。

1 防治原则

大豆蚜的防治要贯彻"预防为主，绿色调控，综合治理"的指导思想，从区域生态系统总体出发，利用农业生态系统中业已存在的大豆蚜自然控制机制，充分发挥自然天敌的控蚜作用，提高天敌的控蚜效能；通过合理布局大豆田，选用抗（耐）蚜品种，间作邻作模式，合理施肥，保护天敌载体植物等有效的生态调控手段；辅以微生物制剂、植物源农药或绿色环保型农药等控蚜技术；把大豆蚜控制在经济为害水平以下，提高大豆的产量，保障质量安全。

2 防治指标与防治适期

我国大豆种植分布广泛，由于各地气候特点、生态环境、种植结构、田间管理等不同，大豆蚜的发生规律也有很大差异，因此防治指标和防治适期因地而异。

据于振民（1999）报道，黑龙江省绥化地区在6月上旬至7月上旬期间，田间蚜株率达50%，百株蚜量1500头以上，旬平均气温22 ℃以上，旬平均相对湿度78%以下，应立即进行防治。

据时新瑞等（2015）报道，黑龙江省牡丹江地区用吸虫塔监测大豆蚜有翅蚜，在大豆始花期与盛花前期，若迁飞蚜虫数量较多，田间蚜株率达10%或平均每株有蚜3～5头，日平均温度达到22～25 ℃，相对湿度低于78%的条件下，应采取相应的防控措施。

辽宁地区依据大豆蚜发生规律特点，认为田间点片发生和全田发生阶段是大豆蚜防治时期，所以，通常将防治指标分为挑治指标和普治指标。挑治指标：6月下旬，田间有蚜株率50%，5%单株蚜量超过100头，个别株顶部叶片有卷缩现象，应立即进行点片防治。普治指标：7月上、中旬，田间百株蚜量达到2.5万头，每个天敌单位占有蚜量低于120头，气候干旱少雨，植株长势矮小，应进行全田防治。

3　防治方法

3.1　农业防治

3.1.1　合理布局大豆田
选择植被较好、天敌资源丰富的地块种植大豆，如靠近村庄、山坡、树木等地块种植大豆，有利于天敌就近迁入大豆田。但要避免大豆种植在蚜虫寄主较多的区域，如鼠李较多的山边（时新瑞等，2015）。

3.1.2　适时调整播期
在辽宁地区，适时早播，一般在5月1日前播种，大豆出苗早，植株健壮，植株生理成熟度高，小型蚜出现早，可提高植株的耐害性；适时晚播，一般年份在5月10日至15日播种，出苗晚，植株小，迁入豆田的蚜虫少，窝子蜜数量少，在一定程度上可以减轻危害。在黑龙江省牡丹江地区，地温稳定通过7～8 ℃时，一般在4月25日至5月10日即可进行播种，播期也可适当延后，以减少大豆蚜高发期对大豆植株的危害（时新瑞等，2015）。

3.1.3　选用抗（耐）蚜品种
不同大豆品种抗蚜（耐）性有一定的差异，生产上因地制宜选择适于本地区抗（耐）蚜品种，在自然天敌的协同作用下可以收到较好的控蚜效果。

　　李学军等2012－2015年对辽宁地区推广的30个大豆品种，通过田间小区、年度重复试验，初步结果表明，铁丰29、8157、开创豆14、东豆1号、东豆339、东豆1201、丹豆11、丹豆13、丹豆15、岫育豆1号、辽豆33、辽豆34、辽豆35、辽豆38、辽豆40等品种具有一定的抗（耐）蚜性，与自然天敌协同控蚜作用比较明显。宋淑云等（2010）在吉林田间自然鉴定条件下，鉴定出中抗大豆蚜的品种有黑农38、黑农40、黑农43、黑农44、黑农47、黑农52、黑农54、黑农57、绥农17、绥农21、合丰45及北疆1号。时新瑞等（2015）根据牡丹江地区的生态条件，选用审定推广的优质、高产、耐蚜的大豆品种，包括合丰55、合丰50、牡豆8号、东农55、黑农64、绥农34、宾豆1号等，作为大豆蚜综合防控技术之一。戴长春等（2014）对4个大豆品种的抗蚜性进行了筛选，其中冀豆17具有较好的抗蚜性，为品种自身抗性，但属非高抗品种。戴海英（2015）通过网室接虫和田间试验方法，比较了不同大豆品种的抗蚜性试验，初步筛选出抗大豆蚜品种有郑97196、郑92116、滑皮豆、齐黄1号（有限）、齐黄1号（亚），其中滑皮豆、齐黄1号（有限）、齐黄1号（亚）大豆品种田间抗蚜性较好。杨振宇等（2017）对引进在美国已鉴定为抗蚜的5份大豆资源PI567543C、PI567541B、PI567598B、ML2008和A32－2进行田间网室鉴定。结果表明，在吉林省的网室鉴定中，PI567541B、ML2008和A32－2均为感蚜材料；PI567543C和PI567598B为抗东北大豆蚜材料，可用于大豆抗蚜性育种工作中进行组配，其中PI567543C抗蚜性最强，极显著好于国内野生大豆抗蚜材料W85-32。

3.1.4　间作邻作控蚜

　　据李学军等试验研究，在辽宁采用大豆与玉米8：2和8：8带状间作，或大豆与玉米邻作对大豆蚜具有一定的控蚜作用。李新民等（2014）研究了大豆蚜发生为害及大豆与多种作物间邻作种植对大豆蚜的控制作用。在佳木斯地区进行大豆与早熟马铃薯以8：8比例间作，牡丹江地区进行黄瓜-大豆-玉米、甜葫芦-大豆-玉米、烟草-大豆-香瓜、甜菜-大豆-玉米等多作物带状穿插种植模式，以单作大豆田为对照。大豆与早熟马铃薯间作，在大豆蚜种群迅速增长期，早熟马铃薯收获（7月20日）后第5天，豆田蚜虫天敌总数是收获前的2.6倍，与同期单作大豆田相比，间作田大豆蚜种群数量降低了51.3%。大豆与甜葫芦、香瓜、烟草和玉米等作物进行多样性间作种植，与单作大豆田相比，间作田大豆蚜种群数量降低40.7%～83.5%。韩岚岚等（2016）报道，在黑龙江哈尔滨市，2014年和2015年马铃薯与大豆、玉米与大豆邻作种植模式的大豆田中的害虫数量都低于单作田，而天敌数量都高于单作田。两种邻作种植模式都有控蚜效果，其中玉米–大豆种植模式的控蚜效果更好。杨晓贺（2014）在黑龙江省富锦市试验，大豆套作大蒜、毛葱防控大豆蚜有一定的效果。方法：在大豆套作大蒜或毛葱田，垄台种植大蒜或毛葱，垄沟种植大豆。待大蒜或毛葱收获后进行趟地，将垄台上的土壤翻趟至垄沟的大豆植株上。结果表明，大豆套作大蒜和大豆套作毛葱2种种植方式，大豆蚜数量明显低于大豆单作田。王玉正和岳跃海（1998）报道，大豆玉米间作和大豆玉米同穴混播，间作田玉米行距为160 cm，株距18 cm，行间种6行大豆；同穴混播田玉米行距66 cm，株距33 cm。两种种植模式与单作豆田比较，间作和同穴混播豆田多种害虫轻于单作豆田，其中蚜虫降低率分别为56.2%和52.2%。

3.1.5　适量施用农家肥

土壤瘠薄的地块增施农家肥，促进大豆植株生长高大、健壮，提高植株耐害力，同时有利于天敌生存。

3.2　物理防治

张伟等（2011）在吉林省敦化市试验，利用绿板和黄板对大豆蚜有一定防效。黄板诱杀：玻璃纤维板35 cm×40 cm，两面涂棕黄色油漆，表面刷10号机油。每小区（小区面积12 m²）内设置黄板2块，置于垄行间高于植株顶部10 cm处的位置。绿板诱杀：同黄板，只是所涂油漆颜色为果绿色。结果表明，黄板和绿板对大豆蚜有一定防治效果，防治效果为21.85%～50.45%，其中黄板诱杀效果最高为42.24%，绿板的诱杀效果为50.45%，可以作为辅助防治方法。

3.3　生物防治

3.3.1　保护豆田周围环境植被，增加天敌的数量

保留大豆田周边的杂草和树木等植物，如豆田周边的枫杨、榆树、柳树等树木和凤苞菊、夜来香、艾蒿等杂草都是大豆蚜天敌的载体植物，加强保护可为农田提供大量天敌。如果有空闲地，可种植食蚜蝇访花植物吸引天敌。

3.3.2　利用天敌控蚜指标（益害比），减少盲目施药，保护天敌

科学利用天敌控蚜指标（益害比）可以避免过早施药、盲目用药，是保护天敌的重要措施。依据天敌控蚜指标（益害比）确定是否采用其他防治措施。如辽宁东部地区大豆蚜发生一般年份，7月11–21日，田间百株蚜量

0.6万～0.8万头，平均每个天敌单位占有蚜量（益害比）80～120头时，一般不需防治。

3.3.3　人工补充释放天敌

人工补充释放瓢虫蛹或成虫（见第八章）。时新瑞等（2015）报道，人工释放捕食性天敌异色瓢虫，在大豆蚜盛发期前将瓢虫释放于大豆田内，释放瓢虫与田间蚜虫的比例为1∶300。高峻峰（1985）在通化县田间释放日本豆蚜茧蜂防治大豆蚜。每年6月5日前后放蜂比较合适，这个阶段大豆蚜虫点片发生。每亩约释放1000头日本豆蚜茧蜂。方法：一是放成蜂，将要羽化的僵蚜，每个罐头瓶装50～70头，放入20 ℃室内羽化，发现出蜂时用纱布将瓶口扎上，瓶内放入少量蜜条（水蜜比3∶1），第三天下午可带到田间释放蜂。二是释放僵蚜，把即将羽化的僵蚜连同寄主剪下，挂到豆株上，每亩5点，每点200个僵蚜。

3.3.4　利用微生物及其制剂防治

白僵菌对大豆蚜的寄生性研究表明，在含孢量10^5/mL、10^6/mL、10^7/mL三种浓度梯度的菌悬液中，孢子含量越高，侵染寄生率的增长幅度越大。白僵菌对大豆蚜的寄生速率，在3天内就具有较强的寄生作用，第7天达到最大。白僵菌对大豆蚜的防治效果为66.7%～81.8%（宋淑云等，2005）。刘春来等（2003）用1%和3%的蜡蚧轮枝菌素液防治大豆蚜，其校正死亡率分别为65.56%和99.53%。

3.4　化学防治

3.4.1　种子包衣

徐蕾等（2016）报道，药剂包衣对苗期大豆蚜防治效果试验表明，高巧（600 g/L吡虫啉悬浮剂）药种比为2～3 mL/kg，锐胜（70%噻虫嗪种子处理可分散粉剂）1～3 g/kg，福蝶（70%吡虫啉种子处理可分散粉剂）5～7 g/kg，三种杀虫剂种子包衣法，对苗期大豆蚜控制效果好，有利于保护天敌。种子药剂包衣方法：按药种比称量药剂和大豆种子，倒入盆内，随即快速翻动，拌匀后取出，阴干备用。

3.4.2　喷雾防治

① 选用3%啶虫脒（莫比朗、金世纪、阿达克等）乳油，用量每亩15～20 mL，对蚜虫具有安全性高，防效好，持效期长，并可兼防红蜘蛛的优点（王春

荣等，2005；王志华，2005；范爱国，2011；史明，2011；王芊等，2011）。

② 选用10%吡虫啉可湿性粉剂（大功臣、一遍净、海正吡虫啉、蚜克死），10～20 g/亩（黄存达等，1998；王志华，2005），或用量10～15 g/亩（吴炳芝等，2001），或用量30～40 g/亩（王春荣等，2005；史明，2011），或用10%的吡虫啉可湿性粉剂1000～2000倍液（张全民，2016；时新瑞等，2015；宋晓燕，2014；肖敏玲，2010），防治大豆蚜虫速效性好，均可获得较好的防治效果。

③ 选用70%艾美乐水分散粒剂337.5～450.0 g/hm^2，喷雾防治大豆蚜，田间防治效果为95.0%～97.6%（刘婧等，2011；王芊等，2011）。

④ 选用2.5%溴氰菊酯1000倍液田间喷雾，对大豆蚜具有较好的控制作用，施药3天后防效达98.12%和97.28%（王芊，2012；戴海英等，2017）。用4.5%高效氯氰菊酯乳油2000倍液、20%氰戊菊酯乳油2000倍液等药液喷雾防治（宋晓燕，2014；王芊等，2011；肖敏玲，2010）。

⑤ 用40%乐果乳油1.5 kg，兑水300 kg（于振民，1999；孙博等，2000），或48%毒死蜱（乐斯本）乳油，用量100 mL/亩（王春荣等，2005；李长锁，2009），或25%辉丰快克乳油，或25%快杀灵乳油，用量30 mL/亩喷雾防治（王春荣等，2005；王志华，2005；史明，2011）。

⑥ 陈彦等（2011）大豆蚜田间药剂筛选试验表明，0.3%苦参碱水剂7.50 mg/L、6.00 mg/L；1.5%除虫菊素水乳剂30.00 mg/L、21.43 mg/L；10%吡虫啉可湿性粉剂66.67 mg/L、40.00 mg/L；1.8%阿维菌素乳油3.60 mg/L、1.80 mg/L；50%抗蚜威可湿性粉剂333.33 mg/L、250.00 mg/L；施药后2、5、10天，0.3%苦参碱水剂的防治效果最高，为96%以上；1.5%除虫菊素水乳剂、10%吡虫啉可湿性粉剂，1.8%阿维菌素乳油次之，三种药剂的防效均在85%以上；50%抗蚜威可湿性粉剂的防效最低，防效在72%以上。苦参碱、除虫菊素、吡虫啉、阿维菌素在药后10天的防效为85%以上，说明这4种药剂有良好的速效性和持久性。

⑦ 用1%苦参碱2号可溶性液剂1200倍液，或5%天然除虫菊素乳油1000倍液，2.5%鱼藤酮乳油500～600倍液（时新瑞等，2015），或用2%苦参碱1200倍液，烟碱+皂素混剂600倍液，对大豆蚜虫具有较好的防治效果，其杀虫率分别达到85.37%和84.25%（赵云彤等，2014）。

⑧ 孙崐等（2014）防治大豆蚜田间药效试验结果表明，15%除虫菊素水乳剂675 mg/L、6%乙基多杀菌素悬浮剂60 mg/L、3%阿维菌素水乳剂13.5 mg/L、0.5%苦参碱水乳剂6.75 mg/L，这4种生物农药施用后的4天防治效果均在95%以上。

安瑞军，张立明，张宁，等. 1998. 龟纹瓢虫*Propylaea Japonica* (Thunberg) 生物学特性研究初报[J]. 哲里木畜牧学院学报，(3)：48-51.

安瑞军，李文秀，张继星，等. 2000. 多异瓢虫 *Hippodamia Variegata* (Goeze) 生物学初步研究[J]. 哲里木畜牧学院学报，(3)：14-16.

白素芬，张国威，李欣，等. 2011. 河南省食蚜蝇科3个新记录属和12个新记录种[J]. 河南农业科学，40 (7)：86-89.

蔡晓明，尚玉昌，阎浚杰. 1980. 中国七星瓢虫 (*Coccinella septempunctata* L.) 迁飞初探[J]. 中国农业科学，(1)：74-79.

曹玉，赵惠燕. 2003. 黑带食蚜蝇对禾谷缢管蚜的捕食作用研究[J]. 陕西农业科学，(5)：24-26.

陈宏灏，张蓉，张怡，等. 2011. 西瓜田笼罩下多异瓢虫对瓜蚜的控制作用[J]. 中国生物防治学报，27 (1)：38-42.

陈庆恩，白金铠. 1987. 中国大豆病虫图志[M]. 长春：吉林科学技术出版社.

陈瑞鹿，王素云，暴祥致，等. 1984. 大豆蚜越冬卵量在预测上应用的研究[J]. 吉林农业科学，(1)：56-61.

陈学新. 2010. 21世纪我国害虫生物防治研究的进展、问题与展望[J]. 昆虫知识，47 (4)：615-625.

陈彦，王兴亚，徐蕾，等. 2011. 几种杀虫剂防治大豆蚜效果及对天敌的影响[J].农药，50 (12)：929-931.

陈颖. 2013.上海及周边地区蚜虫类昆虫多样性研究[D]. 上海：华东师范大学.

陈泽坦，严珍，陈希用，等. 2017. 不同温度下丽草蛉实验种群生命表研究[J]. 热带作物学报，38 (2)：349-352.

程洪坤，魏炳传，田毓起. 1988. 食蚜瘿蚊生物学初步研究[J]. 植物保护，(3)：26-27.

程洪坤，赵军华，谢明. 1991. 食蚜瘿蚊防治蔬菜蚜虫的研究[A]. 全国生物防治学术讨论会论文集[C]. 中国农业科学院生物防治研究所：2.

程亮. 2012. 大豆病虫害综合防治技术[J]. 农民致富之友，(17)：55.

程英，李忠英，李凤良. 2006. 七星瓢虫的研究进展[J]. 贵州农业科学，(5)：117-119、116.

褚茗莉，许国庆，焦敏. 1996. 沈阳地区大豆害虫基本调查. 辽宁农业科学，(5)：39-42.

丛建国. 1992. 小麦、玉米轮作田蜘蛛群落结构及多样性研究[J]. 生态学杂志，11 (6)：21-24.

崔素贞. 1994. 小花蝽生物学特性及其对主要棉虫控制作用的研究[J]. 棉花学报，(增刊1)：78-83.

崔素贞. 1996. 龟纹瓢虫生物学特性及其对棉铃虫捕食功能的研究[J]. 棉花学报，(5)：269-275.

崔章林，盖钧镒，吉东风，等. 1997. 南京地区大豆食叶性害虫种类调查与分析.大豆科学，16 (1)：12-20.

戴海英. 2015. 大豆抗蚜品种筛选及药剂防治研究[D]. 泰安：山东农业大学.

戴海英，张礼凤，李伟，等. 2017. 山东地区大豆蚜虫的发生规律及化学防治效果[J]. 山东农业科学，49 (7)：128-130.

戴长春. 2005. 大豆蚜 (*Aphis glycines* Matsumura) 种群动态及天敌控制作用研究[D]. 哈尔滨：东北农业大学.

戴长春，刘健，赵奎军，等. 2009. 大豆田中大豆蚜天敌昆虫群落结构分析[J]. 昆虫知识，46 (1)：82-85.

戴长春，赵奎军，迟德富，等. 2014. 不同大豆品种

抗蚜性研究[J]. 安徽农业科学，42 (17)：5475-5476，5505

丁尧，杨群芳，李庆，等. 2016. 温度对微小花蝽生长发育和繁殖的影响[J]. 昆虫学报，59 (6)：647-653.

丁岩钦. 1993. 论害虫种群的生态控制[J]. 生态学报，13 (2)：99-105.

董承教，王兴运，邢天民. 1982. 七星瓢虫迁飞研究初报[J]. 昆虫天敌，(2)：38-40.

董坤，董艳，罗佑珍. 2004. 温度对黑带食蚜蝇生长发育的影响[J]. 山东农业大学学报 (自然科学版)，(2)：221-223.

董坤，董艳，罗佑珍. 2004. 大灰优食蚜蝇发育起点温度和有效积温的研究[J]. 云南农业大学学报，(2)：177-178, 198.

杜文梅，陈丽玲，阮长春，等. 2010. 长春市异色瓢虫色斑类型调查与研究[J]. 中国农学通报，26 (4)：258-266.

杜晓燕. 2016. 中美大豆产业发展比较分析及其启示[J]. 经济研究导刊，(8)：127-128.

杜永均，严福顺，韩心丽，等. 1994. 大豆蚜嗅觉在选择寄主植物中的作用[J]. 昆虫学报，37 (4)：385-392.

段海军，王秀锁，赵一凡. 2005. 草蛉常见种类的识别[J]. 内蒙古林业，(3)：16.

范爱国. 2011. 大豆的主要病虫害及综合防治措施[J]. 农业科技与信息，(19)：25-26.

范广华，刘炳霞，牟吉元，等. 1989. 七星瓢虫对麦蚜的功能反应[J]. 昆虫天敌，(4)：193-195.

范广华，刘炳霞，宋清宾，等. 1995. 多异瓢虫生物学的研究[J]. 华东昆虫学报，(2)：70-74.

范永贵，郑方强. 1990. 斜斑鼓额食蚜蝇末龄幼虫捕食功能的测定[J]. 昆虫天敌，(3)：105-107.

丰秀珍. 1990. 多异瓢虫食蚜量及生活习性观察[J]. 山西农业科学，(11)：16.

冯宏祖，王兰，熊仁慈. 2000. 多异瓢虫种群动态及捕食功能的研究[J]. 昆虫知识，37 (04)：223-226.

冯振泉，单德安，曲耀训，等. 1985. 鲁北豆田害虫天敌资源调查[J]. 中国油料，(2)：77-85.

高峻峰. 1985. 日本豆蚜茧蜂利用研究. 昆虫天敌，7 (3)：152-154.

高峻峰. 1991. 通化县四条小食蚜蝇的初步观察[J]. 生物防治通报，(2)：95.

高峻峰，张广信，秦永春，等. 1993. 长白山区四条小食蚜蝇自然越冬调查与人工保护越冬试验[J]. 生物防治通报，(3)：142-143.

高峻峰，张丽，张树彬，等. 1992. 四条小食蚜蝇的人工饲养方法简报[J]. 昆虫天敌，(4)：188, 190.

宫庆涛，张坤鹏，武海斌，等. 2014. 泰安市夏秋两季异色瓢虫色斑类型变化及多样性分析[J]. 山东农业科学，46 (4)：87-91.

宫亚军，石宝才，路虹. 2005. 食蚜瘿蚊生长发育及低温贮藏技术的研究[A]. 中国生物多样性保护基金会. 第五届生物多样性保护与利用高新科学技术国际研讨会暨昆虫保护、利用与产业化国际研讨会论文集[C]. 中国生物多样性保护基金会：2.

桂承明. 1982. 蚜虫天敌昆虫的研究[J]. 吉林农业科学，(3)：76-84.

桂承明. 1984. 吉林省瓢虫种类及其地理分布[J]. 吉林农业科学，(4)：63-69.

郭慧娟. 2014. 食蚜瘿蚊应对蚜虫、种内竞争和捕食风险的产卵对策研究[D]. 南京：南京农业大学.

郭文韬. 1996. 试论中国栽培大豆起源问题[J]. 自然科学史研究，15 (4)：326-333.

郭亚静. 2015. 黑背毛瓢虫的繁殖发育及捕食作用研究[D]. 沈阳：沈阳师范大学.

郭亚静，李学军，王董秀. 2014. 大豆蚜生物防治研究进展[J]. 辽宁农业科学，(6)：48-51.

韩岚岚，王坤，李东坡，等. 2016. 马铃薯-大豆、玉米-大豆邻作对大豆田主要刺吸式害虫以及其他害虫的种群动态影响. 应用昆虫学报，53 (4)：723-730.

韩心丽，严福顺. 1995. 大豆蚜在寄主与非寄主植物上的口针刺吸行为[J]. 昆虫学报，38 (3)：278-283.

韩新才. 1997. 大豆蚜虫及其天敌田间消长规律[J]. 湖北农业科学，(2)：22-24.

河北省林业专科学校，等. 1977. 秦皇岛海岸集积瓢虫带的调查[J]. 昆虫知识，14 (2)：53-55.

何昌彤. 2015. 岫岩地区大豆田蜘蛛多样性及其控蚜作用[D]. 沈阳：沈阳师范大学.

何昌彤，郑国，李学军. 2015. 岫岩地区大豆田地表蜘蛛边缘效应及优势种群动态分析[J]. 四川动物，34 (3)：364-369.

贺春贵，魏建华. 1990. 瓢虫幼虫分类研究 I. 六种瓢虫幼虫特征描述[J]. 甘肃农业大学学报，25 (2)：170-177.

何富刚，刘丽娟，张广学. 1983. 龟纹瓢虫生物学特性及发生规律的研究[J]. 辽宁农业科学，(5)：39-42.

何富刚，刘丽娟，张广学. 1987. 黑背毛瓢虫发生规律研究初报[J]. 昆虫知识，(1)：10-13.

何富刚，刘丽娟，张广学. 1987. 中国东北地区农林蚜虫天敌名录. 辽宁农业科学，(2)：26-29.

何富刚，刘晓东，颜范悦，等. 1995. 大豆抗蚜性研究[J]. 辽宁农业科学，(4)：30-34.

何富刚，颜范悦，辛万民，等. 1991. 大豆蚜防治适期与防治指标研究[J]. 植物保护学报，(2)：155-159.

何继龙，马恩沛，沈允昌，等. 1994. 异色瓢虫生物学特性观察[J]. 上海农学院学报，12 (2)：119-124.

何继龙，孙兴全，桂龙妹，等. 1990. 上海地区大灰食蚜蝇生物学的初步研究[J]. 上海农学院学报，(03)：221-228+234.

何继龙，孙兴全，叶文娟，等. 1992. 黑带食蚜蝇生物学的初步研究[J]. 上海农学院学报，(1)：35-43.

何进尚. 2009. 大豆发展历史及其栽培技术研究进展[J]. 甘肃农业，(4)：89-91.

郝锡联，任炳忠，穆永光. 2003. 吉林省大豆害虫的种类与分布 (I) [J]. 吉林师范大学学报 (自然科学版)，(4)：34-36.

湖北省农科院植保所. 1980. 捕食性天敌－小花蝽的研究[J]. 昆虫天敌，(1)：37-43.

胡坚. 2012. 大草蛉生活史及其在烟田的消长规律[J]. 烟草科技，(2)：80-82.

胡奇，张为群，姚玉霞，等. 1992. 大豆叶片氮素含量与大豆蚜 (Aphis glycines Mutsumura) 发生量的关系[J]. 吉林农业大学学报，14 (4)：103-104，120.

胡奇，赵建伟，崔德文. 1993. 大豆植株内次生化合物木质素含量与大豆抗蚜性的关系[J]. 植物保

护，19 (1)：8-9.

黄春梅，成新跃. 2012. 中国动物志，昆虫纲，第五十卷 (双翅目：食蚜蝇科) [M]. 北京：科学出版社.

黄存达，周剑峰，杨丹. 1998. 吡虫啉防治大豆蚜[J]. 农药，(1)：46-47.

黄峰，丁秀云，王小奇，等. 1992. 大豆蚜空间分布型及抽样技术的研究[J]. 沈阳农业大学学报，23 (2)：81-87.

黄宪珍，姬光华. 1982. 多异瓢虫生物学特性的初步研究[J]. 山东农业科学，(2)：17-20.

黄芝生，何湘波，徐美苟. 1981. 中华草蛉生活史及其习性研究[J]. 江西植保，(4)：10-12.

霍科科，张宏杰. 2006. 汉中农田常见食蚜蝇识别及其生物学习性初步观察[J]. 陕西理工学院学报 (自然科学版)，(1)：90-94.

贾震. 2012. 双七瓢虫控制大豆蚜作用研究[D]. 沈阳：沈阳师范大学.

贾震，李学军，郑国. 2012. 双七瓢虫对大豆蚜捕食作用研究[J]. 辽宁农业科学，(1)：1-3.

贾震，李学军，郑国. 2012. 双七瓢虫发育起点温度与有效积温研究[J]. 中国植保导刊，(4)：9-11.

姜立云，乔格侠，张广学，等. 2011. 东北农林蚜虫志[M]. 北京：科学出版社.

姜文虎，潘秀华，刘军侠，等. 2007. 保定市异色瓢虫色斑类型调查研究[J]. 河北林果研究，22 (2)：198-202.

江永成，朱培尧. 1993. 异色瓢虫研究综述[J]. 江西植保，16 (1)：30-34.

江永成，朱培尧，王显鹏. 1989. 黄底型异色瓢虫鞘翅黑斑变化规律及其数码标记方法[J]. 江西农业大学学报，11 (3)：21-24.

蒋拥东，李鹄鸣，谭济才. 2008. 湘西地区川东獐牙菜上茄粗额蚜的发生与温度的关系[J]. 植物保护学报，(4)：356-360.

金祖荫. 1986. 食蚜蝇的发生与生物学特性[J]. 西北师范大学学报 (自然科学版)，(1)：49-55.

荆英，张永杰，马瑞燕. 2001. 山西省异色瓢虫色斑类型考察[J]. 山西农业大学学报，(3)：230-232

兰鑫，罗辑，成新跃. 2011. 东北大豆生态区捕食性食蚜蝇种类及其对大豆蚜的控害效应分析[J]. 应用

昆虫学报，48 (6)：1625-1630.

李定旭，田娟，张志勇，等. 1996. 黑带食蚜蝇生物学特性及捕食作用的研究[J]. 昆虫天敌，(1)：26-28，34.

李福山. 1994. 大豆起源及其演化研究[J]. 大豆科学，13 (1)：61-67.

李国泰，张福三，高峻峰. 1996. 大灰食蚜蝇的生物学特性观察[J]. 吉林农业大学学报，(增刊1)：154-157.

李鹤鹏. 2013. 中华草蛉与印度三叉蚜茧蜂防控大豆蚜的协同效应研究[D]. 北京：中国农业科学院.

李鹤鹏. 2014. 中华草蛉三龄幼虫对大豆蚜的功能反应. 黑龙江农业科学，(1)：59-61.

李宏度，刘春献. 1983. 贵州大豆主产区大豆害虫调查[J]. 贵州农业科学，(3)：44-50.

李萍，刘绍友，徐秋园. 1996. 关中地区常见5种食蚜蝇幼虫的识别[J]. 陕西农业科学，(3)：35-36.

李三军，邢俊兴，陈丽，等. 2014. 舞钢市大豆害虫种类及其发生危害情况的初步研究[J]. 现代农村科技，(20)：56-58.

李新民，刘春来，刘兴龙，等. 2014. 作物多样性对大豆蚜的控蚜效应[J]. 应用昆虫学报，51 (2)：406-411.

李学军，郑国，王淑贤，等. 2011. 大豆蚜自然天敌种群动态及控蚜作用研究[J]. 应用昆虫学报，48 (6)：1613-1624.

李学军，郑国，许彪，等. 2014. 大豆不同栽培模式与天敌协同对大豆蚜控制作用研究[J]. 沈阳师范大学学报，32 (2)：129-34.

李学燕，罗佑珍. 2001. 大灰食蚜蝇对3种蚜虫的捕食作用研究[J]. 云南农业大学学报，(2)：102-104，110.

李学燕，罗佑珍. 2001. 农田常见食蚜蝇幼虫种类鉴定[J]. 云南农业科技，(2)：28.

李雅娟. 2011. 朝阳地区大豆蚜发生规律及防治技术[J]. 现代农业，(2)：32.

李映萍. 1982. 两种草蛉的发生和利用初步研究[J]. 昆虫天敌，(1)：28-32.

李友莲，张利军. 2008. 枫杨刻蚜的形态特征及生活周期. 林业科学，44 (8)：87-89.

李长松，罗瑞梧，杨崇良，等. 2000. 大豆蚜生物学及防治研究[J]. 大豆科学，19 (4)：337-340.

李长锁. 2008. 哈尔滨地区大豆蚜越冬和迁飞扩散习性的研究[D]. 哈尔滨：东北农业大学.

李长锁，刘健，赵奎军. 2008. 哈尔滨地区大豆蚜在大豆田中的迁飞扩散研究[J]. 东北农业大学学报，39 (11)：11-14.

李长锁，于涵，马跃. 2009. 大豆蚜发生规律及防治措施[J]. 现代化农业，(10)：6-7.

李长锁，于涵，王欣，等. 2015. 不同温湿度条件对大豆蚜发生及迁飞的影响[J]. 现代化农业，(6)：1-2.

李代芹，赵敬钊. 1993. 棉田蜘蛛群落及其多样性研究[J]. 生态学报，13 (3)：205-213.

李绍石，周社文，刘晖，等. 1999. 双季稻区景观多样性对保蛛控虱的影响1.景观元素格局与蜘蛛种群周年动态的关系[J]. 植保技术与推广，19 (4)：10-12.

李枢强，林玉成. 2015. 中国生物物种名录. 第三卷. 动物. 无脊椎动物 (I)，蛛形纲，蜘蛛目[M]. 北京：科学出版社.

李志祥，李学军，张士勇，等. 1988. 蚜虫的天敌－松辽一角虫[J]. 沈阳农业大学学报，19 (4)：37-40.

梁荣，单鑫蓓. 2015.大草蛉生物学特性及人工繁殖研究[J]. 现代农业科技，(17)：154-155.

林清彩，翟一凡，陈浩，等. 2017. 食蚜瘿蚊捕食能力研究[J]. 中国生物防治学报，33 (2)：171-175.

刘爱民，封志明，阎丽珍，等. 2003. 中国大豆生产能力与未来供求平衡研究[J]. 中国农业资源与区划，24 (4)：36-39.

刘春来，王克勤，李新民，等. 2003. 蜡蚧轮枝菌素对5种蚜虫毒杀作用的初步研究[J]. 中国农学通报，19 (2)：77-79.

刘晖，周尚泉，周社文，等. 1999. 双季稻区景观多样性对保蛛控虱的影响 (续) 3.利用景观规划及调节措施保蛛控虱[J]. 植保技术与推广，19 (6)：13-15.

刘健，赵奎军. 2007. 大豆蚜的生物学防治技术[J]. 昆虫知识，44 (2)：179-185.

刘健，赵奎军. 2010. 中国东北地区大豆主要食叶性害虫种类分析[J]. 昆虫知识，47 (3)：576-581.

刘建斌，崔永惠，高俊峰，等. 2005.大灰食蚜蝇的生物学特性观察[J]. 吉林农业科学, (1)：38-39.

刘建武. 2006. 帽儿山地区不同色斑类型异色瓢虫形态多样性研究[D]. 哈尔滨：东北林业大学.

刘婧, 陈志国, 唐锦福. 2011. 70%艾美乐水分散粒剂防治大豆蚜虫田间药效. 黑龙江农业科学, (10)：50-51.

刘丽娟. 1996. 蚜茧蜂种类调查初报[J]. 辽宁农业科学, (2)：42-44.

刘新茹. 2002. 吉林省大豆害虫天敌－蜘蛛的种类及分布[J]. 北华大学学报 (自然科学版), 3 (6)：491-492, 506.

刘兴龙, 李新民, 刘春来, 等. 2009. 大豆蚜研究进展[J]. 中国农学通报, 25 (14)：224-228

刘兴龙, 王克勤, 朱立新, 等. 2014. 大豆蚜对大豆阶段性危害研究[J]. 黑龙江农业科学, (6)：57-59.

刘雨芳, 古德祥, 张古忍. 2003. 广东双季稻区杂草地和稻田中捕食性节肢动物的群落动态[J]. 昆虫学报, 46 (5)：591-597.

刘忠堂. 2012. 再谈我国大豆发展问题[J]. 大豆科技, (6)：4-6.

陆承志. 1999. 黑食蚜盲蝽生物学特性及对棉蚜捕食作用的研究[J]. 塔里木农垦大学学报, 11 (1)：13-16.

卢学理, 颜亨梅, 朱泽瑞, 等. 2002. 中国稻田狼蛛亚群落结构及多样性研究[J]. 湖南师范大学自然科学学报, 27 (1)：76-81.

陆自强, 杭杉葆, 刘友邦, 等. 1985. 扬州地区食蚜蝇的研究[J]. 植物保护学报, (3)：165-169.

罗希成, 刘益康. 1976. 我国北方异色瓢虫越冬集群的调查研究：越冬场所的调查初报[J]. 昆虫学报, (1)：115-116.

罗益镇. 1983. 世界大豆害虫综合防治研究进展[J]. 世界农业, (1)：40-42.

罗育发, 颜亨梅. 2004. RAPD技术在蜘蛛遗传多样性研究中的方法探讨[J]. 湖南师范大学学报自然科学版, 27 (2)：75-78, 93.

吕利华, 陈瑞鹿. 1993. 大豆蚜有翅蚜产生的原因[J]. 昆虫学报, 36 (2)：143-149.

吕永贤, 张武军, 裴强, 等. 1983. 龟纹瓢虫生物学及饲养初步试验[J]. 昆虫天敌, (1)：33-38.

马野萍, 孙洪波, 王瑞霞, 等. 1999. 七星瓢虫生物

学特性及人工饲养的初步研究[J]. 新疆农业大学学报, (4)：331-335.

马振泉, 单德安, 曲耀训, 等. 1985. 鲁北豆田害虫天敌资源调查中国油料, (2)：79-87.

孟庆雷, 陈高潮, 朱仕新, 等. 1996. 豆田刺吸类害虫天敌自然种群消长规律及其群落结构的研究[J]. 生物数学学报, 11 (5)：13-18.

苗春生, 孙玉英. 1987. 小花蝽对几种主要害虫的捕食量观察[J]. 昆虫知识, (3)：174-176.

苗进, 吴孔明, 李国勋. 2005. 大豆蚜的研究进展[J]. 大豆科学, 24 (2)：135-138.

苗麟, 郑建峰, 程清泉, 等. 2011. 基于吸虫塔 (Suction Trap) 的蚜虫测报预警网络的构建[J]. 应用昆虫学报, 48 (6)：1874-1878.

莫菊皋, 么慧娟. 1984. 中华草蛉生物学特性及其种群消长的研究[J]. 华北农学报, (1)：24-26, 29.

牟吉元, 刘永杰. 1987. 中华草蛉发育始点、有效积温的测定和发生检验[J]. 植物保护学报, (3)：169-172.

牟吉元, 王念慈, 范永贵. 1980. 四种草蛉生活史和习性的研究[J]. 植物保护学报, (1)：1-8.

牟吉元, 徐洪富, 李强. 1984. 三种草蛉发育始点和有效积温的测定及发生检验[J].山东农业科学, (2)：22-25.

农学系植保专业. 1976. 应用草蛉防治害虫的初步观察[J]. 铁岭农学院学报, (增刊1)：131-137.

潘鹏旭. 2017. 大草蛉生物学特性及饲养利用[J]. 现代园艺, (5)：16-17.

庞虹. 2002. 瓢虫科分类研究的现状[J]. 昆虫知识, 39 (1)：17-22.

庞雄飞, 毛金龙. 1979. 中国的瓢虫属－瓢虫科[J]. 昆虫天敌, (1)：1-12.

庞雄飞, 毛金龙. 1979. 中国经济昆虫志, 第十四卷, 鞘翅目：瓢虫科 (二) [M]. 北京：科学出版社.

蒲德强, 王勇, 刘虹伶, 等. 2016. 四川烟区烟蚜天敌资源与分布调查[J]. 烟草科技, 49 (9)：27-32.

乔格侠, 秦启联, 梁红斌, 等. 2011. 蚜虫新型预警网络的构建及其绿色防控技术研究[J]. 应用昆虫学报, 48 (6)：1596-1601.

邱益三, 范黎. 1980. 小花蝽的生物学特性与防治棉

红蜘蛛的初步试验[J]. 昆虫天敌, (2): 40-47.

全晓宇. 2011. 蜘蛛对小菜蛾的捕食作用及其捕食效应的分子检测[D]. 武汉: 湖北大学.

山东省昌潍农专农学专业生防组. 1980. 伏蚜的天敌 – 连斑毛瓢虫和黑背毛瓢虫研究初报[J]. 昆虫知识, (5): 202-203.

邵天玉, 王克勤, 刘兴龙, 等. 2015. 利用吸虫塔研究昆虫生物多样性的现状与展望[J]. 黑龙江农业科学, (12): 170-173.

邵向阳, 刘登明. 2009. 大豆蚜生活习性及生物防治[J]. 现代化农业, (6): 52-53.

石根生, 张孝羲. 1991. 单季稻区蜘蛛群落的研究 – 多样性, 优势度, 排序和聚类[J]. 中国水稻科学, 5 (3): 114-120.

史明. 2011. 大豆蚜虫的防治技术[J]. 现代农业, (6): 43.

时新瑞, 赵云彤, 解国庆, 等. 2015. 黑龙江省东南部大豆蚜综合防控技术[J]. 黑龙江农业科学, (8): 170-171.

宋大祥. 1987. 中国农田蜘蛛[M]. 北京: 科学出版社.

宋大祥, 朱明生. 1997. 中国动物志, 蛛形纲, 蜘蛛目: 蟹蛛科、逍遥蛛科[M]. 北京: 科学出版社.

宋大祥, 朱明生, 陈军. 2001. 河北动物志, 蜘蛛类 (M). 保定: 河北科学技术出版社.

宋慧英, 吴力游, 陈国发, 等. 1988. 龟纹瓢虫生物学特性的研究[J]. 昆虫天敌, (1): 22-33.

宋淑云, 晋齐鸣, 杨敏芝等. 2005. 白僵菌对大豆蚜的寄生性研究[A]. 农业生物灾害预防与控制研究[C]. 4.

宋淑云, 张伟, 刘影, 等. 2010. 大豆品种抗病虫性评价及多抗性抗源筛选[J]. 吉林农业大学学报, 32 (1): 17-23.

宋晓燕. 2014. 辽西地区大豆蚜虫的发生原因及防治方法[J]. 现代农业, (3): 20.

宋妍婧. 2008. 中国微蛛亚科分类学研究 (蜘蛛目: 皿蛛科) (D). 北京: 中国科学院大学.

苏秀艳. 2015. 浅析大豆病虫害的农业防治措施[J]. 农业与技术, 35 (4): 118-118.

孙博, 梁书宝, 赵伟霞. 2000. 1998年绥化地区大豆蚜大发生原因分析及防治对策[J]. 大豆通报, (1): 8.

孙赫, 李学军. 2010. 大豆蚜虫主要天敌控害作用研

究进展[J]. 辽宁农业科学, (1): 43-46.

孙丽娟, 衣维贤, 赵川德, 等. 2013. 大草蛉对3种蚜虫的捕食能力研究[J]. 植物保护, 39 (5): 153-157.

孙嵬, 李建平, 张强, 等. 2014. 生物杀虫剂对大豆蚜的室内毒力及田间药效的筛选研究[J]. 应用昆虫学报, 51 (2): 385-391.

孙永刚. 2013. 栽培大豆起源的考古学探索[J]. 中国农史, 32 (5): 3-8.

孙永刚. 2014. 从历史文献到考古资料论栽培大豆的起源[J]. 大豆科学, 33 (1): 124-127.

孙志远, 时新瑞. 2012. 利用昆虫吸捕器 (Suction trap) 进行大豆蚜田间迁飞扩散规律研究[J]. 黑龙江农业科学, (9): 59-60.

孙祖东, 杨守臻, 陈怀珠, 等. 2001. 南宁大豆食叶性害虫调查[J]. 广西农业科学, (2): 104-106.

田丰, 陆文敏, 刘本领, 等. 1980. 斜斑鼓额食蚜蝇[J]. 林业科技, (2): 10-11.

田正仁, 赵淑艳, 胡忱孝. 1990. 辽北大豆蚜发生期发生量的预报研究[J]. 植物保护, (6): 19-21.

童丽娟, 张永靖, 杨锐, 等. 2002. 利用RAPD技术研究6种蜘蛛的遗传多样性[J]. 浙江林业科技, 22 (4): 9-12, 31.

佟屏亚. 2012. 大豆: 中国豆, 世界豆[J]. 森林与人类, (11): 50-65.

王冰. 2011. 黑背毛瓢虫生物学特性及控蚜作用研究[D]. 沈阳: 沈阳师范大学.

王冰, 李学军. 2010. 黑背毛瓢虫对大豆蚜的捕食作用研究[J]. 辽宁农业科学, (6): 13-16.

王承纶, 相连英, 张广学, 等. 1962. 大豆蚜 *Aphis glycines* Matsumura的研究[J]. 昆虫学报, 11 (1): 31-44.

王春荣, 陈继光, 郭玉人, 等. 1998. 黑龙江省大豆蚜虫发生规律与防治方法[J]. 大豆通报, (6): 17.

王春荣, 邓秀成, 殷立娟, 等. 2005. 2004年黑龙江省大豆蚜虫暴发因素分析[J]. 大豆通报, (3): 19-20.

王洪全. 2006. 中国稻区蜘蛛群落结构和功能的研究[M]. 长沙: 湖南师范大学出版社.

王红宇, 郝锡联, 赵卓, 等. 2004. 吉林省大豆害虫的种类与分布 (Ⅱ) [J]. 吉林师范大学学报 (自然

科学版), (3): 19-21.

王江, 周兴伟, 侯帅, 等. 2016. 绥棱大豆蚜迁飞蚜监测及田间种群动态研究[J]. 黑龙江农业科学, (6): 52-58.

王良衍. 1984. 大草蛉生物学及其种群消长的研究[J]. 浙江林业科技, (2): 24-28.

王芊, 徐伟钧, 严善春. 2011. 黑龙江省大豆蚜抗药性研究[J]. 东北农业大学学报, 42 (4): 137-140.

王芊, 严善春, 徐伟钧, 等. 2012. 黑龙江省大豆蚜抗药性研究[J]. 中国农学通报, 28 (24): 218-221.

王秦, 柳仁. 1989. 徐州地区大豆害虫种类及其危害情况的调查[J]. 江苏农业科学 (12): 26-27.

王韧, 周伟儒, 陈红印, 等. 1986. 北京地区中华草蛉发生消长及其原因的探讨[J]. 生物防治通报, (3): 103-107.

王绍东, 于佳, 刘伟, 等. 2013. 北美大豆发展现状及育种形势分析[J]. 东北农业大学学报, 44 (7): 149-155.

王素云, 暴祥致, 孙雅杰, 等. 1996. 大豆蚜虫对大豆生长和产量影响的试验[J]. 大豆科学, (3):243-247.

王甦, 张润志, 张帆. 2007. 异色瓢虫生物生态学研究进展[J]. 应用生态学报, (9): 2117-2126.

王文才, 刘书茂. 1982. 辽宁地区食蚜蝇种类、习性及对蚜虫控制的初步观察[J]. 沈阳农学院学报, (2): 73-79.

王小奇, 方红, 张治良, 等. 2012. 辽宁甲虫原色图鉴[M]. 沈阳: 辽宁科学技术出版社.

王兴亚, 陈彦, 赵彤华, 等. 2011. 不同大豆品种大豆蚜田间种群发生及实验种群生殖力表研究[J]. 大豆科学, 30 (5): 830-833.

王秀梅, 陈鹏, 臧连生, 等. 2014. 基于生命表技术评价豆柄瘤蚜茧蜂对大豆蚜的控害潜能[J]. 植物保护学报, 41 (6): 687-691.

王玉正, 岳跃海. 1998. 大豆玉米间作和同穴混播对大豆病虫发生的综合效应研究. 植物保护, 24 (1): 13-15.

王允华, 刘宝森, 傅慧钟, 等. 1984. 多异瓢虫生活习性及发生规律的研究[J]. 昆虫知识, (1): 19-22.

王智. 2002. 越冬橘园蜘蛛群落多样性研究[J]. 果树学报, 19 (6): 433-435.

王智, 黄平原, 熊千龄, 等. 2001a. 洞庭湖平原不同稻田生境越冬蜘蛛群落多样性研究[J]. 昆虫天敌, 23 (4): 158-161.

王智, 李文健, 曾伯平, 等. 2001b. 早稻田蜘蛛群落结构及优势种分析[J]. 北华大学学报 (自然科学版), 2 (6): 518-521.

王志华. 2005. 2004年大豆蚜虫大发生原因分析及防治建议[J]. 大豆通报, (2): 9.

魏建华, 冉瑞碧. 1980. 常见六种瓢虫各龄幼虫和蛹的形态记述[J]. 陕西农业科学, (4): 40-42, 49-50.

魏淑贤, 程洪坤, 王锦祯. 1991. 食蚜瘿蚊研究[J]. 北方园艺, (增刊2): 59-60.

文菊华, 颜亨梅. 2004. 四川不同生境稻田蜘蛛群落多样性及其影响因子分析[J]. 湖南师范大学自然科学学报, 27 (1): 79-82, 93.

吴炳芝, 孙毅民, 张传文. 2001. 吡虫啉防治大豆蚜虫试验初报[J]. 黑龙江农业科学, (3): 54-55.

吴钜文, 王军, 石宝才, 等. 1987. 北京异色瓢虫色斑类型考察[J]. 植物保护, (3): 16-18

伍瑞清, 孙桂华. 1980. 天津常见草蛉卵及幼虫的识别[J]. 天津农业科学, (2): 25-26.

武汉师范学院生物系天敌昆虫研究组. 1976. 草蛉幼虫对棉花害虫的捕食能力及食物对其个体发育的影响[J]. 昆虫学报, (3): 309-317.

武汉师范学院生物系天敌昆虫研究组. 1976. 棉蚜和棉铃虫天敌的初步研究[J]. 湖北农业科学, (6) 23-24, 26.

武鸿鹄, 张礼生, 陈红印. 2014. 温度与释放高度对大草蛉和丽草蛉成虫扩散行为的影响[J]. 中国生物防治学报, 30 (5): 587-592.

武依, 郑国, 李学军, 等. 2015. 草皮逍遥蛛对大豆蚜的捕食功能反应研究[J]. 大豆科学, 34 (3): 470-473.

席玉强. 2010. 豆柄瘤蚜茧蜂*Lysiphlebus fabarum* Marshall田间发生动态及繁育技术研究[D]. 郑州: 河南农业大学.

席玉强, 尹新明, 李学军, 等. 2011. 豆柄瘤蚜茧蜂和广双瘤蚜茧蜂田间发生动态及田间繁育[J]. 应用昆虫学报, 48 (6): 1631-1637.

夏纪, 纪淑仁, 夏桂平. 1996. 大豆害虫及其节肢动物天敌初步调查. 安徽农业科技, 24 (1): 54-58.

▢莹. 2014. 双七瓢虫繁殖发育及实验种群研究[D]. 沈阳：沈阳师范大学.

夏莹莹，李学军，郑国. 2013. 双七瓢虫实验种群生命表的研究[J]. 辽宁农业科学，(3)：31-33.

肖亮，武天龙. 2013. 大豆抗蚜虫研究进展[J]. 中国农学通报，29 (36)：326-333.

肖敏玲. 2010. 大豆蚜虫发生与防治技术[J]. 大豆科技，(3)：59-60.

谢雄泽，藕冉，姜妍，等. 2015. 世界大豆需求与生产动向分析[J]. 大豆科技，(2)：30-37.

熊汉忠，董慧芳. 1991. 斜斑鼓额食蚜蝇成虫发生动态、产卵习性及其控制温室蚜虫的作用[J]. 生物防治通报，(2)：49-52.

徐豹，郑惠玉，路琴华，等. 1986. 大豆起源地的三个新论据[J]. 大豆科学，5 (2)：123-130.

徐焕禄，路绍杰. 2000. 七星瓢虫的生活习性观察[J]. 山西果树，(3)：27-28.

徐蕾，许国庆，刘培斌，等. 2011. 温度对大豆蚜生长发育和繁殖的影响[J]. 中国油料作物学报，33 (2)：189-192.

徐蕾，赵彤华，钟涛，等. 2016. 药剂包衣对苗期大豆蚜防治效果与安全性评价[J].应用昆虫学报，53 (4)：759-771.

徐淑敏，刘新茹. 2003. 大豆害虫的研究概况[J]. 北华大学学报 (自然科学版)，4 (6)：478-483.

薛明，李照会，李强，等. 1996. 七星瓢虫对萝卜蚜和桃蚜捕食功能的初步研究[J]. 山东农业大学学报，(2)：171-175.

颜亨梅，尹长民. 1994. 武陵山地区蜘蛛群落多样性的研究[J]. 湖南师范大学自然科学学报，17 (3)：65-71.

晏建章，李代芹. 1990. 武汉地区油菜和蚕豆田内蜘蛛群落多样性的初步分析[J]. 四川动物，9 (3)：17-19.

闫威. 2011. 豆柄瘤蚜茧蜂田间动态及其生物学特性研究[D]. 郑州：河南农业大学.

闫威，席玉强，李学军，等. 2011. 大豆蚜寄生蜂豆柄瘤蚜茧蜂室内生物学特性观察[J]. 昆虫学报，54 (10)：1204-1210.

严珍. 2012. 丽草蛉生物学特性及其对新菠萝灰粉蚧的捕食效能研究[D]. 海口：海南大学.

杨承泽. 1991. 黑带食蚜蝇和大灰食蚜蝇的生物学特性[A]. 中国农业科学院生物防治研究所. 全国生物防治学术讨论会论文集[C]. 中国农业科学院生物防治研究所：中国植物保护学会生物入侵分会：2.

杨承泽，何运转，李腾武，等. 1994. 麦田食蚜蝇种群组成及生物学特性的研究[J]. 河北农业大学学报，(增刊1)：167-172.

杨奉才，邓树昌，迲福惠. 1988. 七星瓢虫及大灰食蚜蝇控制麦蚜指标的研究[J]. 莱阳农学院学报，(2)：42-48.

杨奉才，李宗梧，高华成，等. 1989. 大灰食蚜蝇的生物学及对麦蚜控制作用的研究[J]. 昆虫天敌，(3)：116-121.

杨海峰，王惠珍. 1981. 十一种常见瓢虫幼虫的识别[J]. 新疆农业科学，(1)：20-23.

杨海峰，王惠珍. 1987. 食蚜瘿蚊 (双翅目：瘿蚊科) 的记述[J]. 八一农学院学报，(4)：57-59.

杨晓贺. 2014. 大豆套作大蒜、毛葱防控大豆蚜研究初探. 农学学报，4 (7)：26-28.

杨星科. 1998. 关于大草蛉的学名及有关问题的讨论[J]. 昆虫学报，(1)：107-108.

杨友兰，王红武，王全寿，等. 2002. 山西菜田捕食性食蚜蝇优势种及其对菜蚜的控制效果[J]. 中国生物防治，(3)：124-127.

杨振宇，闫日红，王曙明，等. 2017. 美国引进 (PI) 大豆抗蚜资源的抗性评价，东北农业科学，42 (2)：14-16.

杨志华，吕锡麟，周桂花. 1984. 吉安地区大豆害虫种类调查[J]. 江西植保，(2)：22-23.

叶长青. 1990. 食蚜瘿蚊研究进展[J]. 昆虫知识，(3)：181-184.

尹长民. 1997. 中国动物志，蛛形纲，蜘蛛目：园蛛科[M]. 北京：科学出版社.

尹长民. 1999. 中国蜘蛛生态学研究概况[J]. 蛛形学报，8 (2)：122-125.

尹长民，彭贤锦，颜亨梅，等. 2012. 湖南动物志. 蜘蛛目[M]. 长沙：湖南科学技术出版社.

殷坤山，周洁. 1980. 黑带食蚜蝇[J]. 中国茶叶，(1)：29-30.

虞国跃. 2008. 瓢虫 瓢虫[M]. 北京：化学工业出版社.

虞国跃. 2010. 中国瓢虫亚科图志[M]. 北京：化学工业出版社.

虞国跃. 2011. 螺旋粉虱及其天敌昆虫[M]. 北京：科学出版社.

于振民. 1999. 1998年绥化地区大豆蚜大发生原因分析及防治对策[J]. 植保技术与推广, 19 (06): 17.

余春仁, 潘蓉英, 连建新, 等. 1994. 短刺刺腿食蚜蝇生物学特性的初步研究[J]. 华东昆虫学报, (1): 30-37.

袁荣才, 张富满, 文贵柱, 等. 1994. 长白山异色瓢虫色型的考察与研究[J]. 吉林农业科学, (4): 45-54.

岳健, 何嘉, 张蓉, 等. 2009. 多异瓢虫的发育与温度的关系[J]. 昆虫知识, 46 (4): 605-609.

张保石, 朱明生, 宋大祥. 2004. 白花草木樨地蜘蛛群落结构及多样性研究[J]. 河北大学学报 (自然科学版), 24 (6): 644-648.

张广学, 李学军, 郑国, 等. 2004. 岫岩农业生态环境与农田害虫的生物控制研究初报[J]. 中国植保导刊, (5): 8-10.

张广学, 刘丽娟, 何富刚. 1985. 中国东北地区农林蚜虫名录 (一) [J]. 辽宁农业科学, (6): 11-16.

张广学, 刘丽娟, 何富刚. 1986. 中国东北地区农林蚜虫名录 (二) [J]. 辽宁农业科学, (1): 20-24.

张洁, 杨茂发. 2007. 食蚜瘿蚊研究进展[A]. 中国植物保护学会. 植物保护与现代农业－中国植物保护学会2007年学术年会论文集[C]. 中国植物保护学会: 547-551.

张洁, 杨茂发, 王利爽. 2008. 温度对食蚜瘿蚊生长发育的影响[J]. 昆虫知识, (2): 256-259.

张履鸿. 1993. 农业经济昆虫学[M]. 哈尔滨：哈尔滨船舶工程学院出版社, 211-215.

张全民. 2016. 大豆主要虫害综合防治要点[J]. 农民致富之友, (9): 129.

张世泽, 仵均祥, 张强, 等. 2004. 龟纹瓢虫生物生态学特性及饲养利用研究进展[J]. 干旱地区农业研究, (4): 206-210.

张伟, 宋淑云, 刘影, 等. 2011. 防治大豆主要害虫药剂与方法筛选试验[J]. 吉林农业科学, 36 (4): 45-47.

张秀荣. 1988. 吉林省大豆蚜龄期的研究[J]. 吉林农业大学学报, 10 (3): 15-17+46.

张岩, 刘顺, 秦秋菊, 等. 2006. 异色瓢虫对菜缢管蚜、禾谷缢管蚜和白杨毛蚜的捕食作用[J]. 中国农学通报, (12): 323-326.

张莹. 2009. 大豆蚜的飞行生物学及对寄生蜂的传播潜力[D]. 北京：中国农业科学院.

张永强. 1989. 农田蜘蛛群落结构及其多样性研究[J]. 生态学报, 9 (2): 157-162.

张志罡, 孙继英, 付秀芹, 等. 2007. 稻田不同种植模式对蜘蛛群落的影响[J]. 中国植保导刊, 27 (6): 5-8

赵博光. 1991. 国外蜘蛛资源的开发与利用[J]. 林业科技开发, (2): 51-52.

赵敬钊. 1982. 中华草蛉生物学及其种群消长的研究[J]. 昆虫天敌, (2): 31-37.

赵敬钊. 1988. 大草蛉生物学特性研究[J]. 植物保护学报, (2): 123-127.

赵敬钊. 1993. 中国棉田蜘蛛[M]. 武汉：武汉出版社.

赵团结, 盖钧镒. 2004. 栽培大豆起源与演化研究进展[J]. 中国农业科学, 37 (7): 954-962.

赵雪, 韩岚岚, 王玲, 等. 2014. 茄无网蚜 Acyrthosiphon solani气味结合蛋白OBP7的序列特点及表达谱分析[J]. 中国生物防治学报, 30 (5): 639-646.

赵旸. 2016. 中国脉翅目褐蛉科的系统分类研究[D]. 北京：中国农业大学.

赵云彤, 时新瑞, 孟祥海, 等. 2014. 牡丹江丘陵半山区利用苦参碱、烟碱+皂素防治大豆蚜虫效果研究[J]. 大豆科学, 33 (2): 287-289.

郑国, 李学军, 王淑贤, 等. 2010. 辽宁东部地区大豆田越冬蜘蛛群落及保护研究[J]. 中国植保导刊. 30 (12): 9-13.

郑国, 李学军, 王淑贤, 等. 2011. 辽宁东部地区飞航蜘蛛的群落组成及特征[J]. 生态学杂志, 30 (1): 40-44.

郑国, 王淑贤, 李学军. 2011. 蜘蛛的几种定量采集方法[J]. 中国森林病虫, (2): 44-46.

郑祥义, 原国辉. 1996. 麦田常见食蚜蝇幼虫的鉴别[J]. 昆虫知识, (4): 196-197.

郑许松, 俞晓平, 吕仲贤, 等. 1999. 稻飞虱天敌在茭白田与水稻田之间的迁移规律[J]. 浙江农业学报，11 (6)：339-343.

郑许松，俞晓平，吕仲贤，等. 2002. 茭白田蜘蛛的群落结构及多样性调查[J]. 昆虫天敌，24 (2)：53-59.

中国科学院动物研究所，浙江农业大学等编. 1978. 天敌昆虫图册[M]. 北京：科学出版社.

周敏砚，姜华丰. 1994. 生物防治指南[M]. 沈阳：东北大学出版社.

周汝尧. 2012. 中国植物多样性探访万里行，大豆：中国历史的陪伴者[J]. 生命世界，(1)：34-39.

周尚泉，范丙阳，刘朋宇，等. 1999. 双季稻区景观多样性对保蛛控虱的影响（续）2.稻田边界生境的蜘蛛、飞虱种群动态[J]. 植保技术与推广，19 (5)：9-11.

朱景治. 1988. 七星瓢虫发育始点和有效积温的测定及其应用[J]. 山东农业科学，(2)：27-28.

朱明生. 1998. 中国动物志，蛛形纲，蜘蛛目：球蛛科[M]. 科学出版社.

朱淑范，李本珍，杨秀兰，等. 1980. 草皮逍遥蛛发生规律及防蚜作用研究[M]. 朝阳：辽宁省水土保持研究所.

宗良炳，钟昌珍，雷朝亮，等. 1983. 多异瓢虫的研究简报[J]. 华中农学院学报，(3)：87-89.

Herberstein M E, Craig C L, Coddington J A. 2000. The functional significance of silk decoration of orb-web spiders: a critical review of the empirical evidence[J]. Biological Reviews, 75(4): 649-669.

Huhta V. 2002. Soil macroarthropod communities in planted birch stands in comparison with natural forests in central Finland[J]. Applied Soil Ecology, 20: 199-209.

Hunt D, Foottit R, Baute D G T. 2003. First Canadian records of *Aphis glycines* (Hemiptera: Aphididae)[J]. Canadian Entomologist, 135(6): 879-881.

Kaiser M E, Noma T, Brewer M J, et al. 2007. Hymenopteran parasitoids and dipteran predators found using soybean aphid after its midwestern United States invasion[J]. Annals of the Entomological Society of America, 100(2): 196-205.

Li S. 1998. IPM zur Bekampfung von Helicoverpa armigera in China[M]. Wirkungen von Insektizid-behandlungen auf Arthropoden im Baumwollokosystem. Germany: Margraf Publisher.

Liu J, Wu K, Hopper K R, et al. 2004. Population dynamics of *Aphis glycines* (Homoptera: Aphididae) and its natural enemies in soybean in northern China. Annals of the Entomological Society of America, 97(2): 235-239.

Losey J E, Waldron J K, Hoebeke E R, et al. 2002. First record of the soybean aphid, *Aphis glycines* Matsumura (Hemiptera: Sternorrhyncha: Aphididae), in New York.[J]. Great Lakes Entomologist, 35(2): 101-105.

Mansour F, Heimbach U. 1993. Evaluation of lycosid, micryphantid and linyphiid spiders as predators of *Rhopalosiphum padi* (Hom.: Aphididae) and their function response to prey density-laboratory experiments[J]. Entomophaga, 38(1): 79-87.

Mignault M P, Roy M, Brodeur J. 2006. Soybean aphid predators in Québec and the suitability of *Aphis glycines* as prey for three Coccinellidae[J]. Biocontrol, 51(1): 89-106.

Nyffeler M. 2000. Ecological impact of spider predation: a critical assessment of Bristowe's and Turnbull's estimates[J]. Bulletin of British Arachnological Society, 11: 367-373.

Persley D M. 1997. Crop protection compendium−module 1 (CD-ROM) [J]. Australasian Plant Pathology, 26 (3): 206.

Pinkus-Rendón M A, Leon-Cortes J L, Ibarra-Nunez G. 2006. Spider diversity in a tropical habitat gradient in Chiapas, Mexico[J]. Diversity and Distribution, 12: 61-69.

Provencher L, Coderre D. 1987. Functional Responses and Switching of *Tetragnatha laboriosa* Hentz (Araneae: Tetragnathidae) and *Clubiona pikei* Gertsh (Araneae: Clubionidae) for the Aphids *Rhopalosiphum maidis* (Fitch) and *Rhopalosiphum padi* (L.) (Homoptera: Aphididae)[J]. Environmental Entomology, 16(6):

1305-1309.

Ragsdale D W, Landis D A, Brodeur J, et al. 2011. Ecology and management of the soybean aphid in North America[J]. Annual Review of Entomology, 56(1): 375-399.

Ragsdale D W, Voegtlin D J, O'Neil R J. 2004. Soybean aphid biology in North America[J]. Annals of the Entomological Society of America, 97(2): 204-208.

Rushton S P, Topping C J, Eyre M D. 1986. The habitat preferences of grassland spiders as identified using Detrended Correspondence Analysis (DECORANA) [J]. Bulletin of the British Arachnological Society, 7(6): 267-275.

Rutledge C E, O'Neil R J, Fox T B, et al. 2004. Soybean aphid predators and their use in integrated pest management[J]. Annals of the Entomological Society of America, 97(2): 240-248.

Singh S R, Emden H F V. 1979. Insect pests of grain legumes[J]. Annual Review of Entomology, 24: 255-278.

Samu F, Bíró Z. 1993. Functional-response, multiple feeding and wasteful killing in a wolf spider (Araneae, Lycosidae)[J]. European Journal of Entomology, 90(4): 471-476.

Van den Berg H, Ankasah D, Muhammad A, et al. 1997. Evaluating the role of predation in population fluctuations of the soybean aphid *Aphis glycines* in farmers' fields in Indonesia[J]. The Journal of Applied Ecology, 34(4): 971-984.

Venette R C, Ragsdale D W. 2004. Assessing the invasion by soybean aphid (Homoptera: Aphididae): Where will it end? [J]. Annals of the Entomological Society of America, 97(2): 219-226.

Voegtlin D J, O'Neil R J, Graves W R. 2004,Tests of suitability of overwintering hosts of *Aphis glycines*: Identification of a new host association with *Rhamnus alnifolia* L'Héritier[J]. Annals of the Entomological Society of America, 97(2):233-234.

Voegtlin D J, O'Neil R J, Graves W R, et al. 2005. Potential winter hosts of soybean aphid[J]. Annals of the Entomological Society of America, 98(5): 690-693.

Wise D H. 1993. Spiders in Ecological Webs[M]. Cambridge: Cambridge University Press.

World Spider Catalog. 2017.Natural History Museum Bern. Version 18.0 [C]. Natural History Museum Bern. https://wsc.nmbe.ch/

Wu Z, Chenk-Hamlin D, Zhan W, et al. 2004. The soybean aphid in China: a historical review[J]. Annals of the Entomological Society of America, 97(2): 209-218.

Xi Y, Yin X, Li X. et al. 2010. Scanning electron microscopy studies of antennal sensilla of *Lysiphlebus fabarum* (Marshall) (Hymenoptera: Braconidae) [J]. Acta Entomologica Sinica, 53 (8):936-942.

Zheng G, Li S, Wu P, et al. 2017. Diversity and assemblage structure of bark-dwelling spiders in tropical rainforest and plantations under different management intensities in Xishuangbanna, China[J]. Insect Conservation and Diversity, 10: 224-235.

Zheng G, Li S, Yang X. 2015. Spider diversity in canopies of Xishuangbanna rainforest (China) indicates an alarming juggernaut effect of rubber plantations[J]. Forest Ecology and Management, 338: 200-207.

Zheng G, Zhang B, Li S. 2018. A comparison of canopy spiders in tropical forest in Hainan Island, China[J]. Journal of Shenyang Normal University (Natural Science Edition), 36(1): 1-9.

郑重声明

高等教育出版社依法对本书享有专有出版权。任何未经许可的复制、销售行为均违反《中华人民共和国著作权法》，其行为人将承担相应的民事责任和行政责任；构成犯罪的，将被依法追究刑事责任。为了维护市场秩序，保护读者的合法权益，避免读者误用盗版书造成不良后果，我社将配合行政执法部门和司法机关对违法犯罪的单位和个人进行严厉打击。社会各界人士如发现上述侵权行为，希望及时举报，本社将奖励举报有功人员。

反盗版举报电话　　(010) 58581999　58582371　58582488

反盗版举报传真　　(010) 82086060

反盗版举报邮箱　　dd@hep.com.cn

通信地址　　北京市西城区德外大街 4 号

　　　　　　高等教育出版社法律事务与版权管理部

邮政编码　　100120